CAD/CAM 软件精品教程系列

AutoCAD 2009
机械制图实用教程

田绪东　编著

电子工业出版社

Publishing House of Electronics Industry

北京·BEIJING

内 容 简 介

AutoCAD 是一种优秀的计算机辅助设计软件，在工程设计领域得到广泛应用。本书秉承"案例式"教学思想，以实例贯穿全书，每个章节首先讲解基本理论知识，然后通过实例讲解 AutoCAD 2009 各个知识点的具体应用，重点培养学生的 AutoCAD 绘图技能，提高学生分析问题、解决问题的能力。

本书共 12 章，主要包括基础知识、制图国家标准、绘制和编辑基本图形、图层、设置绘图环境、绘图工具、修改工具、文字和表格、尺寸标注、图块、工程图绘图方法及图形的打印输出等，涵盖了计算机绘图的所有内容。

本书根据编者多年的教学经验，按照教学规律，由简到难、循序渐进地讲解软件的理论和应用，能够使读者更轻松、快捷地掌握 AutoCAD 2009。另外，为了配合练习，书中还配有大量的工程图样习题，用户可以做到在实际操作中学习知识、边学边练、理论联系实际，随时用实践检验理论的掌握情况。为了方便读者学习，本书还配有电子资料包，书中的例题及练习题都可以在配套电子资料包的相应章节中找到。

本书适合作为大中专院校机械类、近机类专业"计算机辅助设计与绘图"课程的教材，及全国 CAD 技能等级考试（一级，计算机绘图师）的培训教材，也可作为工程技术人员及 CAD 学习者的自学教程。

图书在版编目（CIP）数据

AutoCAD 2009 机械制图实用教程/田绪东编著．—北京：电子工业出版社，2013.6
CAD/CAM 软件精品教程系列

ISBN 978-7-121-20617-7

Ⅰ．①A… Ⅱ．①田… Ⅲ．①机械制图—AutoCAD 软件—教材 Ⅳ．①TH126

中国版本图书馆 CIP 数据核字（2013）第 120277 号

责任编辑：张　凌
印　　刷：北京七彩京通数码快印有限公司
装　　订：北京七彩京通数码快印有限公司
出版发行：电子工业出版社
　　　　　北京市海淀区万寿路 173 信箱　邮编　100036
开　　本：787×1 092　1/16　印张：20.75　字数：531.2 千字
版　　次：2013 年 6 月第 1 版
印　　次：2024 年 9 月第 3 次印刷
定　　价：36.00 元

前　言

Preface

基本内容

AutoCAD 是由美国 Autodesk 公司开发的通用计算机绘图辅助设计软件。AutoCAD 软件在功能开发、界面设计，甚至每个命令的操作上不断地进行更新、完善。从 2000 年至今，已经相继推出了 11 个版本，AutoCAD 2009 为目前使用最多的版本。

由于 AutoCAD 功能强大、命令简捷、操作方便，目前已经广泛地应用于机械、电子、化工、建筑等很多领域，成为在机械设计领域中最为流行的二维计算机辅助设计软件。使用该软件进行辅助设计可以极大地提高工作效率，缩短设计周期，同时方便设计资料的保存与管理，正确、熟练地掌握 AutoCAD 已成为设计人员必备的职业技能之一。

为了使用户更轻松、快捷地学习 AutoCAD 2009，本书遵循由简到难、循序渐进的规律介绍该软件的使用。并根据作者多年积累的教学经验，按照教学规律，在章节安排上尽量做到由浅入深、分门别类、条理清晰。在内容的讲解上充分考虑了 AutoCAD 2009 软件的特点，首先讲授理论知识，然后列举了大量的例题讲授各知识点的具体应用。本书特别强调实际操作能力的训练，每个章节都配有与教学内容紧密相关的综合实例和习题，用户可以做到在实际操作中学习知识、边学边练、理论联系实际。

本书共 12 章，主要包括基础知识、制图国家标准、绘制和编辑基本图形、图层、设置绘图环境、绘图工具、修改工具、文字和表格、尺寸标注、图块、工程图绘图方法及图形的打印输出等，涵盖了计算机绘图的所有内容。

主要特点

本书作者都是长期使用 AutoCAD 进行教学、科研和实际生产工作的教师和工程师，有着丰富的教学和编著经验。在内容编排上，按照读者学习的一般规律，结合大量实例讲解操作步骤，能够使读者快速、真正地掌握 AutoCAD 软件的使用。

具体地讲，本书具有以下鲜明的特点：

从零开始，轻松入门；

案例教学，清晰直观；

图文并茂，操作简单；

实例引导，专业经典；

学以致用，注重实践。

读者对象

学习 AutoCAD 设计的初级读者

中职、高职、高专类机械类或近机类专业的学生

大、中专院校机械类或近机类专业的学生

从事机械制图、机械设计及机械加工的工程技术人员

本书适合作为大中专院校机械类、近机类专业"计算机辅助设计与绘图"课程的教材，及全国 CAD 技能等级考试（一级，计算机绘图师）的培训教材，也可作为工程技术人员及 CAD 学习者的自学教程。

配套电子资料包简介

为了方便读者学习，本书配套提供了多媒体教学电子资料包，其中包含了本书绝大部分例题及练习题源文件，这些文件都被保存在与章节相对应的文件夹中。同时，主要实例的设计过程都被采集成视频录像，相信会为读者的学习带来便利。

配套的电子资料包可在华信教育资源网（www.hxedu.com.cn）上免费注册后下载，如有问题，可与电子工业出版社联系（E-mail：hxedu@phei.com.cn）。

本书由青岛科技大学田绪东编著，参与本书校稿和编写工作的还有管殿柱、宋一兵、高家禹、温时宝、李来旺、徐爱莉、李淑江、孙家山、侯兆强、张琳、史慧丽、岳召进、王献红、赵景波等。在编写过程中吸纳了许多同仁的宝贵意见和建议，在此表示衷心感谢。

感谢您选择了本书，希望我们的努力对您的工作和学习有所帮助，也希望您把对本书的意见和建议告诉我们。

零点工作室网站地址：www.zerobook.net

零点工作室联系信箱：gdz_zero@126.com

零点工作室

2013 年 3 月

目 录

Contents

第1章 基础知识

AutoCAD 是由美国 Autodesk 公司开发的通用计算机绘图辅助设计软件（Auto Computer Aided Design）。自从 1982 年推出 AutoCAD R1.0 至今，Autodesk 公司对 AutoCAD 进行了不断的更新与完善，目前普遍使用的版本是 AutoCAD 2009。AutoCAD 具有完善的图形绘制功能、强大的图形编辑功能、可进行多种图形格式的转换，具有较强的数据交换能力，同时支持多种硬件设备和操作平台。AutoCAD 可以绘制任意二维和三维图形，同传统的手工绘图相比，用 AutoCAD 绘图速度更快、精度更高，而且便于实现标准化，它已经在航空航天、造船、建筑、机械、电子、化工、美工、轻纺等诸多领域得到了广泛应用，并取得了丰硕的成果和巨大的经济效益。目前，AutoCAD 已经成为国际上最为流行的绘图软件之一。

为了使用户更快捷地了解 AutoCAD 2009，在较短的时间内熟悉 AutoCAD 的运行环境，掌握 AutoCAD 的基本操作，本章主要向用户简要介绍 AutoCAD 2009 的基础知识，为用户尽快学会使用 AutoCAD 绘制工程图样打下基础。

1.1 AutoCAD 概述

CAD 是 Computer Aided Design 的缩写，指计算机辅助设计，由美国 Autodesk 公司开发的 AutoCAD 是目前应用最为广泛的 CAD 软件。目前 AutoCAD 的通用版本是 AutoCAD 2009，相对于以前的 AutoCAD 版本，界面设计更人性化，绘图效率更高，数据交换更方便，三维图形绘制更快捷。

1. 主要特点

AutoCAD 2009 软件具有如下特点：

- 完善的图形绘制功能。
- 强大的图形编辑功能。
- 可以采用多种方式进行二次开发或用户定制。
- 可以进行多种图形格式的转换，具有较强的数据交换能力。
- 支持多种硬件设备。
- 支持多种操作平台。
- 具有通用性、易用性，适用于各类用户。

此外，从 AutoCAD 2000 开始，该系统又增添了许多强大的功能，如 AutoCAD 设计中心（ADC）、多文档设计环境（MDE）、Internet 驱动、新的对象捕捉功能、增强的标注功能以及局部打开和局部加载的功能，从而使 AutoCAD 系统更加完善。

2．对系统的要求

为保证 AutoCAD 2009 的使用，发挥其强大功能，用户所用计算机的配置必须满足以下要求：

- 操作系统：Windows 2000、Windows XP、Vista 或者 Win7
- 浏览器：具有 IE7.0 或者以上版本
- 处理器：Pentium IV 以上，主频最好在 1.6GHz 以上
- 内存：最好在 2GB 以上
- 显卡：512MB 以上显存，支持 1024×768 分辨率，最好能支持 1280×1024 分辨率
- 硬盘：需要 40GB 或更大的硬盘空间

3．启动 AutoCAD 2009

启动 AutoCAD 2009 的方法有以下几种：

- 在桌面上双击 AutoCAD 2009 快捷图标 。
- 选择【开始】/【所有程序】/【Autodesk】/【AutoCAD 2009-Simplified Chinese】/【AutoCAD 2009】命令。
- 双击计算机中已存在的任意一个 AutoCAD 2009 图形文件。

> 📖 提醒：第一种启动 AutoCAD 2009 的方式是最常用的，建议读者使用。

1.2 AutoCAD 2009 的工作空间

根据不同用户的使用习惯和不同的使用要求，可以定制 AutoCAD 2009 的工作界面，AutoCAD 2009 的工作界面称为工作空间，有二维草图与注释、三维建模和 AutoCAD 经典三种工作空间。

1．选择工作空间

AutoCAD 2009 默认的工作空间是"二维草图与注释"空间，该空间如图 1-1 所示。

图 1-1　二维草图与注释空间

单击 AutoCAD 2009 窗口右下角【切换工作空间】工具 ，出现【切换工作空间】菜单，如图 1-2 所示，在其中选择各选项，可以在不同的工作空间切换。

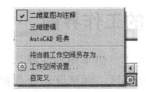

图1-2　切换工作空间菜单

1．二维草图与注释空间

二维草图与注释空间是 AutoCAD 2009 默认的工作空间，使用该空间可以完成大部分二维绘图及输出功能，本书将以该空间为基础进行讲解。

2．三维建模空间

单击 AutoCAD 2009 窗口右下角【切换工作空间】工具 ，出现【切换工作空间】菜单，在其中选择【三维建模】选项，工作空间进入三维建模空间，如图 1-3 所示。使用该空间，可以完成三维建模、渲染和动画功能。

图1-3　三维建模空间

3．AutoCAD 经典界面

单击 AutoCAD 2009 窗口右下角【切换工作空间】工具 ，出现【切换工作空间】菜单，在其中选择【AutoCAD 经典】选项，工作空间进入 AutoCAD 经典绘图界面，如图 1-4 所示。使用 AutoCAD 版本的用户如果不熟悉新界面可以使用该界面。

图1-4　AutoCAD 经典界面

1.3 AutoCAD 2009 的工作界面

启动 AutoCAD 2009，进入其"二维草图与注释"工作界面，如图 1-5 所示。主要由菜单浏览器、快速访问工具栏、功能区、图形区、命令窗口、状态栏等工具组成。

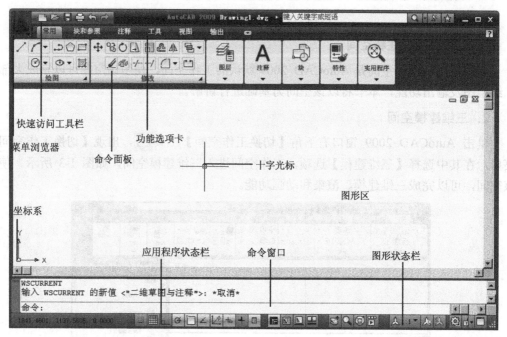

图 1-5　AutoCAD 工作界面

1.3.1 菜单浏览器

单击屏幕左上角的【菜单浏览器】工具，可以打开菜单，如图 1-6 所示。

使用菜单管理器可以完成以下功能：

1. 访问菜单命令

单击屏幕左上角的【菜单浏览器】工具，可以打开下拉菜单，移动光标指向各菜单项，单击该项即可执行相应的命令。

2. 搜索命令

在顶部的【搜索菜单】编辑框输入命令，可以搜索到包括菜单命令、基本工具提示和命令提示文字字符串等一系列相关内容。

3. 管理文件

选择 最近使用的文档(R) ▶ 工具，可以显示最近访问过的文件。单击选择【设置】列表中的各选项可以设置文件的查看方式，默认情况下，在最近使用的文档列表的顶部显示的文件是最近一次使用的文件，如图 1-7 所示。也可以直接单击文件打开最近访问过的某个文件。

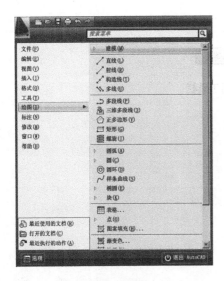
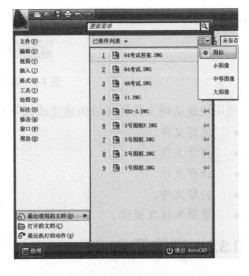

图 1-6　菜单浏览器　　　　　　　　图 1-7　访问最近使用的文档

选择 打开的文档(C) 工具，可以打开当前已经打开的文件，单击列表中的文件可使文件变为当前编辑的文件，当前编辑的文件前面出现一个小球 ，当用户将指针悬停在列表中的某个文件上时，可以预览该文件，并且显示该文档的详细信息，如图 1-8 所示。

选择 最近执行的动作(A) 工具，可以显示最近执行过的动作列表。

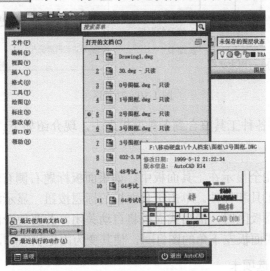

图 1-8　查看打开的文档

4．其他功能

在菜单浏览器中单击【选项】按钮可以访问"选项"对话框，完成界面自定义，也可以单击【退出 AutoCAD】按钮退出 AutoCAD。

1.3.2　快速访问工具栏

标题栏的左半部分为快速访问工具栏，将经常使用的工具整合在一起，便于访问，如

图 1-9 所示。

图 1-9　快速访问工具栏

使用快速访问工具栏可以快速完成以下功能：

- 新建文件；
- 打开文件；
- 保存文件；
- 打印文件；
- 撤销和恢复操作。

1.3.3　功能区

AutoCAD 2009 的功能区包括选项卡和工具面板两部分，如图 1-10 所示。

图 1-10　功能区

AutoCAD 2009 将各种工具整合到各种面板之中，现介绍如下。

1．滑出式面板

有许多工具不能完全显示在工具面板中，如果面板标题右侧有箭头 ◢，则表示可以展开该面板以显示其他工具和控件。单击工具面板的标题按钮，显示滑出式面板。默认情况下，光标移出滑出式面板区时，滑出式面板将自动关闭。若要使滑出式面板一直处于展开状态，可以单击滑出式面板左下角的图钉 📌，使其变为固定状态 📌，如图 1-10 所示。

2．上下文功能区选项卡

在选择特定类型的对象或执行某些命令时，将显示专用功能区上下文选项卡，而非工具栏或对话框。命令结束后，上下文选项卡会自动关闭，如图 1-11 所示。

图 1-11　上下文功能区选项卡

3．功能区的显示样式

功能区有三种显示模式：完整显示模式（图 1-12）、选项卡显示模式（图 1-13）、面板标题模式（图1-14）。

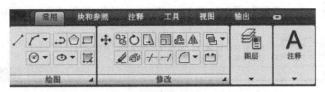

图 1-12　完整显示模式

图 1-13　选项卡显示模式

图 1-14　面板标题模式

单击选项卡最后的 按钮可以使功能区在三种显示模式之间切换。

📖 **提醒**：建议读者将功能区设置为完整显示模式。

1.3.4　绘图区

绘图区在屏幕的中间，是用户工作的主要区域，用户的所有工作结果都出现在这个区域，相当于手工绘图的图纸。绘图区域的右侧和下侧分别有垂直方向和水平方向的滚动条，拖动滚动条可以垂直或水平移动视图。

1.3.5　命令窗口

执行一个 AutoCAD 命令有多种方法，可以使用菜单浏览器访问菜单选项执行命令，也可以单击工具面板相应工具，还可以直接在命令窗口的"命令："提示后直接输入命令。命令窗口主要用来输入 AutoCAD 绘图命令、显示命令提示及其他相关信息，如图 1-15 所示。在使用 AutoCAD 进行绘图时，不管用什么方式，每执行一个命令，用户都可以在命令窗口获得命令执行的相关提示及信息，它是进行人机对话的重要区域。特别对于初学者来说，一定要养成随时观察命令窗口提示的好习惯，它是指导用户正确执行 AutoCAD 命令的有利工具。

在命令窗口输入命令后，有时需要根据提示输入相应选项执行或结束命令。输入的命令可以是命令的全称，也可以是相关命令的快捷命令，如【直线】命令，可以输入"Line"，也可以输入【直线】命令的快捷命令"L"，输入的字母不分大小写。在逐渐熟悉 AutoCAD 的绘图命令后，使用快捷命令比单击工具栏按钮绘图速度快得多，可以大大提高工作效率。

机械制图实用教程

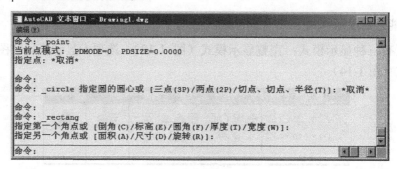

图 1-15　命令窗口

📖 **提醒**：如果想重复执行刚刚执行完的命令，只需按空格键或 Enter 键即可。如果想执行最近曾经执行过的命令，可以按键盘上的 "↑" 和 "↓" 键找到命令后，按空格键或 Enter 键执行。

输入命令后，在命令窗口将出现该命令的提示，例如输入 "offset" 命令，按空格键执行后会出现 "指定偏移距离或[通过(T)/删除(E)/图层(L)] <通过>："，含义如下：

- 括号外面的文字提示为直接执行的操作，可以通过键盘和鼠标根据该选项提示直接进行操作。
- "[　]" 内的选项为可选项，如果想使用该选项，只需要在提示后输入 "(　)" 内的字母，按空格键或 Enter 键，即可响应该选项。
- "< 　 >" 内的选项为默认执行选项，如果想响应该选项，直接按空格键或 Enter 键即可。

通常命令行只有三行左右，用户可以将光标移动到命令窗口和绘图区相邻的边缘，当光标变成 ╪ 时，按住鼠标左键上下拖动来改变其大小。

也可以打开单独的 AutoCAD 文本窗口，查看更多的信息。AutoCAD 文本窗口是记录 AutoCAD 命令的窗口，是放大的命令窗口，它记录了已执行的命令，也可以用来输入新命令。在 AutoCAD 2009 中，单击功能区【视图】选项卡，在【窗口元素】面板中，选择【文本窗口】工具，或者执行 TEXTSCR 命令或按 F2 键来打开文本窗口。

1.3.6　快捷菜单

在屏幕的不同区域内单击鼠标右键时，可以显示不同的快捷菜单。快捷菜单上通常包含以下选项：

- 重复执行输入的上一个命令。
- 取消当前命令。
- 显示用户最近输入的命令的列表。
- 剪切、复制以及从剪贴板粘贴。
- 选择其他命令选项。
- 可以显示对话框的命令，例如【选项】或【自定义】。
- 放弃输入的上一个命令。

可以将单击鼠标右键行为自定义为可计时的，以便使快速单击鼠标右键与按 Enter 键的效果一样，而使长时间单击鼠标右键显示快捷菜单。

【例 1-1】设置快捷菜单实例。

设置右键菜单，使其单击时相当于按 Enter 键，长按右键 200 毫秒时出现快捷菜单，并且设置在编辑模式下，右击为重复上一次执行的命令。

设计过程

[1] 单击屏幕左上角的【菜单浏览器】工具 打开菜单浏览器，单击其中的 选项 按钮，出现【选项】对话框。

[2] 单击【选项】对话框的 用户系统配置 选项卡，对话框如图 1-16 所示。

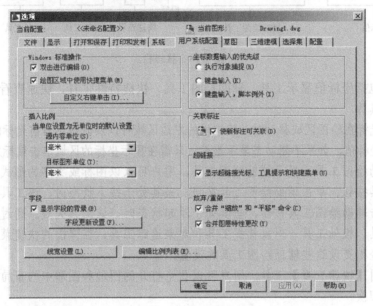

图 1-16 【选项】对话框

[3] 单击 自定义右键单击(I)... 按钮，出现【自定义右键单击】对话框。

[4] 在【自定义右键单击】对话框中，勾选【打开计时右键单击】选项。

[5] 在【慢速单击期限】编辑框输入"200"，定义慢速单击持续的时间为 200 毫秒。

[6] 在【编辑模式】选区，点选【重复上一个命令】单选项，如图 1-17 所示。

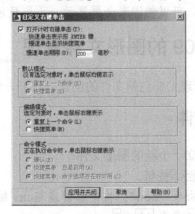

图 1-17 自定义右键单击

[7] 单击 [应用并关闭] 按钮，回到【选项】对话框。

[8] 在【选项】对话框中，单击 [确定] 按钮，完成右键单击设置。

1.3.7 状态栏

状态栏位于工作界面的最底部，如图 1-18 所示。

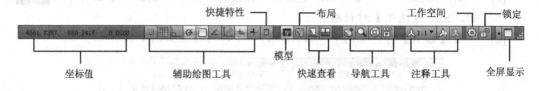

图 1-18 状态栏

状态栏包括坐标值显示工具、辅助绘图工具、快捷特性工具、快速查看工具、导航工具、注释工具等。

- 当光标在绘图区域移动时，状态栏的左边区域可以实时显示当前光标的 X、Y、Z 三维坐标值，如果不想动态显示坐标，只需在显示坐标的区域单击鼠标左键即可。
- 辅助绘图工具区显示辅助绘图工具，用户可以以图标或文字的形式查看辅助绘图工具按钮。单击辅助绘图工具按钮，当其处于按下状态时，该工具被激活，再次单击辅助绘图工具按钮，当其处于浮起状态时，该工具失效。通过右键单击捕捉工具、极轴工具、对象捕捉工具和对象追踪工具，在弹出的快捷菜单中，用户可以轻松更改这些辅助绘图工具的设置。
- 使用【快速查看】工具，用户可以预览打开的图形和图形中的布局，并在其间进行切换。
- 使用导航工具可以完成图形视口的快速平移和缩放，并能使用空间观察工具查看图形。
- 使用注释工具可以显示缩放注释的若干工具，进行图形注释的控制。
- 使用工作空间按钮，用户可以切换工作空间。
- 使用锁定按钮可锁定工具栏和窗口的当前位置。
- 使用全屏显示按钮，可以使图形全屏显示，不再显示工具面板和快速访问菜单。

1.4 AutoCAD 2009 的图形文件管理

AutoCAD 的图形文件管理主要包括文件的创建、打开、保存、关闭。

1.4.1 新建图形文件

可以用以下几种方法建立一个新的图形文件：

- 单击快速访问工具栏 □ 按钮。
- 在命令窗口中输入命令 "new"，按空格键或 Enter 键确认。
- 使用快捷键 Ctrl + N 或者 Alt + 2。

- 单击屏幕左上角的【菜单浏览器】工具 ▲ 打开菜单浏览器，在其中选择【文件】/
  【新建】选项。

执行新建图形文件命令后，屏幕出现如图 1-19 所示的【选择样板】对话框。用户可以选择其中一个样板文件，单击 打开⑥ 按钮即可。除了系统给定的这些可供选择的样板文件（样板文件扩展名为.dwt），一般用户需要自己创建样板文件，以后可以多次使用，避免重复劳动。

图 1-19 【选择样板】对话框

如果不需要选择样板，用户可以单击 打开⑥ ▼ 按钮后部的小三角，则出现图 1-20 所示的菜单，可根据需要选择打开模板文件、英制无样板打开、公制无样板打开。

> 打开(O)
> 无样板打开 – 英制(I)
> 无样板打开 – 公制(M)

图 1-20 无样板打开

1.4.2 打开已有文件

AutoCAD 2009 可以记忆刚刚打开过的图形文件，要快速打开最近使用过的文件，单击屏幕左上角的【菜单浏览器】工具 ▲ 打开菜单浏览器，选择 最近使用的文档(R) ▶ 工具，在其中的【管理文件】区域选择要打开的文件。

一个已存在的 AutoCAD 文件可以用以下几种方法打开：

- 单击快速访问工具栏 按钮，这是最常用的方式。
- 在命令窗口中输入命令"open"，按空格键或 Enter 键确认。
- 使用快捷键 Ctrl + O 或者 Alt + 3 。
- 单击屏幕左上角的【菜单浏览器】工具 ▲ 打开菜单浏览器，在其中选择【文件】/

【打开】选项。

执行命令后，出现图 1-21 所示对话框，用户可以找到已有的某个 AutoCAD 文件单击选中，此时在对话框右半部分出现该图形的预览，然后选择对话框中右下角的 打开(0) 按钮，即可打开图形。

图 1-21　打开文件对话框

1.4.3　快速保存图形文件

为了防止因突然断电、死机等情况的发生而对已绘图样的影响，用户应养成随时保存所绘图样的良好习惯。

可以用以下几种方法快速保存绘好的 AutoCAD 图形文件：

- 单击快速访问工具栏 按钮。
- 在命令窗口中输入命令 "qsave"，按空格键或 Enter 键确认。
- 使用快捷键 Ctrl + S 或者 Alt + 4 。
- 单击屏幕左上角的【菜单浏览器】工具 打开菜单浏览器，在其中选择【文件】/【保存】选项。

当执行快速保存命令后，对于还未命名的文件，系统会提示输入要保存文件的名称，对于已命名的文件，系统将以已存在的名称保存，不再提示输入文件名。

1.4.4　另存图形文件

有时需要对打开的图形文件换名保存，用户可以用下面的另存方法改变已有文件的保存路径或名称：

- 在命令窗口中输入命令 "save" 或 "saveas"，按空格键或 Enter 键确认。
- 使用快捷键 Ctrl + Shift + S 或者 Alt + 5 。

- 单击屏幕左上角的【菜单浏览器】工具打开菜单浏览器，在其中选择【文件】/
【另存为】选项。

执行【另存】命令后，出现如图 1-22 所示【图形另存为】对话框。

图 1-22　【图形另存为】对话框

在【保存于】下拉列表中可选择重新保存的路径；在【文件名】编辑框中可输入另存的文件名，系统将自动以".dwg"的扩展名进行保存，如果要保存为样板文件，将文件的扩展名改为".dwt"；在【文件类型】下拉列表中选择保存的类型格式，如果是在装有高版本 AutoCAD 程序的机器上绘制的图样，要拿到装有低版本的机器使用，可以在此选择相应低版本的保存类型，否则文件无法打开。

除了用户自己保存文件的方法外，AutoCAD 2009 提供了自动保存的功能，通常系统会每隔 10 分钟自动保存一次，用户也可随意调整自动保存间隔时间。

【例 1-2】设置文件自动保存时间。

将文件的自动保存时间设置为 5 分钟。

设计过程

[1] 单击屏幕左上角的【菜单浏览器】工具打开菜单浏览器，单击其中的 选项 按钮，出现【选项】对话框。

[2] 单击【选项】对话框中的【打开和保存】选项卡。

[3] 在【文件安全措施】选区，勾选【自动保存】复选框。

[4] 调整【保存间隔分钟数】为"5"，对话框如图 1-23 所示。

[5] 单击　确定　按钮，完成文件自动保存时间设置。

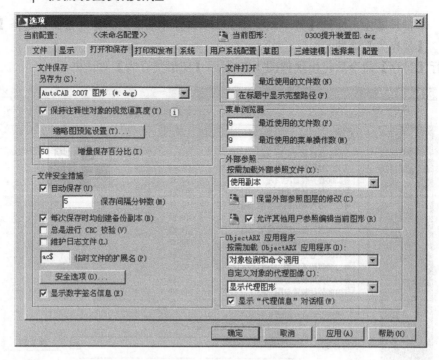

图 1-23　【选项】对话框

1.4.5　关闭文件

要关闭当前打开的 AutoCAD 图形文件而不退出 AutoCAD 程序，可以使用以下几种方法：

- 在命令窗口中输入命令 "close"，按空格键或 Enter 键确认。
- 按下键盘快捷键 Ctrl+F4。
- 单击屏幕左上角的【菜单浏览器】工具打开菜单浏览器，在其中选择【文件】/【关闭】选项。
- 单击图形区右上角 ⊠ 按钮。

如果要退出 AutoCAD 程序，则程序窗口和所有打开的图形文件均将关闭。方法如下：

- 在命令窗口中输入命令 "quit" 或者 "exit"。
- 按下键盘快捷键 Ctrl+Q。
- 单击屏幕左上角的【菜单浏览器】工具打开菜单浏览器，单击右下角的 退出 AutoCAD 按钮。
- 单击标题栏窗口右上角 ⊠ 按钮。

📖 提醒：使用 closeall 命令或单击屏幕左上角的【菜单浏览器】工具打开菜单浏览器，在其中选择【文件】/【关闭】选项或者【文件】/【退出】选项，也可以快速关闭一个或全部打开的图形文件。

1.5 命令操作

使用 AutoCAD 绘制图形，必须对系统下达命令，系统通过执行命令，在命令窗出现相应提示，用户根据提示输入相应指令，完成图形绘制。所以用户必须熟练掌握调用命令的方法、执行命令的方法与结束命令的方法，还需掌握命令提示中常用选项的用法及含义。

1.5.1 调用命令的方法

调用命令有多种方法，这些方法之间可能存在难易、繁简的区别。用户可以在不断地练习中找到一种适合自己的、最快捷的绘图方法或绘图技巧。通常可以用以下几种方法来执行某一命令。

- 在命令行"命令:"提示后直接输入命令：在命令行输入相关操作的完整命令或快捷命令，然后按 Enter 键或者空格键即可执行命令。如绘制直线，可以在命令行输入"line"或"l"，然后按 Enter 键或者空格键执行绘制直线命令。

> 📖 提示：AutoCAD 的完整命令一般情况下是该命令的英文，快捷命令一般是英文命令的首字母，当两个命令首字母相同时，大多数情况下使用该命令的前两个字母即可调用该命令，需要用户在使用过程中记忆。直接输入命令是操作最快的方式。

- 单击工具面板中的图标工具：工具面板是 AutoCAD 2009 最富有特色的工具集合，单击工具面板中的工具图标调用命令的方法形象、直观，是初学者最常用的方法。将鼠标在按钮处停留数秒，会显示该按钮工具的名称，帮助用户识别。如单击绘图工具栏中的⊙按钮，可以启动【圆】命令。有的工具按钮后面有▼图标，可以单击此图标，在出现的工具箱选取相应工具。
- 使用右键菜单：为了更加方便地执行命令或者命令中的选项，AutoCAD 提供了右键菜单，用户只需右键单击，在出现的快捷菜单中单击选取相应命令或选项即可激活相应功能。
- 直接按空格键或者 Enter 键执行刚执行过最后一个命令：AutoCAD 2009 有记忆能力，可以记住曾经执行的命令，完成一个命令后，直接按空格键或者 Enter 键可以调用刚才执行过的最后一个命令。因为绘图时大量重复使用命令，所以这是 AutoCAD 中使用最广的一种调用命令的方式。
- 使用键盘↑键和↓键选择曾经使用过的命令：使用这种方式时，必须保证最近曾经执行过欲调用的命令，此时可以使用↑键和↓键上翻或者下翻一个命令，直至所需命令出现，按空格键或者 Enter 键执行命令。
- 使用快捷键和功能键：使用快捷键和功能键是最简单快捷的执行命令的方式，常用的快捷键和功能键如表 2-1 所示。

调用命令后，并不能够自动绘制图形，需要根据命令窗的提示进行操作才能绘制图形。提示有以下几种形式。

- 直接提示：这种提示直接出现在命令后面，用户可以根据提示了解该命令的设置模式或者直接执行相应的操作完成绘图。

表 2-1　常用的快捷键和功能键

功能键或快捷键	功　能	快捷键或快捷键	功　能
F1	AutoCAD 帮助	Ctrl + N	新建文件
F2	文本窗口开/关	Ctrl + O	打开文件
F3 / Ctrl+F	对象捕捉开/关	Ctrl + S	保存文件
F4	三维对象捕捉开/关	Ctrl + Shift + S	另存文件
F5 / Ctrl+E	等轴测平面转换	Ctrl + P	打印文件
F6 / Ctrl+D	动态 UCS 开/关	Ctrl + A	全部选择图线
F7 / Ctrl+G	栅格显示开/关	Ctrl + Z	撤消上一步的操作
F8 / Ctrl+L	正交开/关	Ctrl + Y	重复撤消的操作
F9 / Ctrl+B	栅格捕捉开/关	Ctrl + X	剪切
F10 / Ctrl+U	极轴开/关	Ctrl + C	复制
F11 / Ctrl+W	对象追踪开/关	Ctrl + V	粘贴
F12	动态输入开/关	Ctrl + J	重复执行上一命令
Delete	删除选中的图线	Ctrl + K	超级链接
Ctrl + 1	对象特性管理器开/关	Ctrl + T	数字化仪开/关
Ctrl + 2	设计中心开/关	Ctrl + Q	退出 AutoCAD

- 中括号内的选项：有时在提示中会出现中括号，中括号内的选项称为可选项。想使用该选项，使用键盘直接输入相应选项后小括号内的字母，按空格键或者 Enter 键即可完成选择。
- 尖括号内的选项：有时提示内容中会出现尖括号，其中选项称为缺省选项，直接空格键或者 Enter 键即可执行该选项。

【例 1-3】命令选项的用法。

执行【偏移】命令做平行线时，出现的提示是：

> 命令: _offset
>
> "当前设置: 删除源=否　图层=源　OFFSETGAPTYPE=0
>
> 指定偏移距离或 [通过(T)/删除(E)/图层(L)] <通过>:"

解释各选项的含义。

设计过程

执行【偏移】命令做平行线时，出现的提示是：

> 命令: _offset
>
> "当前设置: 删除源=否　图层=源　OFFSETGAPTYPE=0
>
> 指定偏移距离或 [通过(T)/删除(E)/图层(L)] <通过>:"

其具体含义如下：

[1]　"当前设置: 删除源=否　图层=源　OFFSETGAPTYPE=0"

含义：提示用户当前的设置模式为不删除原图线，作出的平行线和原图线在一个图层，偏移方式为0。

[2] 指定偏移距离

含义：提示用户输入偏移距离，如果直接输入距离按空格键或者 Enter 键，即可设定平行线的距离。

[3] [通过(T)/删除(E)/图层(L)]

含义：中括号内为可选项，圆括号内为选择各选项时需键入的命令，如果想使用图层选项，只需输入"L"，按空格键或者 Enter 键，即可根据提示设置新生成的图线的图层属性。

[4] <通过>

含义：尖括号内的选项是缺省选项，如果直接按空格键或者 Enter 键即可响应该选项，根据提示通过点做某图线的平行线。

利用 AutoCAD 完成的所有工作都是通过用户对系统下达命令来执行的。所以用户必须熟练掌握执行命令的方法和结束命令的方法以及命令提示中各选项的含义和用法。

1.5.2 响应命令和结束命令

在激活命令后，一般情况下需要给出坐标或者选择参数，比如让用户输入坐标值、设置选项、选择对象等，这时需要用户回应以继续执行命令。可以使用键盘、鼠标或者快捷菜单来响应命令。另外，绘制图样需要多个命令，经常需要结束某个命令接着执行新命令。有些命令在执行完毕后会自动结束，有些命令需要使用相应操作才能结束。

结束命令和响应命令方法有四种。

- 按键盘 Enter 键：按键盘 Enter 键可以结束命令或者确认输入的选项和数值。
- 按键盘空格键：按键盘空格键可以结束命令，也可确认除书写文字外的其余选项。这种方法是最常用的结束命令的方法。
- 使用快捷菜单：在执行命令过程中，鼠标右键单击在出现的快捷菜单选择【确认】选项即可结束命令。
- 按键盘 Esc 键：通过按键盘 Esc 键结束命令，回到命令提示状态下。有些命令必须使用键盘 Esc 键才能结束。

📖 提醒：绘图时，一般左手操作键盘，右手控制鼠标，这时可以使用左手拇指方便的操作空格键，所以使用空格键是更方便的一种操作方法。

1.5.3 取消命令

绘图时也有可能会选错命令，需要中途取消命令或取消选中的目标。取消命令的方法有两种。

- 按键盘 Esc 键：Esc 键功能非常强大，无论命令是否完成，都可通过按键盘 Esc 键取消命令，回到命令提示状态下。在编辑图形时，也可通过按键盘 Esc 键取消对已激活对象的选择。

- 使用快捷菜单：在执行命令过程中，鼠标右键单击在出现的快捷菜单选择【取消】选项即可结束命令。

> 📖 提示：有时需要多次使用键盘 Esc 键才能结束命令。

1.5.4　撤消

撤销即放弃最近执行过的一次操作，回到未执行该命令前的状态，方法有：

- 单击【快速访问】工具栏【放弃】工具 ⬅。
- 在命令行输入 "undo" 或 "u" 命令，按空格键或 Enter 键。
- 使用快捷键 Ctrl+Z。

放弃近期执行过的一定数目操作的方法是：在命令行输入 "undo" 命令后回车，根据提示操作。此时命令窗提示如下：

```
命令: undo        // 回车或空格
当前设置: 自动 = 开，控制 = 全部，合并 = 是，图层 = 是
输入要放弃的操作数目或 [自动(A)/控制(C)/开始(BE)/结束(E)/标记(M)/后退(B)] <1>: 6
    // 输入要放弃的操作数目，回车或空格
CIRCLE GROUP ARC ARC GROUP OFFSET GROUP CIRCLE GROUP LINE GROUP
    // 系统提示所放弃的 6 步操作的名称
```

1.5.5　重做

重做是指恢复 undo 命令刚刚放弃的操作。它必须紧跟在 u 或 undo 命令后执行，否则命令无效。

重做单个操作的方法有：

- 单击【快速访问】工具栏【重做】工具 ➡。
- 在命令行输入 "redo" 命令，按空格键或 Enter 键。
- 使用快捷键 Ctrl+Y。

重做一定数目的操作的方法是：在命令行输入 "mredo" 命令后回车，根据提示操作。此时命令窗提示如下：

```
命令行：mredo    //回车或空格
输入动作数目或 [全部(A)/上一个(L)]: 4        // 输入要重做的操作数目，回车或空格
GROUP LINE GROUP CIRCLE GROUP OFFSET GROUP ARC
    // 系统提示所重做的 4 步操作的名称
```

1.6　鼠标操作

AutoCAD 2009 的大部分操作是通过键盘结合鼠标和系统之间进行交互完成的，鼠标的操作在绘图和编辑过程中极为重要。灵活使用鼠标，对于加快绘图速度、提高绘图质量有着至关重要的作用，下面介绍鼠标在 CAD 中的使用方法。

鼠标的基本操作方法有以下几种。

（1）指向

移动鼠标，使其指针指向某一工具面板图标按钮，系统自动显示该图标按钮的名称及作用，若在其上做短暂停留，会出现该工具的操作方法举例，这是 AutoCAD 2009 的新增功能，对于初学者十分有用。

（2）单击左键

单击左键是指将鼠标移动到某一对象上，按一下鼠标左键，马上放开。根据鼠标指向的对象不同，单击左键完成的功能不同，主要有：

- 选择对象。
- 拾取光标在绘图区某一位置的点。
- 移动水平、竖直滚动条。
- 选择工具命令按钮，执行命令。
- 选择对话框中命令按钮，执行命令。
- 打开下拉菜单，选择相应命令。
- 打开下拉列表，选择相应选项。
- 激活编辑框，使其能够输入命令或数值。

（3）单击右键

单击右键是指把鼠标指向某一对象或在某位置，按一下鼠标右键，马上放开。单击鼠标右键主要用在以下场合：

- 在工具面板上单击右键，可以出现选项卡和面板选项，定制选项卡和工具面板。
- 结束对象选择。
- 弹出快捷菜单。
- 结束命令。
- 按住 Shift 右键单击，将会出现对象捕捉菜单，可以在其中选择合适的捕捉工具。

（4）双击左键

双击左键是指鼠标指向某一对象，快速按两下鼠标左键。双击左键主要应用于启动应用程序上。如打开文件时，可直接将鼠标指向该文件名，左键双击该文件名。

（5）拖动左键

拖动左键是指按住鼠标左键，移动鼠标。拖动左键主要有以下功能：

- 拖动滚动条以实现快速在水平或竖直方向移动视图。
- 在工具面板或对话框标题栏上拖动左键可以将其移动到适当位置。

（6）间隔双击

间隔双击是指在某对象上单击鼠标左键，间隔一会再单击一下，间隔时间要长于双击的间隔时间。间隔双击主要用于更改文件名或者图层名。在文件名或者图层名上间隔双击后就会进入编辑状态，进行改名操作。

（7）滚动中键

滚动中键是指滚动鼠标的中键滚轮。在图形区滚动中键可以实现对视图的实时缩放。

（8）拖动中键

拖动中键是指按住鼠标中间移动鼠标。在图形区拖动中键或者结合键盘拖动中键可以完成以下功能。

- 直接拖动鼠标中键可以实现视图的实时平移。
- 按住 Ctrl 键拖动鼠标中键可以沿水平方向或者竖直方向实时平移视图。
- 按住 Shift 键拖动鼠标中键可以实时旋转视图。

（9）双击中键

双击中键是指在图形区双击鼠标中键。双击中键可以将所绘制的全部图形完全显示在屏幕上，使其便于操作。

1.7 图形的显示

绘制工程图时，有时图形尺寸过大，不能在屏幕上完全显示该图形；有时图形太小不能详细显示图形的细部结构；有时图形会绘制在屏幕之外。这时需要用户对视图进行操作，使当前正在绘制或者编辑的图形处于合适的屏幕位置。

📖 提醒：图形的显示只是对视图的操作，和图形的真实大小及其物理位置无关。

1.7.1 视图缩放

使用视图缩放命令可以放大或缩小图样在屏幕上的显示范围和大小。AutoCAD 向用户提供了多种视图缩放的方法，可以使用多种方法获得需要的缩放效果。

执行视图缩放命令的方法有以下几种：

- 工具面板：选择【功能区】的【常用】选项卡，使用【实用程序】面板的【视图】工具。【视图】工具分为两部分，上半部分显示被激活的视图缩放工具，选择此工具即可执行相应的视图缩放；下半部分【视图】工具列表，使用不同的缩放工具时，此处的列表工具显示不同。默认情况下，选择 范围▼ 工具，出现视图工具列表，可以在其中选择合适的视图缩放工具，使其处于激活状态，如图 1-24 所示。

- 命令行：在命令窗口，"命令:"提示符后输入 zoom 或 z，按空格键或 Enter 键确认，命令窗口出现相应选项。
- 状态栏：单击状态栏【缩放】工具🔍，命令窗口出现相应选项。
- 鼠标控制：滚动鼠标滚轮，即可完成缩放视图，这是最常用的缩放方式。

在命令行输入 zoom 后回车，命令行提示如下：

命令: zoom
指定窗口的角点，输入比例因子 (nX 或 nXP)，或者
[全部(A)/中心(C)/动态(D)/范围(E)/上一个(P)/比例(S)/窗口(W)/对

图 1-24　视图缩放工具

象(O)] <实时>:

> 📖 提醒：执行某个选项时，只需在提示后输入（ ）内的相应字母，按空格或者 [Enter] 键确认即可。

1．实时缩放

【实时缩放】是系统默认选项。在上面命令行的提示下直接回车或选择【实时】工具 🔍 实时，则执行实时缩放。执行【实时缩放】后，光标变为放大镜形状 🔍⁺，按住左键向上方（正上、左上、右上均可）拖动鼠标可实时放大图形显示，按住左键向下方（正下、左下、右下均可）拖动鼠标可实时缩小图形显示。

> 📖 提醒：实际操作时，一般滚动鼠标滚轮完成视图的实时缩放。在图形区向上滚动鼠标滚轮为实时放大视图，向下滚动鼠标滚轮为实时缩小视图。这种操作十分方便、快捷，用户必须牢记。

2．上一个

在缩放命令提示行输入 P，按回车键，或者选择【上一个】工具 🔍 上一个，执行缩放上一个命令，返回上一个视图状态。例如，将某一部分放大进行编辑，编辑完成后，单击【缩放上一个】按钮 🔍 上一个，可以返回到编辑前的显示大小。

3．窗口缩放

在缩放命令提示行输入 W，按回车键，或者选择【窗口】工具 🔍 窗口，执行窗口缩放命令。根据提示首先确定矩形窗口的两个对角点，将矩形窗口内的图形放大到充满当前视图窗口。

> 📖 提醒：可以直接在缩放命令提示后指定窗口的两个角点，此时执行窗口缩放；确定窗口的两个对角点时，指定窗口的角点时，需要使用鼠标左键单击图形区空白处合适位置，不能在鼠标指向对象时单击。

4．动态缩放

在缩放命令提示行输入 D，按回车键，或者选择【动态缩放】工具 🔍 动态，执行动态缩放命令。利用动态矩形框选择需要缩放的图形，则矩形框中的图形将放大到充满当前视图窗口。它与【窗口缩放】不同，动态矩形框可以移动，也可以调整它的大小，并且可以反复多次调整。

执行动态缩放命令时，视图窗口出现三种颜色的线框，如图 1-25 所示。绿色虚线框表示当前视图显示的区域；蓝色虚线框表示图形界限，即绘图区域；黑色实线框就是动态矩形框。当动态矩形线框中心显示"×"标记时，线框随着鼠标可以来回移动，移至合适位置单击左键，这时线框中心显示"→|"标记，指向黑色实线框的右边界，移动鼠标可以改变线框的大小。再次单击左键又可以移动线框，可以反复调整，直到确定需要缩放的范围，按 [Esc] 键或 [Enter] 键或单击右键选择【确定】命令使所选区域充满当前视图窗口。

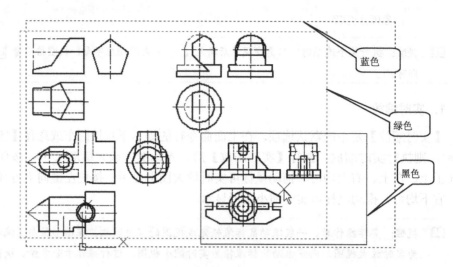

图 1-25　动态缩放

5. 比例缩放

在缩放命令提示行输入 S，按回车键，或者选择【缩放】工具⊗ 缩放，执行比例缩放命令。比例缩放可以按照给定的比例缩放图形。单击【缩放】工具⊗ 缩放，命令行提示：

命令: '_zoom
指定窗口的角点，输入比例因子 (nX 或 nXP)，或者
[全部(A)/中心(C)/动态(D)/范围(E)/上一个(P)/比例(S)/窗口(W)/对象(O)] <实时>: _s
　　//输入 s 选择"比例"选项
输入比例因子 (nX 或 nXP):　　　　　//输入比例因子

有三种比例因子的输入方法：

- 直接输入数值
  这是相对于图形界限进行图形缩放。例如，输入 1 时将图形对象全部缩放到图形界限的显示尺寸；输入 3 时将图形对象根据图形界限全部缩放后再放大至 3 倍；若输入值小于 1，则将图形对象缩小。
- 数值后加 X 即 nX
  是根据当前图形的显示尺寸来确定缩放后的显示尺寸。若输入 2X，会得到当前显示图形 2 倍大的图形显示，同样数值小于 1 时为缩小。
- 数值后加 XP 即 nXP
  是根据图纸空间单位来确定缩放后的显示尺寸。若输入 2XP，将以图纸空间单位的 2 倍来显示模型空间，同样数值小于 1 时为缩小。

📖 AutoCAD 提供了不同用途的两种空间：模型空间和图纸空间。模型空间主要用来创建几何模型，是一个没有界限的三维空间。图纸空间是二维空间，专门用来图纸布置和打印输出。

6. 中心缩放

在缩放命令提示行输入 C，按回车键，或者选择【中心】工具⊕ 中心，执行中心缩放命

令。【中心缩放】是以指定点作为中心点，按照给定的比例因子进行缩放。选择【中心】工具，命令行提示：

```
命令: '_zoom
指定窗口的角点，输入比例因子 (nX 或 nXP)，或者
[全部(A)/中心(C)/动态(D)/范围(E)/上一个(P)/比例(S)/窗口(W)/对象(O)] <实时>: _c
指定中心点：    //用鼠标单击拾取屏幕点，确定缩放的中心点
输入比例或高度 <1124.8655>：    //输入比例或高度
```

7．缩放对象

在缩放命令提示行输入 O，按回车键，或者选择【对象】工具，执行对象缩放命令。【缩放对象】是将所选对象以尽可能大的比例放大到充满当前视图窗口。如果只选择一个图形对象，那么系统将以最大比例在当前视图窗口中显示这一个图形对象。选择【对象】工具，系统会提示：

```
命令: '_zoom
指定窗口的角点，输入比例因子 (nX 或 nXP)，或者
[全部(A)/中心(C)/动态(D)/范围(E)/上一个(P)/比例(S)/窗口(W)/对象(O)] <实时>: _o
选择对象: 找到 1 个    // 选择要缩放的对象
选择对象:    // 按回车键结束选择后，系统将以最大比例在当前窗口显示所选对象
```

8．放大、缩小

每选择一次【放大】工具，当前视图相对原视图放大一倍。每选择一次【缩小】工具，当前视图相对原视图缩小一半。

9．全部缩放

在缩放命令提示行输入 A，按回车键，或者选择【全部】工具，执行全部对象缩放命令，可以将所有图形对象显示在屏幕上，当图形相对于绘图界限较小时，将显示图形界限的范围。

10．范围缩放

在缩放命令提示行输入 E，按回车键，或者选择【范围】工具，执行范围缩放命令。【范围缩放】是将所有图形对象以尽可能大的比例充满当前视图窗口。当图形中没有任何图形对象时，当前视图窗口显示的是图形界限。

> 提醒：双击鼠标中键可以方便、快捷执行【范围缩放】命令，这是绘图时最常使用的方法。

> 提醒：【全部缩放】与【范围缩放】是有区别的。【全部缩放】将所有图形对象占据的矩形区域与图形界限进行比较，选择区域较大的作为显示区域，也就是说使用【全部缩放】，图形对象不一定充满视图窗口。

1.7.2 视图平移

使用视图平移工具可将图形移到屏幕的合适位置对其进行编辑，经常使用的平移方式是实时平移。

执行实时平移命令的方法有以下几种。

- 工具面板：选择【功能区】的【常用】选项卡，选择【实用程序】面板的【平移】工具🖐。
- 状态栏：选择状态栏【平移】工具🖐。
- 命令行：在命令行输入命令 pan 或者 p，按空格键或 Enter 键确认。
- 鼠标控制：按住鼠标滚轮移动鼠标，即可完成视图平移。

执行平移命令后，鼠标指针变为一只手的形状🖐，按住鼠标左键拖动鼠标，视图的显示区域就会随着实时平移。平移到合适位置后，按 Esc 键或者回车键，可以退出该命令。

> 📖 提醒：在图形区按住鼠标中键拖动可以完成方便、快捷地完成实时平移操作，这是最常用的实时平移方式，用户必须牢记。

缩放命令和平移命令都是透明命令。所谓透明命令，就是当正在执行一个 AutoCAD 的命令，但尚未完成操作时，使用透明命令可以暂停原命令的执行，转向执行透明命令，待执行完后，再恢复原命令的执行。使用透明命令不会退出原命令。

【例 1-4】操作视图实例。

操作视图对于绘图和编辑十分重要，下面通过实例熟悉各种视图操作的方法。

打开"例 1-4"，完成以下操作：

（1）全屏显示所有图形；

（2）将轴的零件图放大到全屏显示；

（3）将机座零件图中的"A-A"断面图放大到全屏显示；

🐴 设计过程

[1] 单击【快速启动】工具栏【打开文件】按钮📂，出现【选择文件】对话框。

[1] 在【查找范围】列表中选取"……\第 1 章\例题"文件夹。

[2] 在【名称】列表中双击"例 1-4.dwg"文件，或者单击选中该文件，单击【打开】按钮，打开"例 1-4.dwg"，图形区如图 1-26 所示。

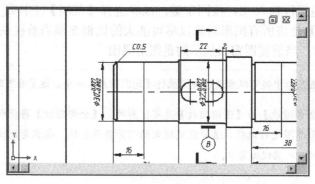

图 1-26　打开文件

[3] 在图形区中任意空白位置双击鼠标中键，所有图形全屏显示在图形区，如图 1-27 所示。

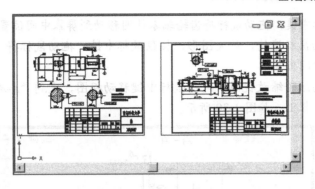

图 1-27　全屏显示图形

[4]　按住鼠标中键，拖动鼠标将轴工程图移动到屏幕中间位置，放开鼠标中键。

[5]　向上滚动鼠标滚轮，放大图形，图形区如图 1-28 所示。

[6]　在状态栏选择【缩放】工具。命令行提示：

> "命令:'_ZOOM
> 指定窗口的角点，输入比例因子 (nX 或 nXP)，或者
> [全部(A)/中心(C)/动态(D)/范围(E)/上一个(P)/比例(S)/窗口(W)/对象(O)] <实时>:"

[7]　在图形区 "1" 位置单击鼠标左键拾取第一个角点，如图 1-28 所示。

[8]　命令行提示"指定对角点:"，移动鼠标，在图形区 "2" 位置单击鼠标左键拾取
对角点，如图 1-28 所示，放大后图形区如图 1-29 所示。

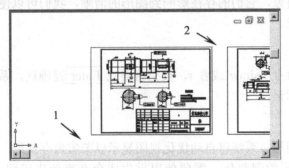

图 1-28　平移并放大视图

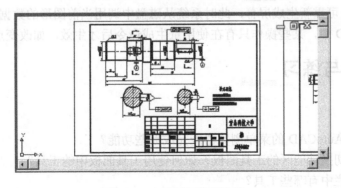

图 1-29　全屏显示轴零件图

[9] 按住鼠标中键，拖动鼠标将齿轮轴零件图移动到屏幕中间位置，放开鼠标中键。

[10] 向上滚动鼠标滚轮，放大图形，按住鼠标中键，拖动鼠标将"A-A"断面图移动到屏幕中间位置。

[11] 反复滚动滚轮缩放视图，拖动鼠标中键移动视图，直到"A-A"断面图全屏显示在整个屏幕上，如图 1-30 所示。

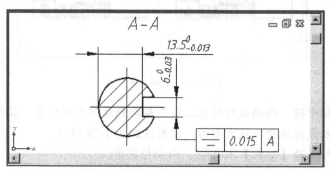

图 1-30　全屏显示"A-A"断面图

1.7.3　重画与重生成

在绘图和编辑过程中，经常会在屏幕上留下对象拾取的标记，这些临时标记并不是图形中的实际存在的对象，它们的存在影响到图形的清晰，我们可以使用重画与重生成命令来清除这些临时标记。

1．重画

在命令行输入命令 redraw 或者 r，按空格键或 Enter 键确认，系统将在显示内存中更新屏幕，消除临时标记。

2．重生成

有时对于复杂图形，系统将自动优化视图显示以节省内存使用，如将圆以多边形样式显示，欲使该圆显示的圆整化，需要使用重生成命令重新生成圆。在命令行输入命令 regen 或者 re，按空格键或 Enter 键确认，即可执行重生成命令。

重生成命令可重新生成屏幕，此时系统从磁盘中调用当前图形的数据，比重画速度要慢。在 AutoCAD 中，某些操作只有在使用重生成命令后才生效，如改变点的格式等。

1.8　思考与练习

1．概念题

（1）使用 AutoCAD 的菜单浏览器能完成哪些功能？

（2）如何切换功能区的工具面板？如何使用工具面板中的工具？

（3）状态栏中有哪些工具？

（4）调用命令的方法有哪些？

（5）如何响应命令？如何结束命令？如何取消命令？

（6）命令提示中各种不同标记的选项有何用途？

（7）图形显示命令中各选项的含义是什么？

2．操作题

（1）将 AutoCAD 2009 的工作空间分别切换到二维草图与注释、三维建模空间和 AutoCAD 经典，最后设置为二维草图与注释。

（2）启动 AutoCAD 新建一个名为"练习"的文件，保存，将其另存为"练习 1"，再将其另存为 AutoCAD 2004 格式的文件，名为"练习 2"，关闭文件窗口，退出 AutoCAD。

（3）打开"例 1-2-3"，分别使用命令，工具面板和鼠标操作练习各种图形显示和平移操作。

第2章 国家标准基本规定

工程图样被喻为"工程界的语言"，它是设计和制造机器过程中的重要技术资料。因此，有必要对工程图样作出一些统一的规定，以利于技术交流。国家标准（简称国标）《机械制图》对图样画法、尺寸注法等做了统一的规定。下面分别对国标中有关图纸幅面及格式、比例、字体、图线和尺寸注法等规定作简要介绍。无论手工绘图还是使用计算机绘图，都需要按照国家标准的规定进行。

2.1 标准工程图的内容

一张标准的工程图主要包括以下几项内容：一组视图、一组尺寸、技术要求和标题栏及明细表，如图 2-1 所示。使用 AutoCAD 所绘制的工程图必须包含上述内容且符合国家标准规定。

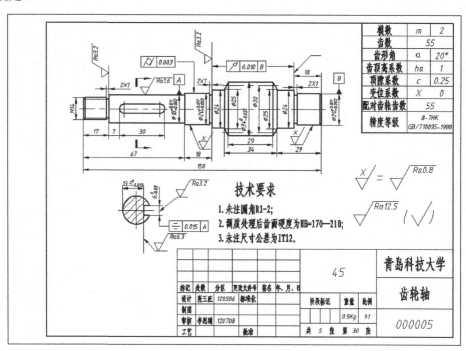

图 2-1 工程图的内容

2.2 图纸的幅面

GB/T 14689－93 对图纸的幅面和格式（其中"GB"为国家标准的代号，"T"为推荐标准，14689 是标准号，93 是标准颁布的年份）作了统一的规定。

2.2.1 图纸的幅面和图框格式

图纸的幅面是指图纸裁边后应达到的尺寸，是指图纸宽度和长度组成的画面。绘制图样时，应优先选用表 2-1 中规定的基本幅面尺寸（宽度 B×长度 L），必要时可以加长幅面。

表 2-1　基本幅面及图框尺寸

幅 面 代 号	A0	A1	A2	A3	A4
尺寸（$B \times L$）	841 × 1189	594 × 841	420 × 594	297 × 420	210 × 297
e	20			10	
c	10			5	
a	25				

图框是指图纸上限定绘图区域的粗实线框。

绘图时图纸可以横放，也可以竖放。图框线用粗实线绘制，其规格有留装订边和不留装订边两种。需要装订的图样，其图框格式如图 2-2 所示，一般采用 A4 幅面竖装或 A3 幅面横装；当图样不需装订时，其图框格式如图 2-3 所示。画图时，先按 $B \times L$ 尺寸用细线画出边框，再画图框。

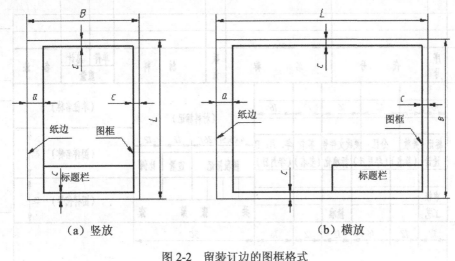

(a) 竖放　　　　　　　　　　　　　　(b) 横放

图 2-2　留装订边的图框格式

2.2.2 标题栏

每张图纸上都必须画出标题栏，标题栏的有关规定见 GB/T 10609.1－89，该标准对标题栏的内容、格式和尺寸做了规定。标题栏应如图 2-2 和图 2-3 所示，配置在图框的右下角；标题栏中的文字方向为看图的方向。国标标题栏的格式和尺寸如图 2-4 所示，标题栏和明细表中的文字都是长仿宋体、3.5 号字。

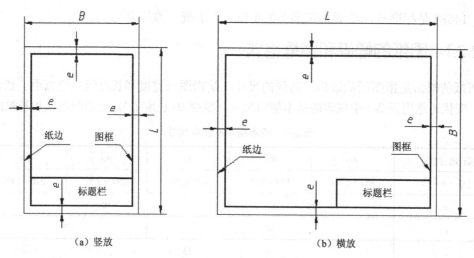

（a）竖放　　　　　　　　　　　　　　　（b）横放

图 2-3　不留装订边的图框格式

2.2.3　明细表

绘制装配图时，需要绘制明细表，其格式和尺寸如图 2-4 所示。

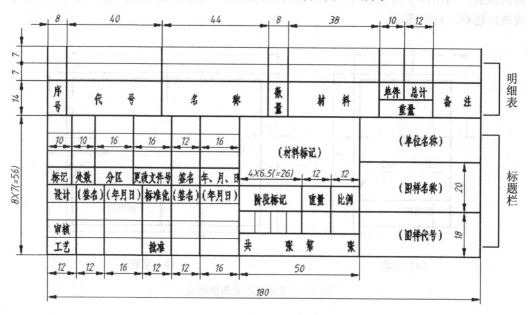

图 2-4　标题栏和明细表的格式

2.3　比例

比例是指图样中图形与其实物相应要素的线性尺寸之比。

绘制图样时，一般应从表 2-2 规定的系列中优先选取不带括号的适当比例，优先选用的比例不能满足要求时，也可以使用括号内的比例。

表 2-2　绘图的比例

种　类	比　例				
原值比例	1：1				
放大比例	2：1　(2.5：1)　(4：1)　5：1　10：1				
	$2×10^n$：1　$(2.5×10^n$：1)　$(4×10^n$：1)　$5×10^n$：1　10^n：1				
缩小比例	(1：1.5)　1：2　(1：2.5)　(1：3)　(1：4)　1：5　(1：6)　$(1：1.5×10^n)$				
	$1：2×10^n$　$(1：2.5×10^n)$　$(1：3×10^n)$　$(1：4×10^n)$　$1：5×10^n$　$(1：6×10^n)$　$1：10^n$				

注：n 为正整数。

2.4　字体

在图样上除了表达机件形状的图形外，还要用文字和数字来说明机件的大小、技术要求等。字体的号数，即字体的高度 h 分为 20、14、10、7、5、3.5、2.5、1.8（单位为 mm）几种。

2.4.1　汉字

汉字应写成长仿宋体，并采用国家正式公布推行的简化字。汉字的高度一般不应小于 3.5mm，其宽度和高度的比为 $\sqrt{2}/2$。

AutoCAD 中，汉字使用的字体名为"仿宋_GB2312"，宽度因子为 $\sqrt{2}/2$，一般设置为 "0.707"。汉字的示例如图 2-5 所示。

字体工整　笔画清楚　间隔均匀　排列整齐
横平竖直　注意起落　结构均匀　填满方格

图 2-5　汉字示例

2.4.2　数字和字母

数字及字母分 A 型和 B 型，A 型字体的笔划宽度为字高的 1/14，B 型字体的笔划宽度约为字体高度的 1/10。数字和字母可以写成直体或斜体，一般用斜体。斜体字字头向右倾斜，与水平线约成 75°角。

AutoCAD 中，数字和字母使用的字体名为"gbeitc.shx"，大字体使用的字体样式为 "gbcbig.shx"宽度因子为 1，数字及字母的示例如图 2-6 所示。

$$1 2 3 4 5 6 7 8 9 0$$

$$A B C D E F G H I J$$

$$O P Q R S T U V W$$

$$\alpha \beta \gamma \delta \epsilon \zeta \theta \mu \lambda \xi o \pi \psi \alpha$$

图 2-6　字母和数字示例

2.5　图线

绘制图样时，应采用表 2-3 中规定的图线。表 2-3 列出了各种型式图线的主要用途及其在 AutoCAD 中应选用的线型和宽度。其他用途可查阅 GB 4457.4－84。

表 2-3　图线的型式、宽度和主要用途

图线名称	图线型式	线型	图线宽度	主要用途
粗实线	——————	continuous	0.7	可见轮廓线
细实线	——————	continuous	0.35	尺寸线、尺寸界线 部面线、引出线
波浪线	～～～～～	continuous	0.35	断裂处的边界线 视图和剖视的分界线
虚线	- - - - - -	hidden2	0.35	不可见轮廓线
细点划线	— · — · — · —	center2	0.35	轴线、对称中心线
双点划线	— ·· — ·· —	phantom2	0.35	有特殊要求的表面表示线
粗点划线	— · — · — · —	center2	0.7	假想轮廓线、中断线

2.6　思考与练习

（1）工程图包含哪几项内容？

（2）常用的图纸有哪几种幅面？

（3）常用的图框有几种格式？

（4）何时使用明细表？明细表中的汉字使用几号字？

（5）有哪几种常用的比例？

（6）汉字应使用哪种字体？其宽度系数是多少？

（7）字母和数字使用哪种字体？

（8）常用的图线有哪几种？其粗细和线型分别是什么？

第 3 章 绘制和编辑基本图形

工程图都是由直线、圆、圆弧、样条曲线等若干简单的图形元素组成的，绘制好的图形一般需要通过修改和编辑使其符合设计意图，而要完成图形，首先需要对图形进行分析，掌握绘图顺序的先后，才能画出合格的工程图。本章主要讲授直线、圆等绘图命令和删除、偏移、修剪、延伸、倒角、圆角等修改命令，这些命令式绘制工程图的基础，只有熟练掌握了这些命令和分析图形的方法，才能在绘制复杂工程图样时做到驾轻就熟。通过本章学习，读者能够学会绘制直线型图形的方法和技巧。

3.1 简单图形分析

工程图是由点、线、圆和圆弧构成的，在绘制图形之前，需要线根据图形所标注的尺寸，对图形进行线段分析，决定绘图的先后顺序。根据给定的定形和定位尺寸不同，线段分为已知线段、中间线段和连接线段，绘制图形时，应先绘制尺寸基准，再绘制已知线段，然后根据已知线段绘制中间线段，最后绘制连接线段。表 3-1 给定了三种类型线段的已知尺寸。

表 3-1　线段的分类

线段类型	定位尺寸	定形尺寸
已知线段	已知两个定位尺寸	已知
中间线段	已知一个定位尺寸	已知
连接线段	两个定位尺寸都未知	已知

对于平面图形，可根据下面步骤进行尺寸分析和线段分析，而后绘制图形：

[1] 总体分析图形，确定图形的基准；对于平面图形，一般选取对称中心线，较长的直线或者轴线作为尺寸基准，有宽度和长度方向两个基准；

[2] 分析尺寸，确定哪些尺寸为定形尺寸、哪些尺寸为定位尺寸、哪些尺寸为总体尺寸；

[3] 分析线段，找出已知线段、中间线段和连接线段；

[4] 绘制基准线；

[5] 绘制已知线段；

[6] 根据已知线段绘制中间线段；

[7] 根据已经绘制出的线段，绘制连接线段；

[8] 修改图线属性。

【例 3-1】分析图形。

分析如图 3-1 所示的图形，确定其画图顺序。

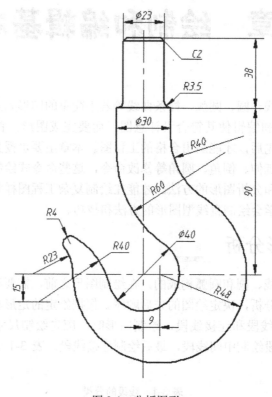

图 3-1　分析图形

设计过程

[1]　通过分析整个平面图形，确定长度方向的基准为竖直的中心线，宽度方向的基准为水平的中心线，如图 3-1 所示。

[2]　找出定形尺寸。图中 $\Phi23$、$C2$、$R3.5$、38、$\Phi30$、$R40$、$R60$、$\Phi40$、$R48$、$R40$、$R23$、$R4$ 是各线段的定形尺寸。

[3]　找出定位尺寸。图中 90 为 $\Phi30$ 最上水平线的定位尺寸，9 为 $R48$ 圆弧水平方向的定位尺寸，15 为 $R23$ 竖直方向的定位尺寸。

[4]　找出已知线段。上部所有的直线段都是定形、定位尺寸已知，所以是已知线段。$\Phi40$、$R48$ 两个定位尺寸已知，定形尺寸已知，是已知线段。

[5]　找出中间线段。$R40$ 已知竖直方向的定位尺寸为 15，$R23$ 竖直方向定位于宽度方向基准线，都是已知一个定位尺寸，知道定形尺寸，是中间线段。

[6]　找出连接线段。$R3.5$、$R40$、$R60$、$R4$ 两个定位尺寸都不知道，只知道定形尺寸，需要根据与其他线段相切才能绘制，是连接线段。

[7]　根据基准→已知线段→中间线段→连接线段的顺序绘制图形。

3.2 点的输入方式

AutoCAD 是一个精确绘图的矢量图形绘制软件，如何精确地确定图形的形状和位置，是用户应该掌握的最基本的知识。图形由若干点、线组成，线又由点连接生成，故输入点是精确绘图的基础。

3.2.1 点的输入方式

点是图形中最基本的要素，任何图形都是由若干点组成，AutoCAD 提供了几种输入点的方式。

1．鼠标直接拾取

当命令行提示输入点时，在绘图区适当位置单击鼠标左键即可拾取该点，将其输入系统之中。当可以拾取点时，光标显示为"十"样式。这种输入方式输入的点一般不够精确。可以结合"栅格捕捉"工具完成精确绘图。

2．键盘坐标输入方式

通过键盘输入坐标值是精确输入点的一种方式。这种方式输入的坐标有绝对坐标方式和相对坐标方式两种。

3．给定距离的方式

当提示输入点时，使用鼠标控制输入点相对于上一点的方向，键盘直接输入相对前一点的距离，回车确认即可输入点。这种方式一般配合极轴追踪工具使用，可以绘制一定长度的水平线和角度斜线。

4．对象捕捉方式

在要求输入点时，利用对象捕捉功能，可以直接精确捕捉到所需的对象上的特殊点，如端点、圆心、切点、垂足等。

> 📖 提醒：一般情况下，在打开 AutoCAD 2009 后，首先设置对象捕捉方式。方法是：将鼠标指向状态栏【辅助绘图】工具栏的【对象捕捉】工具□，单击鼠标右键，在出现的快捷菜单选择【设置】选项，出现【草图设置】对话框，单击【全部选择】按钮，如图 3-2 所示。然后单击【确定】按钮完成对象捕捉模式的设置，这样确保系统能自动捕捉到各种特殊点。

5．动态输入

要求输入点时，如果动态输入模式属于打开状态，会出现需要该点位置的绝对坐标（输入第一点时，如图 3-3 所示）或相对坐标（输入除第一点外的其他点时，如图 3-4 所示），可在编辑框输入坐标数值，按回车键或空格键确认坐标。当使用相对极坐标输入时，也可按键盘 Tab 键切换坐标编辑框。

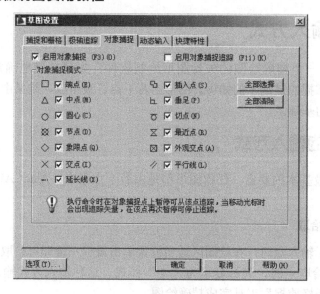

图 3-2　设置对象捕捉模式

图 3-3　动态输入绝对坐标　　　　　　图 3-4　动态输入相对坐标

3.2.2　坐标系统

在默认状态下，AutoCAD 处于世界坐标系 WCS（World Coordinate System）中，绘图平面为 XY 平面，在绘图区域的左下角出现一个如图 3-5 所示的 WCS 图标。WCS 坐标为笛卡儿坐标，即 X 轴为水平方向，向右为正；Y 轴为竖直方向，向上为正，Z 轴垂直于 XY 平面，指向读者方向为正。在世界坐标系中也可使用极坐标输入，此时忽略 Y 轴即可。

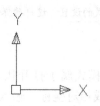

图 3-5　坐标系图标

WCS 总存在于每一个设计图形中，是唯一且不可改动的，其他任何坐标系可以相对它来建立。AutoCAD 将 WCS 以外的任何坐标系通称为用户坐标系 UCS（User Coordinate System），它可以通过执行 UCS 命令对 WCS 进行平移或者旋转等操作来创建。

3.2.3 点的坐标输入

AutoCAD 的坐标输入方式通常有绝对坐标和相对坐标两种。下面分别介绍这两种输入方式。

1. 绝对坐标

绝对坐标的基准点是指坐标系的原点（0,0,0）。在二维空间中，绝对坐标可以用绝对直角坐标表示，也可以使用绝对极坐标表示。

（1）直角坐标

当系统提示输入点时，绝对直角坐标的输入的格式是：直接输入 X 坐标、半角的逗号、Y 坐标。如"150,100"表示 X 坐标为 150，Y 坐标为 100 的点。如果在 XY 平面内绘图，所有点的 Z 坐标都是 0，可以省略 Z 坐标的输入；如果输入的是空间点，需要在 X，Y 坐标后输入 Z 坐标，如"-200，100，50"表示 X 坐标为-200，Y 坐标为 100，Z 坐标为 50 的点。

> 📖 提醒：输入点时，两坐标值之间必须使用半角的逗号（西文逗号）","隔开，不能用全角的逗号（中文逗号），否则命令行会出现"点无效"的错误提示。

当确切知道了某点的绝对直角坐标时，在命令行窗口用键盘直接输入 X、Y 坐标值来确定点的位置，非常快捷。图 3-6 所示为采用绝对直角坐标表示的某图形的各点，其中 A 点坐标为"20,30"。

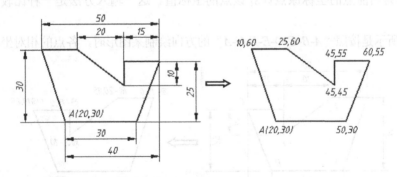

图 3-6　绝对直角坐标

> 📖 提醒：除非输入第一个点的坐标，绝对坐标必须在动态输入关闭的前提下才能使用，否则输入的都是相对坐标，关闭动态输入的方法是：鼠标单击状态栏【辅助绘图】工具栏的【动态输入】工具 ➕，使其处于浮起状态，此时图标显示为灰色。

（2）极坐标

极坐标中以极径 ρ 和极角 θ 来表示点的坐标系。绝对极坐标的极径 ρ 为点到原点的距离，极角 θ 是点和原点连线和 X 轴正方向的夹角。当角度由 X 轴正方向沿逆时针向极径方向旋转时，角度为正，当角度由 X 轴正方向沿顺时针向极径方向旋转时，角度为负。输入极坐标时，将极径和极角用"<"分开，样式为"$\rho<\theta$"，输入极角时不用角度符号，直

接输入角度数值即可。如"100<30"表示到原点距离为 100，该点与原点连线夹角为30°，且角度方向为由 X 轴正方向沿逆时针方向转向该连线。图 3-7 所示为使用绝对极坐标表示的某点。

由于绝对极坐标的极径 ρ 和极角 θ 计算麻烦，所以在 AutoCAD 中较少采用。

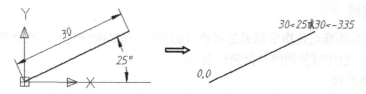

图 3-7　绝对极坐标系

2. 相对坐标

在绘图过程中，有时用前面所述的绝对坐标输入，会很麻烦且显得笨拙。此时引入相对坐标的概念。相对坐标是以前一个输入点作为基准点而确定点位置的输入方法。使用相对坐标输入时，需要在输入的坐标值前加"@"符号。

（1）直角坐标

相对直角坐标就是用相对于上一个输入点的直角坐标来确定当前点。当前点在前一输入点右方时，X 坐标取正值，当前点在前一点左方时，X 坐标取负值；同样，当前点在前一输入点上方时，Y 坐标取正值，当前点在前一点下方时，Y 坐标取负值。也就是说，把上一个点作为当前点的坐标原点计算该点的坐标值。这一输入方法是一种比较常用的坐标输入方法。

图 3-8 所示是按照"A-B-C-D-E-F-G-A"的方向绘制某图形时，各点的相对坐标值表示。

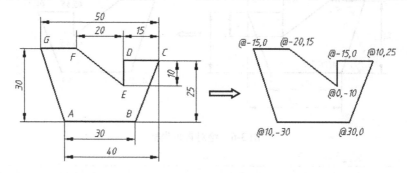

图 3-8　相对直角坐标

> 📖 提醒：动态输入模式下，不用输入"@"，直接输入坐标即可，动态输入模式处于关闭状态时，需要输入在相对坐标前输入"@"。

（2）极坐标

相对极坐标输入法中极径 ρ 为输入点相对前一点的距离，极角 θ 为这两点的连线与 X 轴正向之间的夹角。在 AutoCAD 中，系统默认角度测量值以逆时针为正，反之为负值。输入格式为"@ρ<θ"。

图 3-9 为使用相对极坐标按照"*A-B-C-D-E-F-A*"的顺序绘制正六边形时各点的相对极坐标，其中 *A* 点在图形区任意位置单击左键拾取。

由于相对极坐标使用灵活、方便，通常用于绘制角度斜线。

> 📖 提示：动态输入模式下，不用输入"@"，直接输入坐标即可，动态输入模式处于关闭状态时，需要输入在相对坐标前输入"@"，也可以使用 Tab 键切换极径编辑框和极角编辑框，这样极大的方便了极坐标的输入。

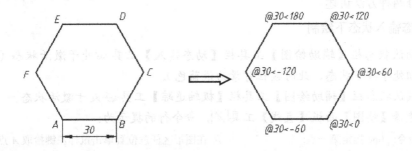

图 3-9　相对极坐标

3.3 直线

直线命令是绘制图形的基础命令，用于绘制二维或者三维直线。

直线是构成图形的基本元素。直线的绘制是通过确定直线的起点和终点完成的。对于首尾相接的折线，可以在一次【直线】命令中完成，上一段直线的终点是下一段直线的起点。调用【直线】命令有以下几种方法：

- 工具面板：选择【绘图】面板【直线】工具 ╱ 。
- 命令行：在命令行命令提示状态下输入 line 或 l，按空格键或 Enter 键确认。

在命令行提示指定点时，可以在命令行直接输入点的坐标值，也可以使用鼠标在绘图区拾取一点。其中命令行中的"放弃(U)"表示撤消上一步的操作，"闭合(C)"表示将绘制的一系列直线的最后一点与第一点连接，形成封闭的多边形。

如果要绘制水平线或垂直线，可使用 AutoCAD 提供的【正交】模式。

【例 3-2】使用直线工具绘制图形。

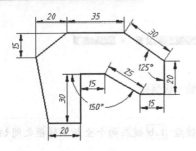

图 3-10　直线型图形

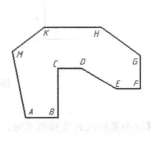

图 3-11　分析图形

设计过程

该图形所有线段都是直线，按照 *ABCDEFGHKMA* 的顺序画图。对于 *AB*、*BC*、*CD*、*EF*、*FG*、*HK*，已知直线长度且分别沿水平或竖直方向，可以采用由鼠标控制方向输入长度的方式绘制；对于 *DE* 和 *GH*，已知直线长度和角度，使用相对极坐标绘制，对于 *KM*，可以计算两点的相对直角坐标，使用相对直角坐标绘制，对于 *MA*，可以使用直线的闭合选项完成。

下面分两种方法讲述。

1. 动态输入状态下绘制

[1] 确认状态栏【辅助绘图】工具栏【动态输入】工具 处于激活状态（即工具按钮处于按下状态，此时按钮背景为浅蓝色）。

[2] 确认状态栏【辅助绘图】工具栏【极轴追踪】工具 处于激活状态。

[3] 选择【绘图】面板【直线】工具 ，命令行的提示为：

命令：_line 指定第一点：　　　　　　　// 在图形区任意位置单击鼠标左键拾取 *A* 点

指定下一点或 [放弃(U)]：20　　　　　// 鼠标移动到 *A* 点正右方位置，出现水平向右的追踪线，如图 3-12 所示，输入 20，按空格键或者 Enter 键确认，绘制出 *B* 点

指定下一点或 [放弃(U)]：30　　　　　// 鼠标移动到 *B* 点正上方位置，出现竖直向上的追踪线，如图 3-13 所示，输入 30，按空格键或者 Enter 键确，绘制出 *C* 点

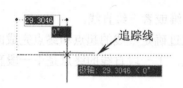

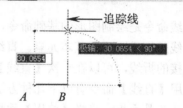

图 3-12　追踪水平方向　　　　　　　　　　　　图 3-13　竖直追踪方向

指定下一点或 [闭合(C)/放弃(U)]：15　　　　　// 鼠标移动到 *C* 点正右方位置，出现水平向右的追踪线，输入 15，按空格键或者 Enter 键确认，绘制出 *D* 点

指定下一点或 [闭合(C)/放弃(U)]：25<-30　　　　// 输入 *E* 点坐标相对极坐标"25<-30"，如图 3-14 所示，按空格键或者 Enter 键确认，绘制出 *E* 点

图 3-14　输入极坐标

提醒：如果输入的坐标值不对，可以按键盘 Tab 键在两个坐标编辑框之间切换，重新输入数值。

指定下一点或 [放弃(U)]: 15　　　　　// 鼠标移动到 *E* 点正右方位置，出现水平向右的追踪
　　　　线，输入 15，按空格键或者 Enter 键确认，绘制出 *F* 点

指定下一点或 [闭合(C)/放弃(U)]: 20　　　// 鼠标移动到 *F* 点正上方位置，出现竖直向上的追
　　　　踪线，输入 20，按空格键或者 Enter 键确，绘制出 *G* 点

指定下一点或 [闭合(C)/放弃(U)]: 30<145　// 输入 *G* 点相对极坐标"30<145"，按空格键
　　　　或者 Enter 键确认，绘制出 *H* 点

指定下一点或 [闭合(C)/放弃(U)]: 35　　　// 鼠标移动到 *H* 点正左方位置，出现水平向左的
　　　　追踪线，输入 35，按空格键或者 Enter 键确认，绘制出 *K* 点

指定下一点或 [闭合(C)/放弃(U)]: -20,-15　// 输入 *M* 点相对直角坐标"-20,-15"，按空格
　　　　键或者 Enter 键确认，绘制出 *M* 点

指定下一点或 [闭合(C)/放弃(U)]: C　　　　// 输入"C"，按空格键或者 Enter 确
　　　　认，闭合图形，回到 *A* 点

> 📖 **提醒**：绘图过程中如果发现输入的点不正确，可以输入"U"，按空格键确认，取消上一个点的输入，如果图形闭合，最后一点一般不再输入坐标值，只须输入"C"，按空格键确认即可。

2. 非动态输入状态下绘制

[1] 确认状态栏【辅助绘图】工具栏【动态输入】工具 处于关闭状态（即工具按钮处于浮起状态，此时按钮背景为灰色）。

[1] 确认状态栏【辅助绘图】工具栏【极轴追踪】工具 处于激活状态。

[2] 在命令行命令提示状态下输入"line"或者"l"，按键盘空格键或者 Enter 键确认，命令行的提示为：

命令:1　　　　　　　　　　　// 输入"1"，按空格键或者 Enter 键确认，调用直线命令

命令:line 指定第一点:　　　　　// 在图形区任意位置单击鼠标左键拾取 *A* 点

指定下一点或 [放弃(U)]: 20　　　// 鼠标移动到 *A* 点正右方位置，出现水平向右的追踪
　　　　线，输入 20，按空格键或者 Enter 键确认，绘制出 *B* 点

指定下一点或 [放弃(U)]: 30　　　// 鼠标移动到 *B* 点正上方位置，出现竖直向上的追踪
　　　　线输入 30，按空格键或者 Enter 键确，绘制出 *C* 点

指定下一点或 [闭合(C)/放弃(U)]: 15　　// 鼠标移动到 *C* 点正右方位置，出现水平向右的
　　　　追踪线，按空格键或者 Enter 键确认，绘制出 *D* 点

指定下一点或 [闭合(C)/放弃(U)]: @25<-30　// 输入 *E* 点相对极坐标"@25<-30"，按空格
　　　　键或者 Enter 键确认，绘制出 *E* 点

> 📖 **提醒**：在非动态输入状态下，必须在相对坐标的前面加"@"符号。

指定下一点或 [放弃(U)]: 15　　　// 鼠标移动到 *E* 点正右方位置，出现水平向右的追踪
　　　　线，输入 15，按空格键或者 Enter 键确认，绘制出 *F* 点

指定下一点或 [闭合(C)/放弃(U)]: 20　　// 鼠标移动到 *F* 点正上方位置，出现竖直向上的追
　　　　踪线，输入 20，按空格键或者 Enter 键确，绘制出 *G* 点

指定下一点或 [闭合(C)/放弃(U)]: @30<145　// 输入 *G* 点相对极坐标"@30<145"，按空

格键或者 Enter 键确认，绘制出 H 点

指定下一点或 [闭合(C)/放弃(U)]: 35　　　　// 鼠标移动到 H 点正左方位置，出现水平向左的
　　追踪线，输入 35，按空格键或者 Enter 键确认，绘制出 K 点

指定下一点或 [闭合(C)/放弃(U)]: @-20,-15　　　　// 输入 M 点相对直角坐标"@-20,-15"，
　　按空格键或者 Enter 键确认，绘制出 M 点

指定下一点或 [闭合(C)/放弃(U)]: C　　　　// 输入"C"，按空格键或者 Enter 确
　　认，闭合图形，回到 A 点

3.4 删除

绘图过程中难免会绘制多余的图线，绘图完成时需要整理删除；有时绘图时也需要删除绘图过程中用到的辅助线，这就需要用户掌握删除命令。

3.4.1 选择对象

在执行 AutoCAD 编辑命令（如删除、复制、平移）的过程中，命令行都会出现"选择对象："的提示，即需要选择欲进行相关操作的对象。

AutoCAD 向用户提供了多种对象选择的方式。其中最有用也是最直接的有三种：点选、窗选和交叉窗选。一般在命令行提示"选择对象："时进行选择操作。

1. 点选

当命令行出现 "选择对象：" 提示时，十字光标变为拾取框 "□"，将拾取框指向被选对象，该对象以加亮的蚂蚁线显示，单击鼠标左键，则可选中该对象，此时对象变为虚线。命令行会继续提示"选择对象："，可以继续选择需要的对象。点选方式适合拾取少量、不连续的对象。

2. 窗选

窗选是通过指定对角点定义一个矩形区域来选择对象。首先单击鼠标左键确定第一个角点（A 点），然后移动鼠标向右下或右上拉伸出窗口，窗口边框显示为实线，窗口区域显示为蓝色半透明颜色，确定矩形区域后单击左键确定矩形窗口的另一角点（B 点），则全部位于窗口内的对象被选中，与窗口边界相交的对象不被选择，如图 3-15 所示。

3. 交叉窗选

交叉窗选也是通过指定对角点定义一个矩形区域来选择对象，但矩形区域的定义方法与窗选不同。交叉窗选确定矩形区域时选取的第一角点在右（A 点），另一角点（B 点）在左上或者左下。此时窗口边框为虚线，窗口区域显示为绿色半透明颜色。使用交叉窗口选择对象时，所有位于窗口内的对象和与窗口边界相交的对象均被选中，如图 3-16 所示。

如需从选择集中删除已经选中的对象，可在"选择对象："提示后输入"r"按回车键或空格键，当提示变为"删除对象："时，使用任何方式选择已经选中的对象。如想重新回到添加选择对象方式，需要在"删除对象："提示后输入"a"，按回车键或空格键。此时又可使用任意对象选择方式将选定对象添加到选择集中。

📖 提醒：按住 Shift 键再次选择被选中对象，可以将其从当前选择集中删除。

当不需继续选取对象时，在提示"选择对象："时，按键盘 Enter 键或空格键即可完成选取，也可单击右键结束选择对象。

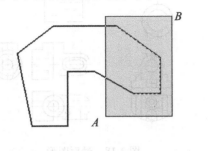 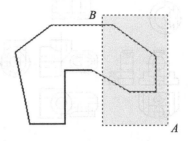

图 3-15　窗选　　　　　　　　　图 3-16　交叉窗选

📖 提醒：点选、窗选和交叉窗选是系统的默认选择方式，即在命令行提示"选择对象："时，不必输入任何选项即可直接进行选择。

3.4.2　删除命令

利用【删除】命令可以【删除】图形中的一个或多个对象。

删除对象有两种方式，分别介绍如下。

1．先选命令，后选对象

首先调用【删除】命令，然后根据提示进行操作。调用【删除】命令的方法有：

- 工具面板：选择【修改】面板【删除】工具 ✏️。
- 命令行：在"命令："提示后输入"erase"或者"e"，按空格键或 Enter 键确认。

执行上述命令后，命令行提示：

命令：_erase	// 调用【删除】命令
选择对象：	// 使用前述的选择方式选择要删除的对象
选择对象：	// 继续选择要删除的对象，如果不再增加要删除的对象，则单击鼠标右键或直接回车，完成选择集设定，选中的对象被删除

2．先选对象，后选命令

在命令行处于"命令："提示状态下，使用前述任意选择方式选中欲删除的对象，执行以下操作之一即可。

- 键盘：按键盘 Delete 键，这是最快捷的删除对象的方式。
- 快捷菜单：单击鼠标右键，在出现的快捷菜单选择【删除】命令。
- 工具面板：选择【修改】面板【删除】工具 ✏️。
- 命令行：在"命令："提示后输入"erase"或者"e"，按空格键或 Enter 键确认。

【例 3-3】删除图线实例。

利用图 3-17 所示的图形，完成如图 3-18 所示的图形，练习选择对象和删除图形的操作。

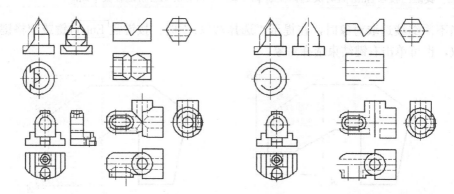

图 3-17　原图　　　　　　　　　　　　图 3-18　最后图形

设计过程

[1]　打开文件"例 3-3"，使用视图操作将左上角三视图平移到绘图区中央并放大到合适的大小。

[2]　在命令行"命令:"状态下，使用鼠标左键分别单击如图 3-19 所示的图线，使其处于选中状态。

[3]　按键盘 Delete 键，所有选取的图线被删除，如图 3-20 所示。

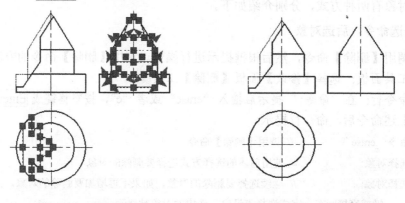

图 3-19　选中图线　　　　　　　　　　图 3-20　删除图线

[4]　使用视图操作将左下角三视图移动到绘图区中央并放大。

[5]　选择【修改】面板【删除】工具 ✏️，在命令行提示如下：

命令: _erase　　　　　　　　// 调用删除命令

选择对象:　　　　　　　　　// 如图 3-21 所示指定 1 点作为选择窗口的第一个角点

指定对角点: 找到 38 个　　　// 如图 3-21 所示指定 2 点作为选择窗口的对角点，提示选中 38 个对象，被窗口全部框住的对象被选取

选择对象:　　　　　　　　　// 按空格键或者 Enter 键完成对象选取，选中的对象被删除，如图 3-22 所示

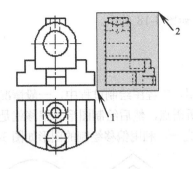

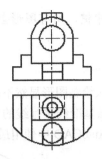

图 3-21　选中视图　　　　　　　　　　　　图 3-22　删除视图

[6]　使用视图操作将右上角三视图的俯视图移动到绘图区中央并放大。

[7]　在命令行"命令:"提示后输入 erase 或者 e，命令行提示如下：

命令: erase　　　　　　　// 按空格键或者 Enter 键确认，调用删除命令

选择对象:　　　　　　// 如图 3-23 所示指定 1 点作为交叉选择窗口的第一个角点

指定对角点: 找到 38 个　　　// 如图 3-23 所示指定 2 点作为交叉选择窗口的对角点，提示
　　　　选中 22 个对象，被窗口碰到的对象被选取

选择对象:　　　　　　// 按住 Shift 键依次选取如图 3-24 所示箭头所指的六条图线，将其从选
　　　　择集中剔除

选择对象:　　　　　　// 按空格键完成对象选取，选中的对象被删除，如图 3-25 所示

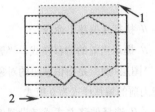
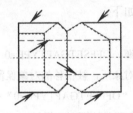
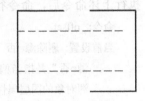

图 3-23　交叉窗选对象　　　　图 3-24　在选择集中移除对象　　　　图 3-25　删除图线

[8]　使用视图操作将右下角三视图平移到绘图区中央并放大到合适的大小。

[9]　在命令行"命令:"状态下，使用鼠标左键分别单击如图 3-26 所示箭头所指的图
　　　线，使其处于选中状态，如图 3-27 所示。

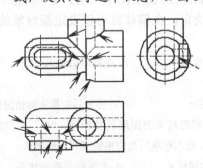
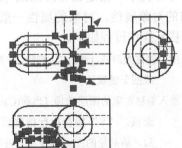

图 3-26　应选的图线　　　　　　　　　　图 3-27　选中图线

[10]　按下鼠标右键，在快捷菜单中选择【删除】选项，选中的图线被删除。

[11] 双击鼠标中键，所有图形全屏显示，如图 3-18 所示。

3.5 偏移

使用坐标输入法绘制图形显然不够方便实用。工程图绘制过程中，一般情况先绘制图形基准线，然后通过做基准线平行线的方式找到所需点，然后绘制图形。偏移就是作已知直线平行线的命令，是 AutoCAD 中使用最多的命令之一。利用偏移绘制的图形如图 3-28 所示。

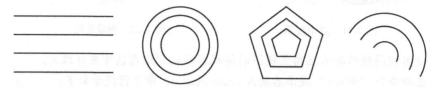

图 3-28　使用偏移命令绘制的图形

3.5.1 偏移命令

调用【偏移】命令的方法有以下几种：

- 工具面板：在【修改】面板中选取【偏移】工具 ⊿。
- 命令行：在 "命令:" 提示后输入 "offset" 或者 "o"，按空格键或 Enter 键确认。

执行上述命令后，命令行提示如下：

```
命令: _offset                                          // 执行【偏移】命令
当前设置: 删除源=否  图层=源  OFFSETGAPTYPE=0           // 提示当前的偏移模式，"删除
    源=否" 是指当偏移出新对象后，被偏移的对象保留；"图层=源" 是指偏移出的对象和
    源对象的图层属性相同；"OFFSETGAPTYPE=0" 是指当前的偏移样式为 0 模式
指定偏移距离或 [通过(T)/删除(E)/图层(L)] <通过>:              // 选择偏移方式或者设置偏移
    模式
```

3.5.2 偏移对象的属性

在命令行提示 "指定偏移距离或 [通过(T)/删除(E)/图层(L)] <通过>:" 状态下可以设置偏移出的对象属性。对象的属性一般由图层决定，在偏移时可以设定新对象的图层属性，根据提示操作过程如下。

```
指定偏移距离或 [通过(T)/删除(E)/图层(L)] <通过>: L   // 在提示后输入 "L"，按空格键
    或回车键确认
输入偏移对象的图层选项 [当前(C)/源(S)] <源>:            // 在提示后根据实际情况输入相应
    选项，"S" 指在执行偏移后，新对象和源对象的图层属性相同，"C" 指在执行偏移
    后，新对象的图层属性和当前图层相同。输入选项后按空格键或回车键确认
指定偏移距离或 [通过(T)/删除(E)/图层(L)] <通过>:            // 重新回到提示状态，进行其余
    设定
```

假设当前图层是虚线层，图层属性设置不同的结果如图 3-29 所示。

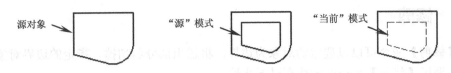

源对象　　　　　　　"源"模式　　　　　　　"当前"模式

图 3-29　图层属性不同的偏移结果

3.5.3　定距偏移

给定距离的偏移方式是系统默认的方式，在提示后输入距离，根据提示操作即可，具体过程如下：

> 指定偏移距离或 [通过(T)/删除(E)/图层(L)] <7.0000>: 10　　// 在提示后输入要偏移的距
>
> 离，按空格键或回车键确认，如果本次偏移的距离和上次一样，可以直接按回车键或空
>
> 格键确认
>
> 选择要偏移的对象，或 [退出(E)/放弃(U)] <退出>:　　　　// 选择要偏移的对象，此处只
>
> 能点选。"E"指退出偏移命令，"U"是指如果该次命令执行多次偏移，撤消最近的
>
> 偏移
>
> 指定要偏移的那一侧上的点，或 [退出(E)/多个(M)/放弃(U)] <退出>: // 鼠标移至源对象的一
>
> 侧单击，指定偏移的侧，如果使用"M"选项，则可根据提示偏移多个等距的对象
>
> 选择要偏移的对象，或 [退出(E)/放弃(U)] <退出>:　　// 按回车键或者空格键完成偏移操作

3.5.4　过点偏移

过点偏移的方式使用不多，但在绘制斜度线或者锥度线时必须使用，根据提示操作过程如下：

> 指定偏移距离或 [通过(T)/删除(E)/图层(L)] <7.0000>: T　　　// 在提示后输入"T"，按空
>
> 格键或回车键确认，确认偏移方式为过点方式
>
> 选择要偏移的对象，或 [退出(E)/放弃(U)] <退出>:　　　// 选择要偏移的对象
>
> 指定通过点或 [退出(E)/多个(M)/放弃(U)] <退出>:　　// 使用鼠标左键拾取新对象要通过
>
> 的点（一般配合对象捕捉选择要通过的点）
>
> 选择要偏移的对象，或 [退出(E)/放弃(U)] <退出>:　　　// 按回车键或者空格键完成偏移
>
> 操作

【偏移】是绘图过程中最常用的命令，故需经常重复操作，用户一定牢记重复刚刚执行的命令的操作方式为直接按空格键或者回车键。一般情况下，绘制图形时，建议用户左手进行键盘操作，右手进行鼠标操作，此时左手的拇指放在键盘空格键上，会大大提高绘图速度。

3.6　修剪和延伸

绘图过程中，有些图线过长或者过短，需要用户将其延长或者剪断，这就用到了延伸和修剪工具，这两种工具在编辑图形过程中使用很多。

3.6.1 修剪

使用【修剪】命令可以以选定的对象为边界，将超出部分剪切掉，指定的边界对象称为剪切边。调用【修剪】命令的方法有以下几种：

- 工具面板：选择【修改】面板中的【修剪】工具 ⫪。
- 命令行：在命令行输入命令"trim"或者"tr"，回车或空格确认。

执行【修剪】命令后，命令行提示：

> 命令: _trim
>
> 当前设置:投影=UCS，边=无
>
> 选择剪切边...
>
> 选择对象或 <全部选择>: 找到 1 个　// 选择剪切边，提示选中的边数目，如果想使用全部
> 　　　图形对象作为剪切边，直接回车或空格即可
>
> 选择对象: 　// 继续选择剪切边或回车、空格结束选择
>
> 选择要修剪的对象，或按住 Shift 键选择要延伸的对象，或
>
> [栏选(F)/窗交(C)/投影(P)/边(E)/删除(R)/放弃(U)]: 　// 选择需要修剪的对象，系统将选择对
> 　　　象位置的出头修剪掉，
>
> 选择要修剪的对象，或按住 Shift 键选择要延伸的对象，或
>
> [栏选(F)/窗交(C)/投影(P)/边(E)/删除(R)/放弃(U)]: 　// 继续选择要修剪的对象，或回车结束
> 　　　命令

执行【修剪】命令的过程中，需要用户选择两种对象。首先选择作为剪切边的对象，可以使用任何对象选择方式来选择；继而选择需要修剪的对象，这时要选择被剪切对象需要剪掉的一侧，只能使用点选或交叉窗口方式选择对象，选择对象的位置要在需要剪掉的一侧。

📖 **提醒**: 在提示"选择要修剪的对象"时，按住 Shift 键单击选择的对象，可以将该对象延伸到选定的剪切边，即将【修剪】命令切换到【延伸】状态下。

3.6.2 延伸

使用【延伸】命令可以将对象延伸到指定的边界。调用【延伸】命令的方法有以下几种：

- 工具面板：选择【修改】面板中的【修剪】工具 ⫪。
- 命令行：在命令行输入"extend"或者"ex"，回车或空格确认。

执行【延伸】命令后，命令行提示：

> 命令: _extend
>
> 当前设置:投影=UCS，边=无
>
> 选择边界的边...
>
> 选择对象或 <全部选择>: 找到 1 个　// 选择边界边，提示选中的边数目，如果想使用全部
> 　　　图形对象作为边界边，直接回车或空格即可
>
> 选择对象: 　// 继续选择边界边或回车结束选择
>
> 选择要延伸的对象，或按住 Shift 键选择要修剪的对象，或

[栏选(F)/窗交(C)/投影(P)/边(E)/放弃(U)]:　　// 选择需要延伸的对象，系统将选择对象的延伸

到边界边，此时如果按住 Shift 键单击选择的对象，可以将该对象以选定的边界边为边界

修剪掉出头部分，即将【延伸】命令切换到【修剪】状态下

选择要延伸的对象，或按住 Shift 键选择要修剪的对象，或

[栏选(F)/窗交(C)/投影(P)/边(E)/放弃(U)]:　　// 继续选择需要延伸的对象，或回车结束命令

【延伸】命令与【修剪】命令相类似，在执行命令的过程中也需要选择两种对象。首先选择作为边界的对象，可以使用任何对象选择方式来选择；继而选择需要延伸的对象，只能使用点选和交叉窗选两种方式选择对象，选择对象的位置在欲延伸的一点附近。

　　📖 提醒：实际操作过程中，往往直接使用【修剪】命令完成【延伸】命令，这就需要读者掌握

在选取边界后，在选取要修剪或延伸的对象时灵活使用键盘 Shift 键。

3.7 倒角

绘制直线型图形的过程之中，倒角工具必不可少，使用它可以在两对象相交位置绘制出符合要求的斜线，使绘制斜线的过程方便快捷。

使用【倒角】命令是为两个不平行的对象的边加倒角。可以使用【倒角】命令的对象有：直线、多段线、构造线、射线。调用【倒角】命令的方法有以下几种：

- 工具面板：选择【修改】面板【圆角】工具 ⌐▾ 后面的箭头，在出现的工具箱选取【倒角】工具 ⌐ 使其置顶，下次使用时直接选取【倒角】工具 ⌐ 即可。

- 命令行：在 "命令:" 提示状态下输入 "chamfer" 或者 "cha" 命令，空格或回车确认。

　　📖 提醒：【圆角/倒角】工具具有记忆性，工具面板总是记忆最近使用的【倒角】 ⌐ 或者【圆

角】工具 ⌐ 使其在【修改】面板直接显示。

调用【倒角】命令后，命令行提示：

命令:_chamfer

("修剪" 模式) 当前倒角距离 1 = 0.0000，距离 2 = 0.0000　　// 提示当前的倒角模式

选择第一条直线或 [放弃(U)/多段线(P)/距离(D)/角度(A)/修剪(T)/方式(E)/多个(M)]:

　　// 选择要进行倒角的直线或其他选项，如果要倒尖角，只需按住键盘 Shift 键选择第二对象即可

命令行出现的 "选择第一条直线或 [放弃(U)/多段线(P)/距离(D)/角度(A)/修剪(T)/方式(E)/多个(M)]:" 提示中各选项含义分别为：

1. 放弃

放弃倒角操作。

2. 多段线

该选项可以对整个多段线全部执行【倒角】命令。在上述命令行的提示状态下，输入 P 回车，命令行提示：

选择二维多段线:　　// 选择多段线对象

在选择对象时，除了可以选择利用【多段线】命令绘制的图形对象，还可以选择【矩形】命令、【正多边形】命令绘制的图形对象。

3．距离

使用此选项可以改变倒角的两个距离。在上述命令行的提示状态下，输入 D 回车，命令行提示：

指定第一个倒角距离 <20.0000>:	// 指定第一个倒角距离，输入数值后，回车结束
指定第二个倒角距离 <15.0000>:	// 指定第二个倒角距离，输入数值后，回车结束

📖 提醒：如果直接回车，则指定倒角的距离为"< >"内的值，如果是 45 度倒角，则两个倒角距离相等。

两个距离根据欲选取的做倒角的线的顺序定义，含义如图 3-30 所示。

4．角度

使用选择的第一条线上倒角长度和倒角线与该直线的夹角确定倒角的大小。在上述命令行的提示下，输入 A 回车，命令行提示：

指定第一条直线的倒角长度 <0.0000>:	// 给定第一条直线的倒角长度，回车确认，指选择的第一条直线的倒角长度
指定第一条直线的倒角角度 <0>:	// 给定倒角的角度，回车确认，指倒角线与所选第一条直线的夹角，角度必须大于 0 小于 90

倒角长度和角度根据欲选取的做倒角的线的顺序定义，含义如图 3-31 所示。

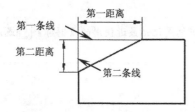
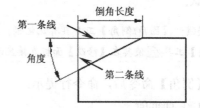

图 3-30　倒角的两个距离含义　　　　图 3-31　倒角长度和角度含义

5．修剪

该选项用来设置执行【倒角】命令时是否使用修剪模式。在上述命令行的提示下，输入 T 回车，命令行提示：

输入修剪模式选项 [修剪(T)/不修剪(N)] <修剪>:	// 输入选项，空格或回车定义修剪模式，输入 T 回车，设置为修剪模式，输入 N 回车，设置为不修剪模式

在执行【倒角】命令的开始，命令行会显示系统当前采用的修剪模式。是否使用修剪模式的效果对比如图 3-32 所示。

图 3-32　是否使用修剪模式效果对比

6. 方式

在上述命令行的提示下，输入 E 回车，命令行会有如下提示，根据提示选择相应选项来确定倒角的方式。

> 输入修剪方法 [距离(D)/角度(A)] <距离>:　　// 输入相应选项，空格或回车确定倒角模式，
> 　　默认为距离的模式

7. 多个

对于大小相等的倒角，选择该选项可以连续进行多次倒角处理，而不是一次命令完成一个倒角。

使用倒角命令时，必须首先设定倒角的模式、倒角的大小，才能根据提示选择直线对象完成倒角。

> 📖 **提醒**：【倒角】命令不仅可以应用于两条相交的直线对象，也可应用于两条不相交但延伸后相交的直线对象，根据提示选取对象时，只能使用单选，选择对象的位置是在靠近未倒角前的顶点位置，且在保留图线的一侧。

【例 3-4】绘制平面图形。

绘制如图 3-33 所示的图形。

🐚 **设计过程**

该图是由直线段组成的图形，其左上角和右下角可以使用倒角工具完成，其中左上角为距离倒角，右下角为角度倒角，1:5 的斜度线是本例的难点，需要首先根据斜度的定义绘制出斜度线，再过点作平行线，最后使用修剪、延伸或倒角命令完成尖角。

[1] 新建文件，名为"例 3-4"。

[2] 使用直线工具绘制如图 3-34 所示的两条基准线，长度分别为 50 和 60。

[3] 在【修改】面板中选取【偏移】工具 📇，根据命令行提示操作如下：

> 命令：OFFSET
> 当前设置：删除源=否　图层=当前　OFFSETGAPTYPE=0
> 指定偏移距离或 [通过(T)/删除(E)/图层(L)] <0.0000>:　60
> 　　// 输入 60，空格或回车确认，指定偏移的距离为 60
> 选择要偏移的对象，或 [退出(E)/放弃(U)] <退出>:
> 　　// 选取最下的长为 50 水平线作为偏移的对象
> 指定要偏移的那一侧上的点，或 [退出(E)/多个(M)/放弃(U)] <退出>:
> 　　// 在最下水平线的上侧任意位置单击鼠标左键，确定偏移的方向向上，完成最上水平线
> 　　的偏移，如图 3-34 所示
> 选择要偏移的对象，或 [退出(E)/放弃(U)] <退出>:　　　// 空格或回车退出偏移命令

[4] 按键盘空格键或回车键，重复执行偏移命令，根据命令行提示操作如下：

> 命令：OFFSET
> 当前设置：删除源=否　图层=当前　OFFSETGAPTYPE=0
> 指定偏移距离或 [通过(T)/删除(E)/图层(L)] <60.0000>:　50

// 输入 50，空格或回车确认，指定偏移的距离为 50

选择要偏移的对象，或 [退出(E)/放弃(U)] <退出>:

// 选取最左的长为 60 竖直线作为偏移的对象

指定要偏移的那一侧上的点，或 [退出(E)/多个(M)/放弃(U)] <退出>:

// 在最左竖直线的右侧任意位置单击鼠标左键，确定偏移的方向向右，完成最右竖直线
的偏移，如图 3-34 所示

选择要偏移的对象，或 [退出(E)/放弃(U)] <退出>: // 空格或回车退出偏移命令

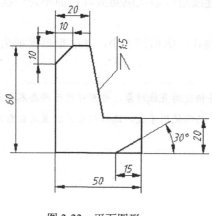

图 3-33　平面图形

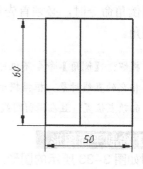

图 3-34　偏移图线

[5] 在命令行"命令:"提示下输入 offset，空格或回车确认，根据命令行提示操作
如下：

命令: OFFSET

当前设置: 删除源=否　图层=当前　OFFSETGAPTYPE=0

指定偏移距离或 [通过(T)/删除(E)/图层(L)] <50.0000>:　20

// 输入 20，空格或回车确认，指定偏移的距离为 20

选择要偏移的对象，或 [退出(E)/放弃(U)] <退出>:

// 选取最左的长为 60 竖直线作为偏移的对象

指定要偏移的那一侧上的点，或 [退出(E)/多个(M)/放弃(U)] <退出>:

// 在最左竖直线的右侧任意位置单击鼠标左键，确定偏移的方向向右，完成中间竖直线
的偏移，如图 3-34 所示

选择要偏移的对象，或 [退出(E)/放弃(U)] <退出>:

// 选取最下的长为 50 水平线作为偏移的对象

指定要偏移的那一侧上的点，或 [退出(E)/多个(M)/放弃(U)] <退出>:

// 在最下水平线的上侧任意位置单击鼠标左键，确定偏移的方向向上，完成中间水平线
的偏移，如图 3-34 所示

选择要偏移的对象，或 [退出(E)/放弃(U)] <退出>: // 空格或回车退出偏移命令

📖 提醒: 如果偏移的距离相同，不必重新设置偏移距离，直接选择对象偏移即可。

[6] 按照步骤[3]的方法偏移出如下两条直线，分别为直线 1 和直线 2，如图 3-35 所示。

[7] 在【绘图】面板选择【直线】工具根据提示操作：

命令: _line 指定第一点:　　　　　// 将光标移动到点 3 附近，出现"端点"提示，捕捉到直线 1
的端点，单击鼠标左键拾取第一点

指定下一点或 [放弃(U)]:　　　　　// 将光标移动到点 4 附近，出现"端点"提示，捕捉到直线 2
的端点，单击鼠标左键拾取第一点

指定下一点或 [放弃(U)]:　　　　　// 空格或回车，结束直线命令，完成 1:5 斜度斜度线的绘制，
如图 3-35 所示

[8] 在【修改】面板中选取【偏移】工具 ，根据命令行提示操作如下：

命令:　OFFSET

指定偏移距离或 [通过(T)/删除(E)/图层(L)] <0.0000>:　T
// 输入 T，空格或回车确认，指定偏移的方式为过点方式

选择要偏移的对象，或 [退出(E)/放弃(U)] <退出>:
// 选择刚才绘制的斜线作为偏移对象

指定通过点或 [退出(E)/多个(M)/放弃(U)] <退出>:
// 在将光标移动到点 5 附近，出现"端点"提示，捕捉点 5，单击鼠标左键拾取点 5 作为
斜度线要通过的点，生成的斜线 6 如图 3-36 所示

选择要偏移的对象，或 [退出(E)/放弃(U)] <退出>:　　　　// 空格或回车退出偏移命令

[9] 在命令行"命令:"提示状态下，选择如图 3-35、3-36 所示的直线 1、直线 2、
直线 7、直线 8，按键盘 Delete 键将其删除，结果如图 3-37 所示。

[10] 选择【修改】面板【倒角】工具 根据命令行提示操作：

命令: _chamfer

("修剪"模式) 当前倒角距离 1 = 0.0000，距离 2 = 0.0000

选择第一条直线或 [放弃(U)/多段线(P)/距离(D)/角度(A)/修剪(T)/方式(E)/多个(M)]: M
// 输入 M，空格或回车确认，修改为一次命令完成多个倒角模式

选择第一条直线或 [放弃(U)/多段线(P)/距离(D)/角度(A)/修剪(T)/方式(E)/多个(M)]:
// 在最上水平线上选择"□"位置，如图 3-37 所示

选择第二条直线，或按住 Shift 键选择要应用角点的直线:
// 按住 Shift 键在斜线 6 上选择"□"位置，如图 3-37 所示，完成第一个倒尖角，如图 3-38
所示

选择第一条直线或 [放弃(U)/多段线(P)/距离(D)/角度(A)/修剪(T)/方式(E)/多个(M)]:
// 在中间水平线上选择"□"位置，如图 3-38 所示

选择第二条直线，或按住 Shift 键选择要应用角点的直线:
// 按住 Shift 键在斜线 6 上选择"□"位置，如图 3-38 所示，完成第二个倒尖角，如
图 3-39 所示

选择第一条直线或 [放弃(U)/多段线(P)/距离(D)/角度(A)/修剪(T)/方式(E)/多个(M)]:
// 在中间水平线上选择"□"位置，如图 3-39 所示

选择第二条直线，或按住 Shift 键选择要应用角点的直线:
// 按住 Shift 键在最右竖直线上选择"□"位置，如图 3-39 所示，完成第三个倒尖角，如
图 3-40 所示

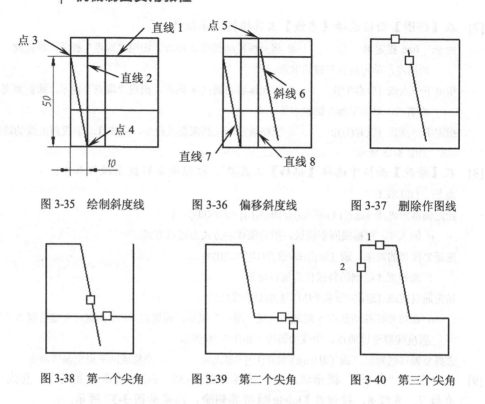

图 3-35　绘制斜度线　　　图 3-36　偏移斜度线　　　图 3-37　删除作图线

图 3-38　第一个尖角　　　图 3-39　第二个尖角　　　图 3-40　第三个尖角

📖 提醒：为相交的图线完成尖角，可以使用倒角命令，也可使用圆角命令，还可使用修剪或延伸命令，建议读者使用延伸命令再练习一下该题。使用倒角命令时，要确保修剪模式为"修剪"，否则不能自动修剪，此处选取对象的顺序对尖角无影响。

[11] 在命令行"命令:"提示下输入 cha，空格或回车确认，根据命令行提示操作如下：

命令: cha　　// 输入 cha，空格或回车确认，执行倒角命令
CHAMFER
（"修剪"模式) 当前倒角距离 1 = 0.0000，距离 2 = 0.0000
选择第一条直线或 [放弃(U)/多段线(P)/距离(D)/角度(A)/修剪(T)/方式(E)/多个(M)]: D
　　// 输入 D，空格或回车确认，接下来设定倒角的距离
指定第一个倒角距离 <0.0000>: 10
　　// 输入 10，空格或回车确认，指定第一个倒角距离为 10
指定第二个倒角距离 <10.0000>:
　　// 直接空格或回车，使用缺省选项，指定第二个倒角距离为 10
选择第一条直线或 [放弃(U)/多段线(P)/距离(D)/角度(A)/修剪(T)/方式(E)/多个(M)]:
　　// 在图形区"□"1 位置处选取第一个对象，如图 3-40 所示
选择第二条直线，或按住 Shift 键选择要应用角点的直线:
　　// 在图形区"□"2 位置处选取第二个对象，如图 3-40 所示，完成的图形如图 3-41 所示

[12] 按键盘空格键或回车键，重复执行偏移命令，根据命令行提示操作如下：

CHAMFER

（"修剪"模式）当前倒角距离 1 = 10.0000，距离 2 = 10.0000

选择第一条直线或 [放弃(U)/多段线(P)/距离(D)/角度(A)/修剪(T)/方式(E)/多个(M)]: A

　　// 输入 A，空格或回车确认，接下来设定倒角的长度和角度

指定第一条直线的倒角长度 <0.0000>: 15

　　// 输入 15，空格或回车确认，指定第一条直线的倒角长度为 15

指定第一条直线的倒角角度度<0.0000>: 30

　　// 输入 30，空格或回车确认，指定倒角与第一条直线的夹角为 30 度

选择第一条直线或 [放弃(U)/多段线(P)/距离(D)/角度(A)/修剪(T)/方式(E)/多个(M)]: T

　　// 输入 T，空格或回车确认，进入修剪模式设定状态

输入修剪模式选项 [修剪(T)/不修剪(N)] <修剪>: N

　　// 输入 N，空格或回车确认，设定修剪模式为不修剪

选择第一条直线或 [放弃(U)/多段线(P)/距离(D)/角度(A)/修剪(T)/方式(E)/多个(M)]:

　　　在图形区"□"1 位置处选取第一个对象，如图 3-41 所示

选择第一条直线或 [放弃(U)/多段线(P)/距离(D)/角度(A)/修剪(T)/方式(E)/多个(M)]:

　　// 在图形区"□"1 位置处选取第一个对象，如图 3-41 所示

选择第二条直线，或按住 Shift 键选择要应用角点的直线:

　　// 在图形区"□"2 位置处选取第二个对象，如图 3-41 所示，完成的图形如图 3-42 所示

[13] 保存文件。

📖 提醒：在使用倒角工具前首先设定倒角的修剪模式，一般情况下采用默认的"修剪"模式即可，完成倒角的效果跟选择对象的顺序有关，在选择对象时要特别注意。

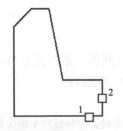
图 3-41　完成第一个倒角

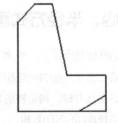
图 3-42　完成第 2 个倒角

3.8　圆

圆是组成图形的基本要素之一，绘制圆的方式有多种：

- 根据给定的圆心、半径画圆。
- 根据给定的圆心、直径画圆。
- 根据给定的直径两端点画圆。
- 根据给定的圆上的三个点画圆。
- 根据给定的半径和与两条图线相切条件画圆。
- 根据与三条图线相切画圆。

其中使用最多的画圆方式为"圆心、半径"方式和"相切、相切、半径"方式。

3.8.1 调用圆命令

调用【圆】命令的方式主要有以下几种：

- 工具面板：选择【绘图】面板【圆心，半径】工具 ⊙。
- 命令行：在命令行"命令："提示状态下输入"CIRCLE"或者"C"，回车或空格确认。

单击【绘图】面板【圆心，半径】图标工具 ⊙ ▾ 后部的图标 ▾，可以打开如图 3-43 所示【圆】工具箱，可在其中单击选取任何一种方式画圆。工具面板中，有工具箱的图标工具具有记忆功能，总能在面板中显示最后使用过的图标工具。使用工具面板的方式是使用最多的调用圆命令的方式。

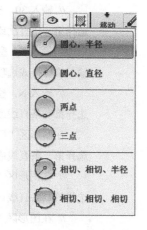

使用输入命令的方式调用【圆】命令时，必须根据提示输入相应选项才能使用对应方法绘制圆，相对麻烦，推荐键盘操作较熟者使用。此时出现的提示为：

> 命令: CIRCLE　　// 输入命令"CIRCLE"，空格或回车确认
> 指定圆的圆心或 [三点(3P)/两点(2P)/切点、切点、半径(T)]:
> 　　// 指定圆心，根据下面提示以"圆心、半径"或"圆心、直径"方式画圆，或者使用"[ ]"内的选项设置画圆方式

图 3-43　【圆】工具箱

使用下拉菜单和工具面板的方法简单直观，可以直接选择画圆方式，根据命令行提示输入参数画圆。下面介绍输入命令，根据命令行的提示选择不同参数的方法介绍圆的绘制方法。

3.8.2 圆心、半径方式画圆

单击工具面板图标按钮 ⊙，或者直接输入命令回车，系统提示为：

> 指定圆的圆心或 [三点(3P)/两点(2P)/相切、相切、半径(T)]:
> 　　// 单击鼠标左键，指定圆的圆心
> 指定圆的半径或[直径(D)]: 20　　　　// 输入圆的半径，空格或回车确认并退出命令

这时画出如图 3-44 所示的圆。

3.8.3 圆心、直径方式画圆

单击工具面板图标按钮 ⊙，或者直接输入命令回车，系统提示为：

> 指定圆的圆心或 [三点(3P)/两点(2P)/相切、相切、半径(T)]:
> 　　// 单击鼠标左键，指定圆的圆心
> 指定圆的半径或 [直径(D)] <15.0000>:　D
> 　　// 输入"D"，空格或回车确认画圆的方式为直径方式
> 指定圆的直径 <30.0000>: 50　　　// 输入圆的直径，空格或回车确认并退出命令

这时画出如图 3-45 所示的圆。

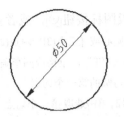

图 3-44　圆心、半径画圆　　　　　　图 3-45　圆心、直径画圆

3.8.4　三点方式画圆

这种方式是指通过不在一条直线上的三个点画圆。

单击工具面板图标按钮◎，或者直接输入命令回车，系统提示为：

> 指定圆的圆心或 [三点(3P)/两点(2P)/切点、切点、半径(T)]: 3P
>
> // 输入"3P"，空格或回车确认画圆的方式为三点方式
>
> 指定圆上的第一个点：　　// 鼠标拾取 1 点
>
> 指定圆上的第二个点：　　// 鼠标拾取 2 点
>
> 指定圆上的第三个点：　　// 鼠标拾取 3 点

这时画出的圆如图 3-46 所示，通过 1、2、3 三点。

3.8.5　两点方式画圆

这种方式是以指定的任意两点的连线为直径画圆。

单击工具面板图标按钮◎，或者直接输入命令回车，系统提示为：

> 指定圆的圆心或 [三点(3P)/两点(2P)/切点、切点、半径(T)]: 2P
>
> // 输入"2P"，空格或回车确认画圆的方式为两点方式
>
> 指定圆直径的第一个端点：　　// 鼠标拾取 1 点
>
> 指定圆直径的第二个端点：　　// 鼠标拾取 2 点

这时画出如图 3-47 所示的圆，该圆以 1 点和 2 点连线为直径。

3.8.6　相切、相切、半径方式画圆

如果需要绘制与两条已知图线相切且半径已知的圆，需要使用"相切，相切，半径"方式绘制。当命令行提示"指定对象与圆的切点"时，鼠标移动到已知图线时会出现"递延切点"的字样，如图 3-48 所示，说明已捕捉到切点，单击左键即可拾取所绘圆和已知图线的切点。

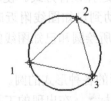

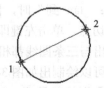

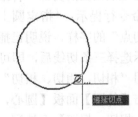

图 3-46　"三点"画圆　　　　图 3-47　"两点"画圆　　　　图 3-48　捕捉切点

单击工具面板图标按钮 ⊙，或者直接输入命令回车，系统提示为：

指定圆的圆心或 [三点(3P)/两点(2P)/相切、相切、半径(T)]: T

　　// 输入 "T"，空格或回车确认以 "相切、相切、半径" 方式画圆

指定对象与圆的第一个切点：　　// 鼠标靠近与欲作圆相切的第一条图线附近，出现拾取切点

　　符号时单击选取第一个切点

指定对象与圆的第二个切点：　　// 鼠标靠近与欲作圆相切的第二条图线附近，出现拾取切点

　　符号时单击选取第二个切点

指定圆的半径 <60.0000>:

　　// 输入圆的半径数值，空格或回车确认即可画出要求绘制的圆

使用 "相切、相切、半径" 方式可以绘制出如图 3-49 所示的各种形式的圆，其中标尺寸的圆为连接圆，其余圆或者直线为已知图线。

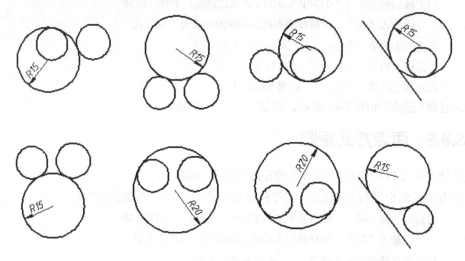

图 3-49　用 "相切、相切、半径" 绘制的圆

> 📖 **提醒**：要求绘制的圆和已知圆相切，会有内切和外切两种形式，此时切点不同，需要用户在绘图前先大体估计切点的位置。绘图时，提示 "指定切点" 时需要在估计的切点附近拾取图线上的切点。

3.8.7　相切、相切、相切方式画圆

这是三点画圆的另外一种绘制方式。只能从【绘图】面板选择该种方式。使用这种方式，当命令行提示："指定圆上的点：_tan 到" 时，鼠标移动到已知图线附近时会出现 "递延切点" 的字样，说明已捕捉到切点，单击左键即可拾取所绘圆和已知图线的切点。根据提示选择三条切线后，即可绘制出与三条图线都相切的圆。

使用 "相切、相切、相切" 方式可以绘制出如图 3-50 所示的各种形式的圆。

单击【绘图】面板【圆心，半径】图标工具 ⊙▾ 后部的图标 ▾，在出现的工具箱选择【相切、相切、相切】工具 ⊙，命令行提示为：

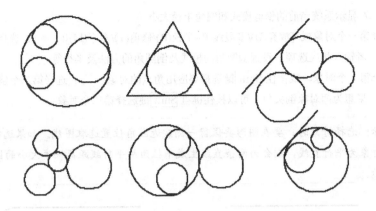

图 3-50　用"相切、相切、相切"方式绘制的圆

> 命令: _circle 指定圆的圆心或 [三点(3P)/两点(2P)/切点、切点、半径(T)]: _3p 指定圆上的第一
> 　　个点: _tan 到
>
> 　　// 选择"相切、相切、相切"方式画圆，指定第一个切点，移动鼠标到第一条图线上，
> 　　出现相切符号和"递延切点"提示时，单击左键拾取切点
>
> 指定圆上的第二个点: _tan 到
>
> 　　// 选择"相切、相切、相切"方式画圆，指定第二个切点，移动鼠标到第二条图线上，
> 　　出现相切符号和"递延切点"提示时，单击左键拾取切点
>
> 指定圆上的第三个点: _tan 到
>
> 　　// 选择"相切、相切、相切"方式画圆，指定第三个切点，移动鼠标到第三条图线上，
> 　　出现相切符号和"递延切点"提示时，单击左键拾取切点，完成圆的绘制

📖 提醒：要得到满足设计要求的圆，根据提示选择切点时，需要在事先已大体估计的切点附近
　　拾取，否则有可能出现错误。

3.9　圆角

　　使用【圆角】命令可以将两个对象用指定半径的圆弧光滑地连接起来。可以使用【圆角】命令的对象有：直线、圆或者圆弧、多段线、构造线、射线等。

3.9.1　调用圆角命令

调用【圆角】命令的方法有以下几种：

- 工具面板：选取【修改】面板【圆角】工具 ⬜。
- 命令行：在命令行"命令:"提示状态下输入"fillet"或者"f"，回车或空格确认。

执行【圆角】命令后，命令行提示：

> 命令: _fillet
> 当前设置: 模式 = 修剪，半径 = 0.0000

// 显示系统当前的修剪模式和圆角半径大小

选择第一个对象或 [放弃(U)/多段线(P)/半径(R)/修剪(T)/多个(M)]: // 选择倒圆角的对象或
者输入相应选项，设置倒圆角的模式及倒圆角的方法及半径等

选择第二个对象，或按住 Shift 键选择要应用角点的对象: // 选择第二个倒圆角的对象，如
果想为两对象倒尖角，可以按住键盘 Shift 键选择第二个对象

📖 提示：选择对象时，要在图形要保留一侧靠近圆角位置选取图线。如果选择的两个倒圆角
的对象为平行直线，则会为两条直线生成半径为两平行线距离一半大小的圆角，如图 3-51
所示。

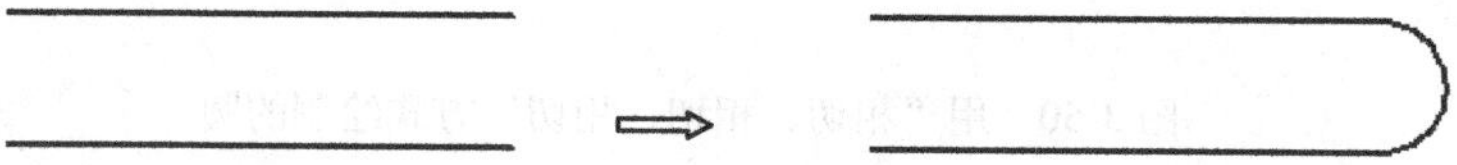

图 3-51　为两平行线倒圆角

3.9.2　圆角各选项的含义

在【圆角】命令提示中，有很多选项，下面介绍它们的含义。

1. 放弃

放弃该命令中执行的上一次圆角操作。

2. 多段线

使用该选项，对整个多段线的尖角位置全部执行圆角操作，圆角大小全部为设定大
小。在上述命令行的提示下，输入 p，回车，命令行提示：

选择二维多段线: // 选择二维多段线，对整条多线段执行圆角操作，如图 3-52 所示

图 3-52　为多线段倒圆角

3. 半径

在执行【圆角】命令的开始，命令行会显示系统当前的圆角半径，如果对半径值不满
意，可以在上述命令行的提示下，进行设定，命令行提示如下：

选择第一个对象或 [放弃(U)/多段线(P)/半径(R)/修剪(T)/多个(M)]: R

// 输入 R，回车或空格，进入圆角大小设定模式

指定圆角半径 <7.0000>: // 输入圆角半径大小，回车或空格确认

选择第一个对象或 [放弃(U)/多段线(P)/半径(R)/修剪(T)/多个(M)]:

// 重新回到提示

📖 提示：圆角半径为 0 时，可以给两条图线倒尖角。

4．修剪

用来设置执行【圆角】命令时是否使用修剪模式。其使用效果与【倒角】命令相似，不再赘述，【圆角】命令最常用的修剪模式为不修剪模式，这也是最常用的模式。

5．多个

可以连续进行多次圆角处理，且每次都采用相同的圆角半径。

> 📖 提示：执行圆角命令时，首先设定圆角的修剪模式，接下来设定圆角的半径，最后选择对象为其倒圆角。

【例3-5】绘制平面图形。

利用图3-53所示的图形，绘制如图3-54所示的平面图形。

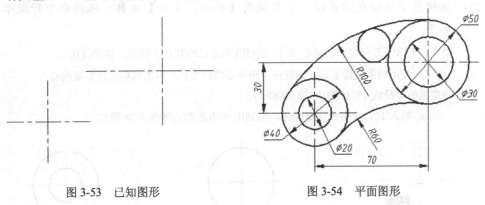

图 3-53 已知图形   图 3-54 平面图形

♞ 设计过程

通过分析，可将 $\Phi50$ 圆的水平中心线作为宽度方向基准，竖直中心线作为长度方向的基准，使用【圆心、半径】工具或【圆心、直径】工具绘制 $\Phi50$、$\Phi30$、$\Phi40$、$\Phi20$ 的圆，使用【圆角】工具直接绘制 $R60$ 的圆弧，使用【相切、相切、半径】工具绘制 $R100$ 的圆，使用【相切、相切、相切】工具绘制无尺寸的小圆。

[1] 打开文件"例3-5.dwg"，如图3-53所示。

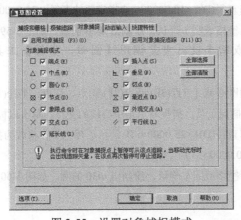

图 3-55 设置对象捕捉模式

[2] 将鼠标指向状态栏【辅助绘图】工具栏【对象捕捉】工具▣按下鼠标右键，在出现的快捷菜单选取【设置】选项，出现【草图设置】对话框。

[3] 此时【对象捕捉】选项卡处于激活状态，单击【全部选择】按钮，对话框设置如图 3-55 所示，单击【确定】按钮完成自动对象捕捉的设置。

[4] 单击【绘图】面板【圆心，半径】工具◉，根据命令行提示操作如下：

_circle 指定圆的圆心或 [三点(3P)/两点(2P)/切点、切点、半径(T)]：

// 鼠标指向左下中心线交点位置，出现"△"和"中点"提示，捕捉到中心线的中点，如图 3-56 所示，该点也是中心线的交点，单击鼠标左键拾取该点

指定圆的半径或 [直径(D)] <10.0158>：20

// 输入 20，空格或回车确认，绘制出 Φ40 的圆，如图 3-57 所示

[5] 按键盘空格键或回车键，重复调用【圆心，半径】工具，根据命令行提示操作如下：

命令：CIRCLE 指定圆的圆心或 [三点(3P)/两点(2P)/切点、切点、半径(T)]：

// 使用对象捕捉工具，捕捉左下角中心线的交点，单击鼠标左键拾取圆心

指定圆的半径或 [直径(D)] <20.0000>：10

// 输入 10，空格或回车确认，绘制出 Φ20 的圆，如图 3-58 所示

图 3-56 捕捉到中点　　　　图 3-57 画出 Φ40 的圆　　　　图 3-58 画出 Φ20 的圆

[6] 单击【绘图】面板【圆心，半径】工具◉▾，后部的图标▾，在出现的工具箱选择【圆心、直径】工具◉，根据命令行提示操作如下：

circle 指定圆的圆心或 [三点(3P)/两点(2P)/切点、切点、半径(T)]：

// 使用对象捕捉工具，捕捉右上角中心线的交点，单击鼠标左键拾取圆心

指定圆的半径或 [直径(D)] <10.0000>：_d 指定圆的直径 <20.0000>：50

// 输入 50，空格或回车确认，绘制出 Φ50 的圆，如图 3-59 所示

[7] 按键盘空格键或回车键，重复调用【圆心，半径】工具，根据命令行提示操作如下：

CIRCLE 指定圆的圆心或 [三点(3P)/两点(2P)/切点、切点、半径(T)]：

// 使用对象捕捉工具，捕捉右上角中心线的交点，单击鼠标左键拾取圆心

指定圆的半径或 [直径(D)] <25.0000>：D　　// 输入 D，修改为指定直径方式画圆

指定圆的直径 <50.0000>：30

// 输入 30，空格或回车确认，绘制出 Φ30 的圆，如图 3-60 所示

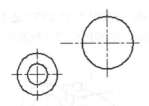

图 3-59　画出 Φ50 的圆

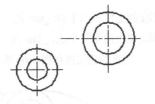

图 3-60　画出 Φ30 的圆

[8] 单击【绘图】面板【圆心，半径】工具 ⊙▾，后部的图标 ▾，在出现的工具箱选择【相切、相切、半径】工具 ⊘，根据命令行提示操作如下：

命令：_circle 指定圆的圆心或 [三点(3P)/两点(2P)/切点、切点、半径(T)]：_ttr

指定对象与圆的第一个切点：　　// 大体估计切点的位置，将鼠标指向切点附近，出现切点标记，并出现"递延切点"提示，如图 3-61 所示，单击左键拾取第一个切点

指定对象与圆的第二个切点：　　// 大体估计切点的位置，将鼠标指向切点附近，出现切点标记，并出现"递延切点"提示，如图 3-62 所示，单击左键拾取第二个切点

指定圆的半径 <15.0000>：100

　　// 输入 100，空格或回车确认，绘制出 R100 的圆，和两圆内切，如图 3-63 所示

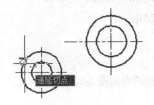
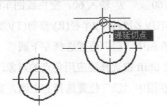
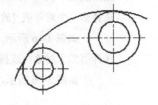

图 3-61　捕捉到切点　　　　图 3-62　捕捉到第二个切点　　　　图 3-63　画出 R100 的圆

[9] 选择【修改】面板【修剪】工具 ✁，根据命令行提示操作如下：

命令：_trim

选择剪切边...

选择对象或 <全部选择>：找到 1 个　　// 如图 3-64 所示，在"□"位置选择左下圆

选择对象：找到 1 个，总计 2 个　　　//如图 3-64 所示，在"□"位置选择右上圆

选择对象：　　　　// 空格或回车完成选择

选择要修剪的对象，或按住 Shift 键选择要延伸的对象，或

[栏选(F)/窗交(C)/投影(P)/边(E)/删除(R)/放弃(U)]：

　　// 如图 3-64 所示，在"□"位置选择 R100 的圆

选择要修剪的对象，或按住 Shift 键选择要延伸的对象，或

[栏选(F)/窗交(C)/投影(P)/边(E)/删除(R)/放弃(U)]：

　　// 空格或回车完成修剪，如图 3-65 所示

[10] 单击【绘图】面板【圆心，半径】工具 ⊙▾，后部的图标 ▾，在出现的工具箱选择【相切、相切、相切】工具 ⊘，根据命令行提示操作如下：

命令：_circle 指定圆的圆心或 [三点(3P)/两点(2P)/切点、切点、半径(T)]：_3p 指定圆上的第一个点：_tan 到　　// 如图 3-65 所示，在图中"□"1 位置选择第一条线

指定圆上的第二个点: _tan 到　　　// 如图 3-65 所示，在图中"□"2 位置选择第二条线

指定圆上的第三个点: _tan 到　　　// 如图 3-65 所示，在图中"□"3 位置选择第三条线，绘
　　制出的切线圆如图 3-66 所示

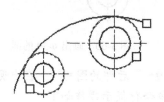

图 3-64　选择剪切边和修剪的对象　　　　　　　图 3-65　完成修剪

[11]　选取【修改】面板【圆角】工具，根据命令行提示操作如下：

命令: _fillet

当前设置: 模式 = 不修剪，半径 = 0.0000

选择第一个对象或 [放弃(U)/多段线(P)/半径(R)/修剪(T)/多个(M)]: R

　　// 输入 R，空格或回车，进入设定半径模式

指定圆角半径 <0.0000>: 60　　　// 输入 60，空格或回车确认，指定圆角半径为 60

选择第一个对象或 [放弃(U)/多段线(P)/半径(R)/修剪(T)/多个(M)]:

　　// 如图 3-66 所示，在图中"□"位置选择左下圆

选择第二个对象，或按住 Shift 键选择要应用角点的对象:

　　// 如图 3-66 所示，在图中"□"位置选择右上圆，完成的图形如图 3-67 所示

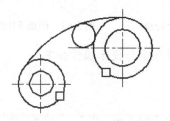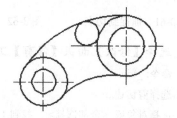

图 3-66　选取对象　　　　　　　　　　　图 3-67　完成图形

📖 提醒：当连接圆弧和两个被连接对象外切时，可以用圆角工具完成，否则必须用【相切、相
切、半径】工具画圆再修剪完成连接圆弧。

3.10　修改对象特性

对象特性包括对象的颜色、线型、线宽、打印样式等，这些特性可以通过图层进行修
改，也可以使用【特性】面板修改，这里讲解使用【特性】面板修改对象特性。

使用特性面板可以修改选中对象的特性，【特性】面板如图 3-68 所示。

图 3-68　特性面板

- ：【特性匹配】工具，选择此工具，根据命令行提示操作：

命令：'_matchprop

选择源对象：　　　// 在图形区选择具有合适特性的对象

当前活动设置：　颜色　图层　线型　线型比例　线宽　厚度　打印样式　标注　文字　填充图案　多段线　视口　表格材质　阴影显示　多重引线

选择目标对象或 [设置(S)]：　　　// 选择要进行特性匹配的目标对象

选择目标对象或 [设置(S)]：　　　// 继续选择要进行特性匹配的目标对象，如要结束【特性匹配】命令，直接按空格或回车键即可

- ：【对象颜色】列表，对于选定的对象，单击该列表可以从出现的下拉列表中选择某颜色，如图 3-69 所示，此时对象的颜色变为所选颜色。其中"BYLAYER"是指由对象所在图层的颜色决定对象的颜色，"BYBLOCK"是指由对象所在图块的颜色决定对象的颜色。如果在列表中选择【选择颜色】选项，则可打开【选择颜色】对话框在其中选择更多的颜色种类。

- ：【线宽】列表，对于选定的对象，单击该列表可以从出现的下拉列表中选择线宽来设置对象的线宽，如图3-70所示。其中"ByLayer"是指由对象所在图层的线宽决定对象的线宽，"ByBlock"是指由对象所在图块的线宽决定对象的线宽。如果在列表中选择【线宽设置】选项，则可打开【线宽设置】对话框进行线宽设置，以定义默认的线宽及线宽的单位及线宽的显示。

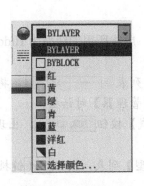

图 3-69　对象颜色列表　　　　　　　　图 3-70　线宽列表

- ：【线型】列表，对于选定的对象，单击该列表可以从出现的下拉列表中选择线型来设置对象的线型，如图 3-71 所示。其中"ByLayer"是指由

对象所在图层的线型决定对象的线型，"ByBlock"是指由对象所在图块的线型决定对象的线型。如果在列表中选择【其他】选项，则可打开【线型管理器】对话框用于加载列表中不显示的线型并设置线型的详细信息。

使用【特性】面板设置对象特性的方法是：在命令行"命令："提示状态下，选中需要修改特性的对象，然后在【特性】面板相应列表中选择欲修改成的颜色、线型、线宽、打印样式、透明度等，最后按键盘 Esc 键完成修改即可。

> 📖 提醒：一般情况下，对象的特性由层决定，故大多数情况下，无论是颜色、线宽，还是线型，最好都使用"ByLayer"选项，关于图层的概念将在以后的章节讲解。

使用【特性】面板设置对象特性的方法是：在命令行"命令："提示状态下，选中需要修改特性的对象，使其变为"夹点"状态，然后在【特性】面板相应列表中选择欲修改成的颜色、线型、线宽、打印样式、透明度等，最后按键盘 Esc 键取消"夹点"状态，完成修改即可。

如果状态栏中【辅助绘图】工具栏的【快捷特性】工具 ▣ 处于按下状态，则启用了显示快捷特性模式。在命令行"命令："提示状态下，选中需要修改特性的对象，在绘图区会出现【快捷特性】面板，如图 3-72 所示。也可使用它在对应列表中修改对象的颜色、图层和线型等特性。

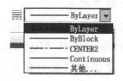

图 3-71　线宽列表

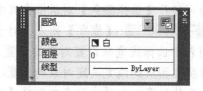

图 3-72　【快捷特性】面板

【例 3-6】加载线型。

为系统加载三种线型，分别为点划线、虚线、双点划线。

🐎 设计过程

由国家标准可知，点划线所用的线型为 Center2，虚线所用的线型为 Hidden2，双点划线所用的线型为 Phantom2。

[1] 在【特性】面板使用鼠标左键单击【线型】列表▤———ByLayer▾，将其展开。

[2] 在列表中选择【其他...】选项，出现【线型管理器】对话框。

[3] 在出现【线型管理器】对话框中单击【加载】按钮 加载(L)... ，出现【加载或重载线型】对话框，如图 3-73 所示。

[4] 在【加载或重载线型】对话框中的【可用线型】列表，按住 Ctrl 键挑选 Center2、Hidden2 和 Phantom2 三种线型。

[5] 单击【确定】按钮，完成线型加载，回到【线型管理器】对话框，如图 3-74 所示。

[6] 在【线型管理器】对话框中单击【确定】按钮，完成线型加载，此时在【特性】面板的【线型】列表中出现了 Center2、Hidden2 和 Phantom2 三种线型备选。

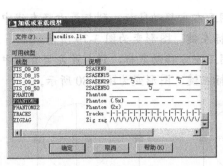

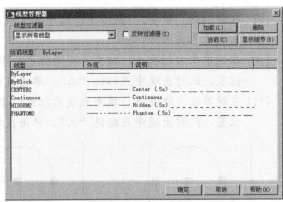

图 3-73　加载或重载线型　　　　　　　　图 3-74　线型管理器

3.11　夹点编辑

在命令行"命令："提示状态下，选中某图形对象，那么被选中的图形对象就会以蚂蚁线状态显示，被选中图形的特征点（如端点、圆心、象限点等）将显示为蓝色的小方框，如图 3-75 所示。这样的小方框被称为夹点。

  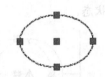

图 3-75　夹点状态

夹点有两种状态：未激活状态和被激活状态。选择图形对象后在其特征点上出现的蓝色方框，就是未激活状态的夹点。如果单击某个未激活夹点，该夹点以红色方框显示，就是被激活夹点的显示状态。这种处于被激活状态的夹点又称为热夹点，以被激活的夹点为基点，可以对图形对象执行拉伸、平移等基本修改操作。

【例 3-7】对图形进行夹点编辑。

使用夹点编辑，利用图 3-76 所示的图形完成图 3-77 所示的图形，并修改其线型和线宽，其中粗实线的线宽为 0.5。

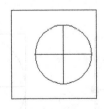 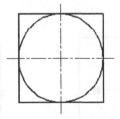

图 3-76　原图　　　　　　　　　　图 3-77　结果

[7]　打开"例 3-7.dwg"。

[8]　确保对象捕捉模式处于全选各种捕捉工具的模式。

[9] 在命令行"命令:"提示下，选中水平线，如图 3-78 所示，在线的两端和重点处出现蓝色夹点。

[10] 左键单击右侧夹点，该夹点变为红色，朝正右方移动鼠标，到与最右竖直线中点位置，此时出现中点标记"△"，单击鼠标左键，图形变为图 3-79 所示。

[11] 左键单击左侧夹点，该夹点变为红色，朝正左方移动鼠标，到与最左竖直线中点位置，此时出现中点标记"△"，单击鼠标左键，图形变为图 3-80 所示。

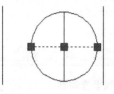 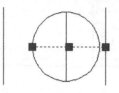 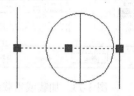

图 3-78　选中图线　　　　　图 3-79　移动右夹点　　　　　图 3-80　移动左夹点

[12] 按键盘 Esc 键取消夹点状态。

[13] 在命令行"命令:"提示下，选中如图 3-81 所示的圆和竖直线，在直线和圆上分别出现夹点，其中圆心夹点和直线中点夹点重合。

[14] 左键单击圆心夹点，该夹点变为红色，移动鼠标到与水平直线中点位置，此时出现中点标记"△"，如图 3-82 所示，单击鼠标左键，图形变为图 3-83 所示。

[15] 按键盘 Esc 键取消夹点状态。

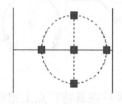 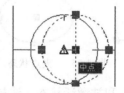 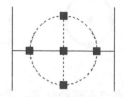

图 3-81　选择图线　　　　　图 3-82　捕捉目标点　　　　　图 3-83　完成夹点移动

[16] 在命令行"命令:"提示下，选中如图 3-84 所示的圆，在圆上出现夹点。

[17] 左键单击圆的最右夹点，该夹点变为红色，移动鼠标到与水平直线与竖直直线交点位置，单击鼠标左键，图形变为图 3-85 所示。

[18] 按键盘 Esc 键取消夹点状态。

[19] 在命令行"命令:"提示下，选中如图 3-86 所示的竖直线，在直线上出现三个夹点。

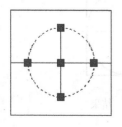 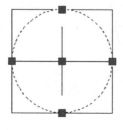 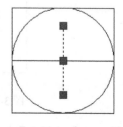

图 3-84　选择圆　　　　　图 3-85　移动夹点　　　　　图 3-86　选择竖直线

[20] 左键单击直线的最上夹点，该夹点变为红色，移动鼠标到夹点正上方合适的位置，单击鼠标左键，图形变为图 3-87 所示。

[21] 左键单击直线的中点夹点，该夹点变为红色，移动鼠标到圆心位置，单击鼠标左键，图形变为图 3-88 所示。

[22] 按键盘 Esc 键取消夹点状态。

[23] 按照[14]～[16]的步骤调整水平中心线的长度和位置，结果如图 3-89 所示。

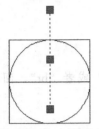   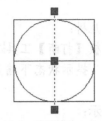   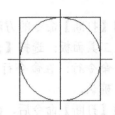

图 3-87　修改夹点位置　　图 3-88　修改夹点位置　　图 3-89　完成夹点编辑

[24] 在命令行"命令:"提示下，选中如图 3-90 所示的图线。

[25] 鼠标左键单击【特性】面板的【线宽】列表 ═══ ──ByLayer ▼，在其中选择【0.5 毫米】选项，图线宽度变为 0.5 毫米，按键盘 Esc 键取消夹点状态，图形如图 3-91 所示。

[26] 在命令行"命令:"提示下，选中如图 3-92 所示的图线。

[27] 鼠标左键单击【特性】面板的【线型】列表 ═══ ──ByLayer ▼，在其中选择【Center2】选项，图线变为中心线，按键盘 Esc 键取消夹点状态，图形如图 3-77 所示。

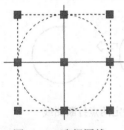   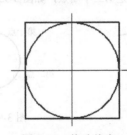   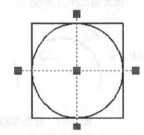

图 3-90　选择图线　　　　图 3-91　修改线宽　　　　图 3-92　选中图线

📖 提醒：编辑直线的端点夹点为拉伸图线，编辑直线的中点夹点为移动图线；编辑圆的四个象限夹点为缩放圆，编辑圆的圆心夹点为移动圆；夹点编辑通常配合对象捕捉、极轴追踪和对象追踪工具使用。

3.12　打断

　　使用打断工具可在指定的两点之间删除图线，如图 3-93 所示，或者以指定的点为分割点将一条图线分割为两条图线。

图 3-93 两点打断

3.12.1 两点打断

调用【打断】命令的方法有以下几种：

- 工具面板：选择【修改】面板【打断】工具 。
- 命令行：在命令行 "命令:" 提示状态下输入 "break" 或者 "br"，回车或空格确认。

调用【打断】命令后，命令行提示：

命令:_break 选择对象: // 调用命令，选择要打断的图线

指定第二个打断点 或 [第一点(F)]:   // 指定被打断图线上的点，确定打断范围，此时第一个打断点为选择对象时的拾取点，如图 3-94 所示

使用【打断】命令也可在指定的两点之间删除图线，将其打断，此时根据命令行提示操作：

命令:_break 选择对象: // 调用命令，选择要打断的图线

指定第二个打断点 或 [第一点(F)]: f

    // 输入 f，空格或回车，确认精确输入第一点方式

指定第一个打断点: // 指定第一个断点

指定第二个打断点: // 指定第二个断点，如图 3-95 所示

图 3-94 打断图线　　　　　　　　　图 3-95 指定两点打断图线

📖 提示：当打断的图线为圆时，删除的圆弧断由选取的第一个断点绕圆心沿圆弧逆时针方向指向第二个断点。

3.12.2 打断于点

打断于点是【打断】命令的快捷方式。

鼠标左键单击【修改】面板的【修改】标签按钮 ▎   **修改**   ▲ ，在展开的【修改】面板中选择【打断于点】工具 ，可以将图线在指定点处打断，但该命令不适合于整个圆。根据命令行提示操作如下：

命令: _break 选择对象:　　 // 调用命令，选择要打断的图线
指定第二个打断点 或 [第一点(F)]: _f
指定第一个打断点:　　 // 指定打断点，在该处将图线分割为两条图线
指定第二个打断点: @

3.13 综合实例——绘制圆弧连接

通过以上命令的学习，掌握了常用绘图工具和修改工具的使用方法，下面通过两个比较复杂的例子练习综合使用这个工具的技巧和方法。

【例 3-8】绘制圆弧连接图形。

综合运用绘图工具和修改工具绘制如图 3-96 所示的图形。

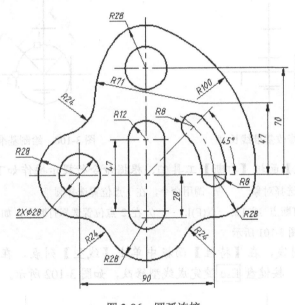

图 3-96　圆弧连接

设计过程

通过对图形的分析，选取水平的中心线，作为宽度方向的基准，竖直的中心线作为长度方向的基准。其中 *R28*、*R12*、*R8*、*Φ28* 的线段是已知线段，*R71* 的线段是中间线段，需要找出圆心使用圆命令绘制，三个 *R24* 的圆弧是连接线段，都与两个圆外切，直接使用圆角命令即可完成，*R100* 的大圆弧也是连接线段，与两个圆内切，必须使用切点、切点、半径方式绘制出圆，再进行修剪完成，最后修改对象特性，完成整个图形。

[1] 新建文件，名为"例 3-8.dwg"。

[2] 使用【直线】工具，绘制两条直线，长度如图 3-97 所示。

[3] 使用【偏移】工具，偏移出如图 3-98 所示的几条直线。

[4] 使用夹点编辑，将各条直线的长度拉伸到如图 3-99 所示的状态，各线的长度大体和图示长度相同即可，各较短中心线可使用夹点移动将其中点和相邻基准线重合。

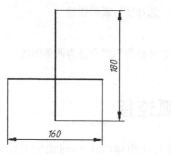

图 3-97　绘制基准线

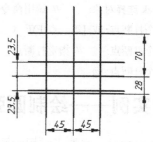

图 3-98　偏移基准线

[5]　分别使用【直线】工具和【圆】绘图如图 3-100 所示。

图 3-99　修改基准线长度

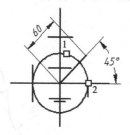

图 3-100　绘制基准线

[6]　选择【修改】面板【打断】工具 ，根据命令行提示操作如下：

命令: _break 选择对象:　　　　// 调用命令，在 1 点位置选择圆

指定第二个打断点 或 [第一点(F)]:　　// 在 2 点位置选择打断点，如图 3-100 所示，完成的
　　图形如图 3-101 所示

[7]　选中所有图线，在【特性】面板中单击【线型】列表，在展开的列表中选取
　　 "Center2"，按键盘 Esc 键完成线型修改，如图 3-102 所示。

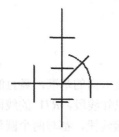

图 3-101　打断圆线

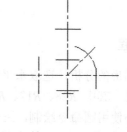

图 3-102　修改线型

[8]　使用【圆心、半径】工具绘制如图 3-103 所示的各圆。

[9]　使用【修剪】工具，以图 3-103 所示的 1、2 两条中心线为剪切边修剪掉多余的
　　 圆，结果如图 3-104 所示。

[10] 使用【圆角】工具，设置圆角的半径为 24，完成如图 3-105 所示的圆角。

[11] 使用【相切、相切、半径】工具绘制 R100 的圆，选择切点的位置如图 3-105 的
　　 1、2 点所示，最后图形如图 3-106 所示。

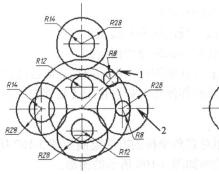

图 3-103　绘制各圆

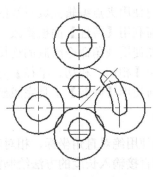

图 3-104　修剪图线

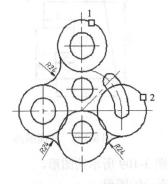

图 3-105　绘制圆弧

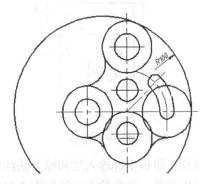

图 3-106　绘制相切圆

[12] 使用【修剪】工具，以所有最外层圆和圆弧作为剪切边，修剪掉多余图线，最后
结果如图 3-96 中图形所示。

3.14　思考与练习

1．概念题

（1）平面图形的尺寸有哪几种？组成平面图形的线段如何分类？

（2）在 AutoCAD 2009 中，输入点的方式有哪几种？

（3）在 AutoCAD 2009 中，如何输入绝对直角坐标、极坐标？

（4）在 AutoCAD 2009 中，如何输入相对直角坐标、极坐标？

（5）直线命令中各选项的含义是什么？

（6）在 AutoCAD 2009 中，选择对象的方式有哪些，各如何完成？

（7）删除对象的操作方法有哪几种？

（8）偏移的方式有哪些？各如何操作，含义是什么？

（9）修剪和延伸命令有何异同？

（10）倒角有哪几种形式？如何设置？

（11）绘制圆的方法有哪几种？各种画圆工具如何使用？

（12）如何使用打断工具完成线段的打断，打断于点和打断于两点有何区别？

（13）如何使用圆角工具，如何设置其修剪模式，如何设置其圆角大小？

（14）如何使用圆角工具绘制圆弧连接，如何使用圆角工具绘制尖角？

（15）如何使用夹点编辑完成直线的拉伸？

（16）如何利用【特性】面板修改图线的线型和线宽？

（17）不能使用圆角命令绘制的连接圆弧应该如何绘制？

（18）使用【相切、相切、半径】方式画圆时，在选取切点时应注意什么问题？

（19）如何使用【修剪】工具完成延伸操作？如何使用【延伸】工具完成修剪操作？

2．上机题

（1）分别使用绝对直角坐标、相对直角坐标的方法绘制如图 3-107 所示的图形。

（2）使用直接输入长度的方法绘制如图 3-108 所示的图形。

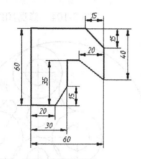

图 3-107　平面图形

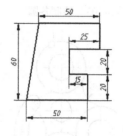

图 3-108　平面图形

（3）分别使用极坐标输入法和综合法绘制图 3-109 所示的图形。

（4）使用偏移、修剪的方法绘制图 3-110 所示的图形。

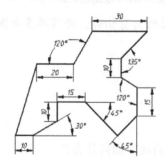

图 3-109　平面图形

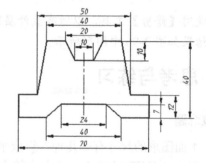

图 3-110　平面图形

（5）绘制如图 3-111 所示的图形。

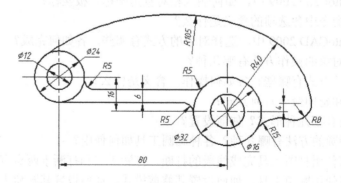

图 3-111　平面图形

（6）绘制如图 3-112 和图 3-113 所示的图形。

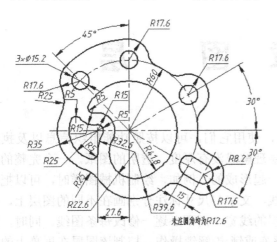

图 3-112　平面图形

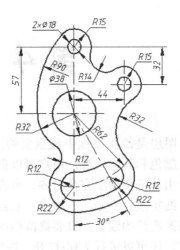

图 3-113　平面图形

（7）绘制如图 3-114 和图 3-115 所示的图形。

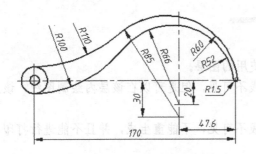

图 3-114　平面图形

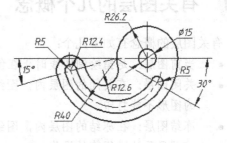

图 3-115　平面图形

（8）绘制如图 3-116 和图 3-117 所示的图形。

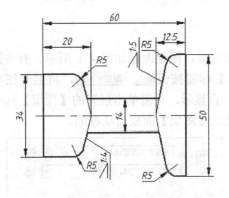

图 3-116　斜度图形

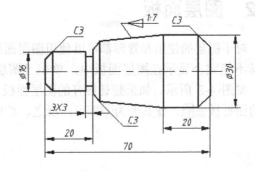

图 3-117　锥度图形

第4章 图　层

　　图层是绘图过程中最重要的工具，使用它们，可以按照功能组织信息以及执行线型、颜色和其他标准。用户可以把图层理解成没有厚度、透明的图纸，一个完整的工程图样由若干个图层完全对齐、重叠在一起形成的。例如，绘制机械图样时，可以把粗实线、细实线、中心线、虚线、双点画线、文字与尺寸标注分别画在不同的图层上，如果要修改图线的线宽，只要修改相应图层的线宽，而不必逐一修改每条图线。同时，对于图层，还可以进行关闭/打开、冻结/解冻或锁定/解锁操作，控制该图层在屏幕上的显示状态和修改模式。

4.1　有关图层的几个概念

　　有关图层的概念有如下几个：

- 当前图层：是指绘制图线时正在使用的图层。
- 关闭图层：在关闭的图层内，图线不可见，但是可以在该层内绘制图线，该层内的图形不能打印。
- 冻结图层：在冻结的图层内，图线不可见，不能重生成，并且不能进行打印，当前图层无法进行冻结操作。
- 锁定图层：在锁定的图层内，图线可见，可以在其中绘制图形，但不能编辑该层中的图线，该层内的图形能够打印。

4.2　图层面板

　　对于图层的使用和管理都可以使用图层面板完成，图层面板如图 4-1 所示。有些图层工具不能完全显示在图层面板中，单击【图层】标签按钮　　图层　，将展开图层面板，如图 4-2 所示。如果想使展开的图层面板一直显示，只需单击展开的【图层】标签按钮的图钉按钮，使其变为即可，反之，扩展的【图层】面板自动收缩。

图 4-1　图层面板

图 4-2　扩展的图层面板

【图层】面板常用的工具功能如下：

- ：【图层特性】工具，选择此工具，打开【图层特性管理器】对话框，进行图层特性管理。

- 未保存的图层状态：【图层状态】列表，可以在其中选择已经保存的图层状态以加载，或者新建、管理图层状态。

- ：【将对象的图层设置为当前图层】工具，选择此工具，根据提示在图形区选择对象，选中对象的图层将设置为当前图层。

- ：【隔离】工具，选择此工具，根据提示选定对象，将除选定对象所在图层以外的所有图层都锁定。指定的对象可以是多个图层上的对象。

- ：【取消隔离】按纽，单击此按钮，恢复使用【隔离】工具锁定的图层。

- ：【冻结】按纽，单击此按钮，根据提示选定对象，将选定的对象所在的图层冻结。

- ：【关闭】按纽，单击此按钮，根据提示选定对象，将选定的对象所在的图层关闭。

- ：【匹配】工具，选择此工具，可以将选定的对象的图层更改为与目标图层相匹配，操作如下：

```
命令:_laymch    // 单击【图层】面板【匹配】按钮    ，调用命令
选择要更改的对象:    // 选择要修改图层的对象
选择对象:    // 空格或回车完成对象选择
选择目标图层上的对象或 [名称(N)]:    // 选择要修改成的目标图层上的任一对象
```

- ：【上一个】工具，选择此工具，可以放弃使用"图层"控件或图层特性管理器所进行的最新图层更改。

- ：【图层】列表，在列表中选择图层将其设置为当前图层，或者修改对象的属性为指定图层，或对图层状态进行修改。

- ：【打开所有图层】按纽，单击此按钮，将所有图层设置为打开状态。

- ：【解冻所有图层】按纽，单击此按钮，将所有图层设置为解冻状态。

- ：【锁定】按纽，单击此按钮，根据提示选定对象，将选定的对象所在的图层锁定。

- ：【解锁】按纽，单击此按钮，根据提示选定对象，将选定的对象所在的图层解锁。

- ：【更改为当前图层】工具，选择此工具，根据提示选定对象，将选定的对象所在的图层更改为当前图层。

- ：【图层漫游】工具，选择此工具，出现【图层漫游】对话框，在列表中选择图层，将只显示选定图层上的图形，其余图层上的图形被隐藏。

- ：【隔离到当前视口】工具，选择此工具，冻结除当前视口外的所有布局视口中的选定图层。

- ：【合并】工具，选择此工具，将选定的图层合并为一个目标图层，从而将以前的图形中删除，用于减少图形中的图层数。

- ：【删除】工具，选择此工具，根据提示选择图线，删除所选图线所在图层上

的所有对象并清理该图层。但选定对象的图层不能是 0 层和当前层。

- ![全部 ▼]：【图层过滤器】工具，选择此工具，出现【图层过滤器】列表，从中设定【图层】列表中显示的图层。
- ![锁定的图层淡入 50%]：【锁定的图层淡入】滑块，拖动滑块，调整锁定图层上对象的透明度。

4.3 图层特性管理器

创建和设置图层的属性，都可以在【图层特性管理器】对话框中完成，【图层特性管理器】对话框还可以完成许多图层管理工作，如删除图层、设置当前图层、设置图层的特性及控制图层的状态。启动【图层特性管理器】对话框的方法有以下几种：

- 【图层】面板：选择【图层】面板【图层特性】工具![icon]。
- 命令行：在命令行"命令:"提示后输入 layer 或者 la，回车或空格确认。

执行上述命令后，弹出如图 4-3 所示的【图层特性管理器】对话框。在该对话框中显示两个窗格：左边为过滤器窗口，用来显示使用过滤器列表；右边为图层列表，显示图层和图层特性及其说明。如果在过滤器列表中选定了某一个图层过滤器，则列表图仅显示该图层过滤器中的图层。

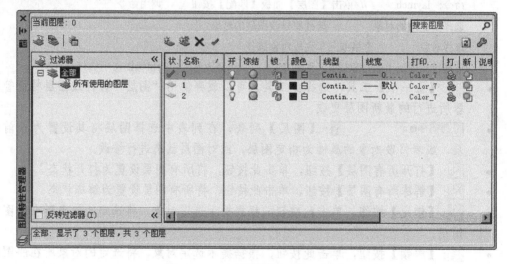

图 4-3 【图层特性管理器】对话框

4.3.1 新建图层

单击【图层特性管理器】对话框中的【新建图层】按钮![icon]，在图层列表图中 0 图层的下面会显示一个新图层。在【名称】栏填写新图层的名称，图层名可以使用包括字母、数字、空格、以及 Windows 和 AutoCAD 未作他用的特殊字符命名，应注意图层名应便于查找和记忆。填好名称后回车或在列表图区的空白处单击即可完成图层命名。

如果对图层名不满意，还可以重新命名，方法有：

- 在列表中单击图层，图层会亮显，表示选中该图层。然后单击【名称】栏中的图层名使之处于编辑状态并重新填写图层名。

- 单击图层，图层会亮显，表示选中该图层。此时，单击鼠标右键，在出现的快捷菜单选择【重命名图层】命令，图层名处于编辑状态，在其中对图层名进行 修改。
- 单击图层，图层会亮显，表示选中该图层。按下键盘功能键 F2，图层名处于编辑状态，在其中对图层名进行修改。

在【名称】栏的前面是【状态】栏，它用不同的图标来显示不同的图层状态类型，如图层过滤器、所用图层、空图层或当前图层，其中 ✓ 图标表示当前图层。

先单击选定某图层，该图层亮显，然后单击【新建图层】按钮 ≋，新建的图层将与刚才选定图层具有相同的特性。

> 📖 提醒：0 图层是系统默认的图层，不能对其重新命名。同时，也不能对依赖外部参照的图层重新命名。

4.3.2 删除图层

为了节省系统资源，可以删除不用的图层。方法为：在图层列表选中不用的一个或多个图层，再单击【图层特性管理器】对话框上方的 ✕ 按钮，即可删除选定的图层。注意，不能删除 0 层、当前层和含有图形实体的层，当删除这些图层时，系统发出如图 4-4 所示的警告信息。

图 4-4　删除图层提示

> 📖 提醒：按住 Ctrl 键在图层列表中单击图层可选择不连续的多个图层，按住 Shift 键在图层列表中可以选择从选取的第一个到第二个之间的连续多个图层。

4.3.3 设置当前图层

所有绘图和编辑修改操作只能在当前层进行。当绘制粗实线时，必须先将线型为粗实线的图层设为当前图层。设置当前图层的方法有以下几种：

- 在【图层特性管理器】对话框的图层列表中单击选中某一图层，再单击右键选择快捷菜单中的【置为当前】选项。
- 在【图层特性管理器】对话框的图层列表中某图层的【状态】区域 ↘ 双击鼠标左键使其变为 ✓ 状态。

- 在【图层特性管理器】对话框的图层列表中单击选中某图层，然后单击列表上方的【置为当前】按钮 ✔。
- 在绘图区域选择某一图形对象，然后单击【图层】面板的【将对象的图层设置为当前图层】按钮 ⚙，系统则会将该图形对象所在的图层设为当前图层。
- 单击【图层】面板中【图层】列表，选择列表中某一图层将其置顶，选中的图层将作为当前图层，这是最常使用的设置当前图层的方法。

📖 提醒：已经冻结的图层不能置为当前图层。

4.3.4　设置颜色

在【图层特性管理器】对话框的图层列表中单击某一图层的【颜色】栏，会弹出如图 4-5 所示的【选择颜色】对话框，选择一种颜色，然后单击【确定】按钮，即可完成颜色设定。

4.3.5　设置线型

在【图层特性管理器】对话框的图层列表中单击某一图层的【线型】栏，出现如图 4-6 所示的【选择线型】对话框，在【已加载的线型】列表只显示已加载的线型。

如果需要为其加载所需的线型，单击【加载】按钮，出现【加载或重载线型】对话框，在【可用线型】列表中选择所需线型，然后单击【确定】按钮返回【选择线型】对话框，所选线型已经显示在【已加载的线型】列表中。然后在列表中选所需线型然后单击【确定】按钮即可完成线型设置。

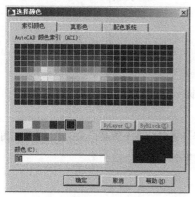

图 4-5　【选择颜色】对话框

图 4-6　【选择线型】对话框

📖 提示：在【加载或重载线型】对话框的【可用线型】列表中选择线型时，按住 Ctrl 键单击线型可选择不连续的多种线型，按住 Shift 键可以选择从选取的第一种到第二种之间的连续多种线型。

用户在绘制虚线或点划线时，有时会遇到所绘线型显示成实线的情况。这是因为线型的显示比例因子设置不合理所致。用户可以使用如图 4-7 所示的【线型管理器】对话框对其进行调整。

在命令行"命令:"提示后输入 linetype 或者 lt，回车或空格确认，可调用【线型管理器】对话框。

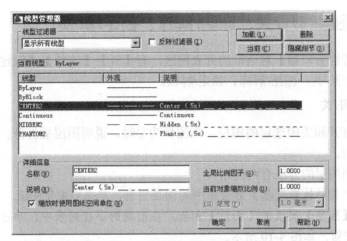

图 4-7　【线型管理器】对话框

打开【线型管理器】对话框后，选中需要调整显示比例的线型，单击【显示细节】按钮，在对话框下部显示该线型的详细信息。在【全局比例因子】和【当前对象缩放比例】编辑框中显示的是系统当前的设置值，用户可以对其进行修改。【全局比例因子】适用于显示所有线型的全局缩放比例因子；【当前对象缩放比例】适用于新建的线型，其最终的缩放比例是全局缩放比例因子与该对象缩放比例因子的乘积。比例因子大于 1 时，线型对象将放大；小于 1 则缩小。当【全局比例因子】均取 1，【当前对象缩放比例】分别取 1、2、5，利用 HIDDEN2（虚线）线型绘制圆线框时，用户会发现它们之间的显示效果是不同的，如图 4-8 所示（从左向右，【当前对象缩放比例】分别取 1、2、5）。

图 4-8　不同比例因子的线型显示效果

在【线型管理器】对话框的右上角还有四个功能按钮，其作用分别为：【加载】按钮与【选择线型】对话框中的相应按钮功能相同；【删除】按钮可以删除指定的线型；【当前】按钮可以将指定的线型置为当前线型；【隐藏细节】按钮可以将【详细信息】选区内容隐藏。

📖　提示：如果只改变线型的全局比例因子，也可以在命令行直接输入 ltscale 命令，回车或空格确认后，根据提示输入数据作为比例因子。

4.3.6　设置线宽

在【图层特性管理器】对话框的图层列表中单击某一图层的【线宽】栏，会弹出如

图 4-9 所示的【线宽】对话框。一般情况下，图层的线宽为默认值。用户可以根据需要在【线宽】对话框的【线宽】列表中选择合适的线宽，然后单击【确定】按钮完成图层线宽的设置。

4.3.7 图层的开/关、冻结/解冻、锁定/解锁

在【图层特性管理器】对话框的列表图区，有【开】、【冻结】、【锁定】三栏项目，它们可以控制图层开/关，冻结/解冻、锁定/解锁。

1. 图层的开/关

该项可以打开和关闭选定的图层。当图标为 💡 时，说明图层被打开；当图标为 💡 时，说明图层被关闭。

打开和关闭图层的方法有两种：

* 在【图层特性管理器】对话框中的图层列表，单击 💡 或 💡 按钮。
* 单击【图层】面板的【图层】列表，在出现的下拉列表中，单击相应图层中的 💡 或 💡 按钮，如图 4-10 所示。

图 4-9 【线宽】对话框

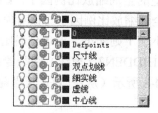

图 4-10 图层下拉列表

> 📖 提醒：在关闭的图层内，图线不可见，但是可以在该层内绘制图线，该层内的图形不能打印。

2. 图层的冻结和解冻

该项可以冻结和解冻选定的图层。当图标为 ❄ 时，说明图层被冻结；当图标为 ○ 时，说明图层未被冻结。

冻结和解冻图层的方法：

* 在【图层特性管理器】列表图区，单击 ❄ 或 ○ 按钮。
* 单击【图层】面板的【图层】列表，在出现的下拉列表中，单击相应图层中的 ❄ 或 ○ 按钮。

> 📖 提醒：不能冻结当前图层。在冻结的图层内，图线不可见，不能重生成，并且不能进行打印，当前图层无法进行冻结操作。

3. 图层的锁定和解锁

该项可以锁定和解锁选定的图层。当图标为 🔒 时，说明图层被锁定。当图标为 🔓 时，说明被锁定的图层解锁。

锁定和解锁图层的方法：

- 在【图层特性管理器】列表图区，单击 🔒 或 🔓 按钮。
- 单击【图层】面板的【图层】列表，在出现的下拉列表中，单击相应图层中的 🔒 或 🔓 按钮。

> 📖 提醒：在锁定的图层内，图线可见，可以在其中绘制图形，但不能编辑该层中的图线，该层内的图形能够打印。

4.3.8 打印特性

在【图层特性管理器】列表图区，单击 🖨 或 🚫 按钮，可以控制某一图层是否参与打印出图。当图标为 🖨 时，说明图层可以打印；当图标为 🚫 时，说明图层不可以打印。

图层的打印控制为设计人员带来很大的方便，绘图时，他们可以将辅助作图的高平齐，长对正等图线绘制在单独的图层上，并控制该图层处于不打印状态，这样在打印时就没有必要将这些辅助线删除。即可以使它们显示在屏幕上帮助设计人员绘图，又不影响图纸的打印效果，同时又利于以后图样的修改。

> 📖 提醒：即使关闭了图层的打印，该图层上的对象仍会显示出来。无论如何设置【打印】设置，都不会打印处于关闭或冻结状态的图层。

图层是绘图时最重要的组织工具，在样板图中设置好图层是一劳永逸的事情，下面讲述设置工程图标准图层模板的方法。

【例4-1】设置工程图模板图层实例。

创建表4-1所示的图层，并将其保存为样板图，并调用样板图。

表4-1 工程图常用图层

图 层 名	颜 色	线 型	线 宽
0	白色	continuous	默认
粗实线	白色	continuous	0.7
细实线	青色	continuous	0.35
虚线	蓝色	hidden2	0.35
细点画线	红色	center2	0.35
双点画线	黄色	phantom2	0.35
尺寸	绿色	continuous	0.35
粗点画线	白色	center2	0.7

设计过程

[1] 单击【快速访问】工具栏的【新建】按钮，出现【选择样板】对话框，直接单击【打开】按钮，创建了一个新的图形文件。

[2] 选择【图层】面板【图层特性】工具，弹出【图层特性管理器】对话框。

[3] 单击【新建图层】按钮，新建了一个名为"图层 1"的新图层，此时该层的【名称】编辑框处于编辑状态，如图 4-11 所示。

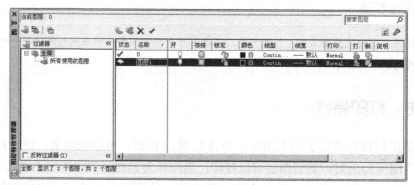

图 4-11　图层特性管理器

[4] 输入图层名为"粗实线"，按回车键确认。

[5] 单击图层列表中"粗实线"层对应的【线宽】栏，弹出【线宽】对话框，在【线宽】列表中选择"0.70mm"，如图 4-12 所示，单击【确定】按钮，回到【图层特性管理器】对话框。

[6] 单击【新建图层】按钮，创建了一个新图层，此时该层的【名称】编辑框处于编辑状态，输入图层名为"细实线"，回车确认，创建了名为"细实线"的图层，如图 4-13 所示。

图 4-12　设置线宽

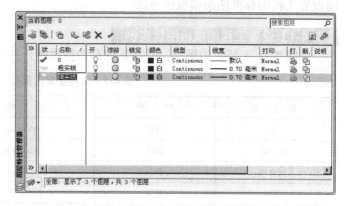

图 4-13　修改图层名称

[7] 单击"细实线"层的【颜色】栏，弹出【选择颜色】对话框，选择青色作为图层颜色，如图 4-14 所示，单击【确定】按钮回到【图层特性管理器】对话框。

[8] 单击"细实线"层的【线宽】栏，设置其线宽为"0.35mm"。

[9] 在【图层特性管理器】对话框中选中"细实线"层，按键盘 Alt+N 组合键，创建了一个新图层，此时该层的【名称】编辑框处于编辑状态，输入图层名为"虚线"，回车确认，创建了名为"虚线"的图层。

[10] 单击"细实线"层的【颜色】栏，弹出【选择颜色】对话框，选择蓝色作为图层颜色，单击【确定】按钮回到【图层特性管理器】对话框。

[11] 单击"虚线"层的【线型】栏，弹出【选择线型】对话框，此时在【已加载的线型】列表中只有"continuous"一种线型，需要加载线型。

[12] 在【选择线型】对话框单击【加载】按钮，出现【加载或重载线型】对话框，在【可用线型】列表中按住 Ctrl 键选择 center2，hidden2 和 phantom2 三种线型，如图 4-15 所示。

图 4-14　设置颜色

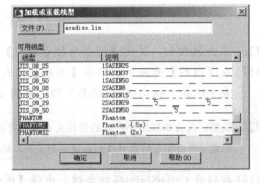

图 4-15　加载线型

[13] 在【加载或重载线型】对话框中单击【确定】按钮，回到【选择线型】对话框，在【已加载的线型】列表中选择"hidden2"，如图 4-16 所示。

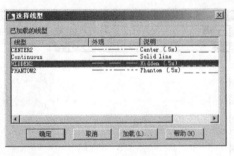

图 4-16　选择线型

[14] 单击【选择线型】对话框中的【确定】按钮，回到【图层特性管理器】对话框，完成虚线层的设置。

📖 提示：选中已有图层创建新层时，新层将继承源图层的特性，此处线宽已满足要求，不必重新设置。这适用于使用已有图层创建与其属性相近的图层。

[15] 按照上面的步骤新建其他图层，并修改名称、颜色、线型、线宽，最后完成设置的【图层特性管理器】对话框如图 4-17 所示。

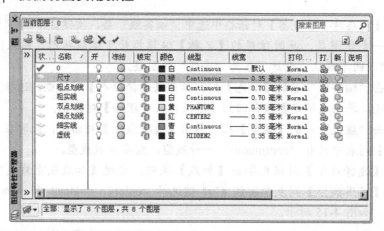

图 4-17　最后的图层

[16] 单击 ✖ 按钮，关闭【图层特性管理器】对话框，完成图层设置。

[17] 在【图层】面板中，单击【图层】列表 🔆🔵⚪🔓■ 0 ▼ ，在出现的下拉列表中选择"粗实线"，将其置顶，即将粗实线层设置为当前图层。

📖 提醒：因为工程图中用到的图线大部分都是粗实线，故一般画图都是在粗实线层完成，绘制完成后再将相应对象修改到合适的图层，以满足设计要求。

[18] 按键盘 Ctrl + Shift + S 组合键，出现【图形另存为】对话框。

[19] 在【文件类型】列表框选择"Auto（*.dwt）"，在【保存于】列表框中设置保存的路径为"……\第 4 章\例题"，在【文件名】编辑框输入"图形样板"，对话框如图 4-18 所示。

图 4-18　另存为样板文件

[20] 单击【保存】按钮，出现【样板选项】对话框，不进行任何设置，直接单击【确定】按钮，完成图形样板保存。

[21] 单击【快速访问】工具栏的【新建】按钮▯，打开【选择样板】对话框，在【查找范围】列表框设置查找范围的路径为"……\第 4 章\例题"，选择"图形样板.dwt"，如图 4-19 所示。

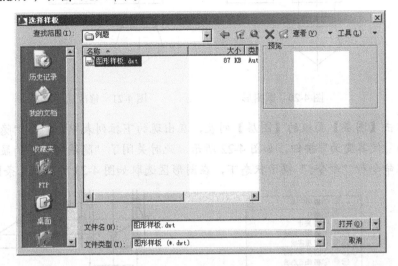

图 4-19　使用样板文件

[22] 单击【打开】按钮，创建了一个新的图形文件，其中包含了样板图中所完成的所有设置。

📖 提醒：为提高绘图速度，一般将国家标准规定的内容，如图层、图块、标注样式、表格样式、多重引线样式等做成样板图，以备调用。

4.4 修改对象特性

对象特性包括对象的颜色、线型、线宽、打印样式等，这些特性的修改除了第 3 章讲授的使用【特性】面板完成外，最常用的是通过修改对象的图层完成。

当【特性】面板的各种特性都设置为"bylayer"时，对象的特性由对象所在的图层决定，如果已经设置了图层，可以使用通过修改对象所在的图层来修改对象的特性，这是最常用的修改对象特性的方法。具体操作方法为：在命令行"命令："提示状态下，选中需要修改特性的对象，使其变为"夹点"状态，然后在【图层】面板【图层】列表中选择合适的图层将其置顶，最后按键盘 Esc 键取消"夹点"状态，完成修改即可。一般情况下，绘制图形时，所有图线都在粗实线层绘制，完成绘图后再修改其他类型图线的图层。

【例 4-2】使用图层修改对象特性。

已经设置了图层，在粗实线层内绘制的图形如图 4-20 所示，将其修改成如图 4-21 所示的图形。

♘ 设计过程

[1] 以细实线层为基础图层，新建名为"隐藏线"的图层。

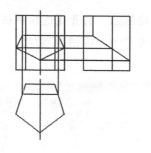

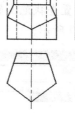

图 4-20　原图形　　　　　　　图 4-21　修改后图形

[2] 单击【图层】面板的【图层】列表，在出现的下拉列表中，单击"隐藏线"层中的 💡 使其变为 💡 按钮，如图 4-22 所示，此时关闭了"隐藏线"层的显示。

[3] 在命令行"命令:"提示状态下，在图形区选取如图 4-23 所示的五条图线。

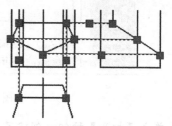

图 4-22　关闭"隐藏线"层　　　　　　图 4-23　选择图线

[4] 单击【图层】面板的【图层】列表，在出现的下拉列表中，选择"隐藏线"层，此时选中的五条线放置于"隐藏线"层，出现提示框，如图 4-24 所示。

[5] 在提示框中单击【确定】按钮，刚才选中的五条线不再显示，图形如图 4-25 所示。

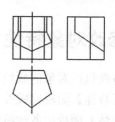

图 4-24　AutoCAD 提示框　　　　　　　图 4-25　隐藏图线

[6] 在【修改】面板中单击【修改】标签，出现扩展的【修改】面板，在其中选择【打断于点】工具 ，根据提示操作如下：

命令:_break 选择对象:　　　　　// 选取如图 4-26 所示的直线 1 作为打断的对象

指定第二个打断点 或 [第一点(F)]:_f

指定第一个打断点:　　　　　//选取如图 4-26 所示的点 2 作为断点

指定第二个打断点:@

[7] 按照步骤[6]的方法将直线 1 在点 3 位置打断，将其余相关水平线和竖直线分别在点 4、点 5、点 6、点 7、点 8、点 9 和点 10 位置打断，如图 4-26 所示。

[8] 在命令行"命令:"提示状态下，在图形区选取如图 4-27 所示的三条线段，它们处于夹点状态。

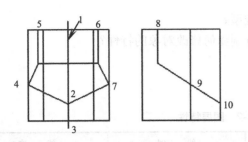

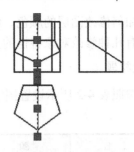

图 4-26　打断点　　　　　　　　　　　　图 4-27　选中图线

[9]　单击【图层】面板的【图层】列表，在出现的下拉列表中，选择"细点划线"
　　　层，此时选中的这三条线放置于"细点划线"层。

[10]　按下键盘 Esc 键，取消夹点状态，图形如图 4-28 所示。

[11]　按照步骤[8]~[10]，选择如图 4-29 所示的图线，将其修改到"双点划线"层，
　　　结果如图 4-30 所示。

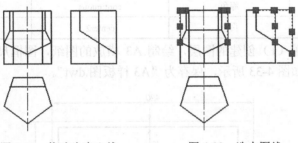

图 4-28　修改为中心线　　　　　　　图 4-29　选中图线

[12]　按照步骤[8]~[10]，选择如图 4-31 所示的图线，将其修改到"虚线"层，结果
　　　如图 4-21 所示。

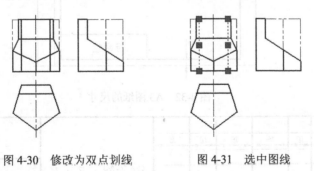

图 4-30　修改为双点划线　　　　　　图 4-31　选中图线

4.5　思考与练习

1. 思考题

（1）如何新建图层？如何删除图层？如何给图层命名？如何将图层设置为当前图层？

（2）关闭、冻结、锁定的图层各有什么特点？怎么关闭/打开、冻结/解冻、锁定/解锁
图层？

（3）如何修改图层的颜色、线宽和线型？

（4）有几种修改对象特性的方法？分别如何修改对象的特性？

2．上机题

（1）按照表 4-2 所示设置图层。

表 4-2　图层特性

图 层 名	颜 色	线 型	线 宽
0	白色	continuous	默认
粗实线	白色	continuous	0.5
细实线	洋红	continuous	0.25
虚线	黄色	hidden2	0.25
中心线	红色	center2	0.25
双点画线	青色	phantom2	0.25
尺寸	绿色	continuous	0.25
粗点画线	白色	center2	0.5

（2）利用上机题（1）创建的图层，绘制 A3 横放的图纸，图框尺寸如图 4-32 所示，标题栏格式及尺寸如图 4-33 所示，保存为"A3 样板图.dwt"。

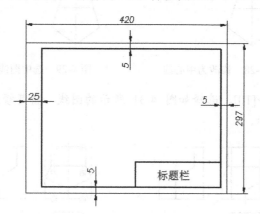

图 4-32　A3 图纸的尺寸

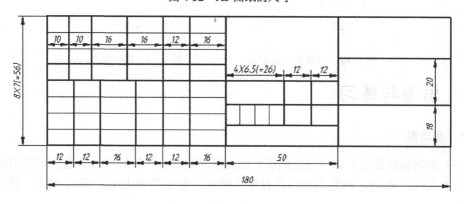

图 4-33　标题栏的尺寸

（3）利用如图 4-34 所示的图形通过修改对象特性完成如图 4-35 的图形。

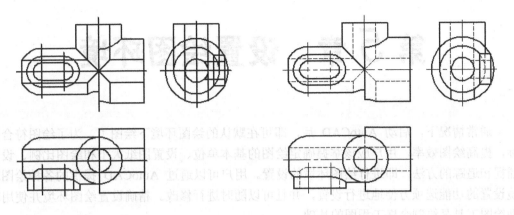

图 4-34　原图　　　　　　　　　　　　图 4-35　修改后的图

（4）完成如图 4-36 的图形，分层组织图样。

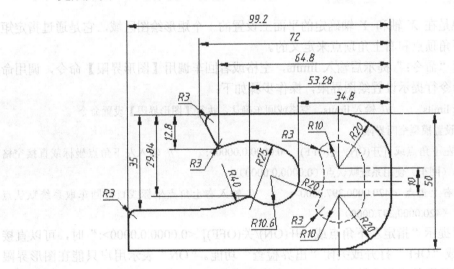

图 4-36　平面图形

第5章　设置绘图环境

通常情况下，启动 AutoCAD 后，即可在默认的绘图环境下绘图了。为了绘图符合国标，提高绘图效率，用户应该掌握确定绘图的基本单位、设置图纸大小和绘图比例、设置捕捉和追踪的方法，即进行绘图环境的设置。用户可以通过 AutoCAD 提供的各种绘图环境设置的功能选项方便地进行设置，并且可以随时进行修改。精确设置绘图环境并使用辅助绘图工具是绘制合格工程图的基础。

5.1　设置图形界限

图形界限是在 X 轴和 Y 轴确定的平面上设置的一个矩形绘图区域，它是通过指定矩形区域的左下角顶点和右上角顶点来定义的。

在命令行"命令："提示后输入 limits，空格或者回车调用【图形界限】命令，调用命令后，根据命令行提示设置绘图界限，操作步骤如下：

```
命令: limits      // 输入 limits，空格或回车确认，执行【图形界限】设置命令
重新设置模型空间界限：
指定左下角点或 [开(ON)/关(OFF)] <0.0000,0.0000>:      // 输入左下角点坐标或直接空格
    （回车）使用系统默认点（0.0000,0.0000）
指定右上角点 <420.0000,297.0000>:      // 输入右上角点坐标或直接回车取系统默认点
    （420.0000,297.0000）
```

在命令行提示"指定左下角点或 [开(ON)/关(OFF)] <0.0000,0.0000>:"时，可以直接输入"ON"或"OFF"打开或关闭"出界检查"功能。"ON"表示用户只能在图形界限内绘图，如果拾取的点超出该界限，则在命令行会出现"**超出图形界限"的提示信息；"OFF"表示用户可以在图形界限之内或之外绘图，系统不会给出任何提示信息。系统默认为"OFF"，一般这也是用户需要使用的选项。

5.2　设置绘图单位

绘图单位的设置包括：设置长度的单位及其显示格式和精度，设置角度的单位及其显示格式和精度及测量方向，设置缩放比例等。

在命令行"命令："提示后输入 units 或者 un，空格或者回车确认即可调用【单位】设置命令。

执行绘图单位设置命令后，屏幕会出现如图 5-1 所示的【图形单位】对话框。

在【长度】选区，可以设置长度尺寸的显示类型及精度：

- 【类型】下拉列表：单击该列表，可在"建筑"、"小数"、"工程"、"分数"、"科学" 5 个选项中选择需要的单位格式，通常选择"小数"选项。

- 【精度】下拉列表：单击该列表，选择精度选项，当在【类型】列表中选择不同的选项时，【精度】列表的选项随之不同。当选择"小数"时，最高精度可以显示小数点后 8 位，如果用户对该项不进行设置，系统默认显示小数点后 4 位，这也是最常用的精度设置。

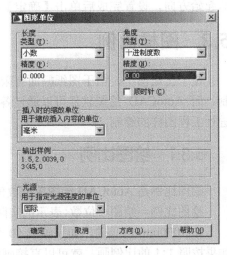

图 5-1　设置图形单位

> 📖 提醒：这里单位精度的设置，只是设置屏幕上的显示精度，并不影响 AutoCAD 系统本身的绘图精度。

在【角度】选区，可以设置角度的显示模式及精度：

- 【类型】下拉列表：单击该列表，可从其中选择角度的格式。有"百分度"、"度/分/秒"、"弧度"、"勘测单位"、"十进制度数" 5 种角度单位样式，可根据实际需要选用，一般选取"十进制度数"选项。

- 【精度】下拉列表：单击该列表，可以设置精度选项。绘制符合国标的机械图样时，一般角度格式使用默认的"十进制度数"，【角度】测量精度，设置为小数点后两位，即"0.00"。

- 【顺时针】复选框：该复选框用来设置角度测量时，角度正向的旋转方向，选中该项表示角度测量以顺时针旋转为正，否则以逆时针旋转为正。

> 📖 提醒：一般情况下，不勾选【顺时针】复选框，即角度的正方向为逆时针方向。

在【插入时的缩放单位】选区，从下拉列表中设置缩放单位为"毫米"。该选项控制插入到当前图形中的块和图形的测量单位。如果块或图形创建时使用的单位与该选项指定的单位不同，则在插入这些块或图形时，将对其按比例缩放。插入比例是源块或图形使用的单位与目标图形使用的单位之比。

在【输出样例】选区，系统显示用当前单位和角度设置的例子。

在【光源】选区，可以设置光源强度的单位，从下拉列表中选取。

单击【图形单位】对话框下方的【方向】按钮，弹出如图 5-2 所示的【方向控制】对话框，用于确定角度测量的起始方向，即"基准角度"。通常选择系统默认方向【东】为基准角度，即以屏幕上 X 轴的正向作为角度测量

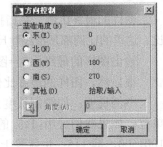

图 5-2　【方向控制】对话框

的起始方向，设置完成后单击【确定】按钮即可使设置生效。

5.3　图样比例

在手工绘图中，由于图纸幅面有限，同时考虑尺寸换算简便，绘图比例受到较大的限制。而 AutoCAD 绘图软件可以通过各种参数的设置，使得用户可以灵活地使用各种比例进行工程图样的绘制。

5.3.1　绘图比例

绘图比例是 AutoCAD 绘图单位数值与所表示的实际长度（mm）之比。即

绘图比例＝绘图单位数:表示的实际长度（mm）

如 1000mm 的长轴，如果画成 50 个绘图单位，所采用的比例就是 50:1000 即 1:20；如果按照 1:1 的比例画，就可以直接画成 1000 个绘图单位。

在 AutoCAD 中因为图形界限可以设置任意大，不受图纸大小的限制，所以通常可以按照 1:1 的比例来绘制图样，这样就省去了尺寸换算的麻烦。

5.3.2　出图比例

出图比例是指在打印出图时，所打印出的某条线的长度（mm）与 AutoCAD 中表示该线条的绘图单位数值之比。即

出图比例＝打印出图样的某长度（mm）:表示该长度的绘图单位数值

例如，画 500 个绘图单位长的轴，打印出来为 100mm，那么出图比例就是 100:500 即 1:5。

绘制好的 AutoCAD 图形图样，可以以各种比例打印输出，图样根据打印比例可大可小。

但是在打印出图时，一定要注意调整尺寸标注参数和文字的大小。例如，要使打印在图纸上尺寸数字和文字的高度为 3.5mm，以 1:5 的比例打印，则字体的高度应为 5×3.5＝17.5。AutoCAD 2009 在状态栏右边，新增加了图形【注释比例】状态栏，可以灵活地改变注释比例。

5.3.3　图样的最终比例

图样的最终比例，是指打印输出的图样中，图形某长度与所表示的真实物体相应长度的比。这里的比例都是指线性尺寸之比，如长宽高等，而不是面积、体积或者角度的比。即

输出图样的最终比例＝图样中某长度（mm）:表示的实际物体相应长度（mm）

很显然，图样的最终比例＝绘图比例×出图比例

举例说明：如绘制长度为 500mm 的轴，我们采用 1:1 的绘图比例，画成 500 个绘图单位；如果我们采用 1:5 的出图比例，则打印出来为 100mm，那么图样的最终比例就是 100:500，即 1:5；也就等于 1:1×1:5。

但是，如果我们在出图的时候采用 1:10 的出图比例，打印出的轴长就应该是

500/10=50mm，图样的最终比例，就是 50：500，即 1：10；就等于 1：1×1：10。

5.4 辅助绘图工具

精确绘制工程图时，经常要碰到绘制水平线、竖直线和角度线的情况，也经常会碰到需要选取对象上某个特殊点的情况，这些都可以使用辅助绘图工具实现，辅助绘图工具的设置使用状态栏的【辅助绘图】工具栏实现。

5.4.1 辅助绘图工具栏

【辅助绘图】工具栏位于【命令行】下方的状态栏，主要包括【捕捉模式】工具、【栅格显示】工具、【正交模式】工具、【极轴追踪】工具、【对象捕捉】工具、【对象捕捉追踪】工具、【动态输入】工具、【显示/隐藏线宽】工具和【快捷特性】工具。如图 5-3 所示。

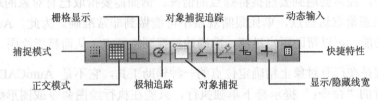

图 5-3 【辅助绘图】工具栏

各种辅助绘图工具都有两种状态，即启用状态和禁用状态。当某辅助绘图工具处于启用状态时，图标按钮处于按下状态，图标的背景显示为淡蓝色；当某辅助绘图工具处于禁用状态时，图标按钮处于浮起状态，图标的背景显示为灰色。

启用和禁用辅助绘图工具的方法有以下几种：

- 鼠标单击禁用的某辅助绘图工具，将启用该工具；反之，鼠标单击已经启用的某辅助绘图工具，将禁用该工具。
- 鼠标指向某辅助绘图工具，单击鼠标右键，在出现的快捷菜单选择【启用】选项取消其前的勾选，将禁用该工具，再次选择【启用】选项将其勾选将启用该工具。
- 对于喜欢使用键盘命令的用户，还可使用命令或者快捷键的方式启用/禁用辅助绘图工具，具体需要使用的命令和快捷键见表 5-1。

表 5-1 启用/禁用辅助绘图工具的命令和快捷键

功能键或快捷键	功 能
F3 / Ctrl + F	对象捕捉开/关
F6 / Ctrl + D	动态 UCS 开/关
F7 / Ctrl + G	栅格显示开/关
F8 / Ctrl + L	正交开/关
F9 / Ctrl + B	栅格捕捉开/关
F10 / Ctrl + U	极轴开/关
F11 / Ctrl + W	对象追踪开/关
F12	动态输入开/关

辅助绘图工具也可以按钮的方式显示,方法是:将鼠标指向任一辅助绘图工具,单击鼠标右键,在出现的快捷菜单选择【使用图标】选项,取消其前的勾选,此时辅助绘图工具以按钮方式显示,如图 5-4 所示。

| 捕捉 | 栅格 | 正交 | 极轴 | 对象捕捉 | 对象追踪 | DUCS | DYN | 线宽 | QP |

图 5-4　按钮方式显示的【辅助绘图】工具栏

通常情况下,绘图时需要启用的辅助绘图工具主要有【极轴追踪】、【对象捕捉】和【对象追踪】,对其详细设置,如绘图过程中用到其他辅助绘图工具时,可随时启用/禁用。

5.4.2　对象捕捉

绘图过程中,经常会遇到要捕捉特殊点的情况。例如需要拾取已有对象的端点、中点、圆心等。如果想拾取这些点,单凭眼睛观察不可能做到非常准确。为此,AutoCAD 提供了对象捕捉功能,可以帮助用户迅速、准确地捕捉到特殊点,从而精确绘图。

对象捕捉是在已有对象上精确定位点的一种辅助工具,它不是 AutoCAD 的主命令,不能在命令行的"命令:"提示符下单独执行,只能在执行绘图命令或图形编辑命令的过程中,系统提示"指定点"时才能使用。

使用对象捕捉工具有手动捕捉和自动捕捉两种方式。

1. 手动捕捉

使用手动捕捉输入点的方式有以下两种:

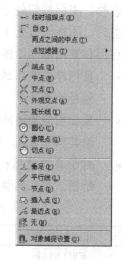

- 当 AutoCAD 2009 提示指定一个点时,按住键盘 Shift 键不放,在绘图区按下鼠标右键,则弹出如图 5-5 所示的快捷菜单,在菜单中选择了捕捉方式后,菜单消失,即可调用相应对象捕捉工具,回到绘图区将光标指向要捕捉的特殊点附近,出现相应标记和提示,单击鼠标左键即可捕捉到相应的点。这是最常用的手动捕捉方式。

- 当 AutoCAD 2009 提示指定一个点时,在命令行输入捕捉到对应点的命令,空格或回车确认,回到绘图区将光标指向要捕捉的特殊点附近,出现相应标记和提示,单击鼠标左键即可捕捉到相应的点。捕捉各种特殊点的命令见表 5-2。

图 5-5　【对象捕捉】快捷菜单

表 5-2　捕捉到各种点的命令

命　令	特　殊　点	标　记	命　令	特　殊　点	标　记
tt	临时追踪点		cen	圆心	○
from	自		qua	象限点	◇

续表

命　令	特　殊　点	标　记	命　令	特　殊　点	标　记
m2p	两点之间的中点		tan	切点	ᴏ̄
end	端点	□	per	垂足	⊥
mid	中点	△	par	平行线	∥
int	交点	╳	nod	节点	⊗
appint	外观交点	⊠	ins	插入点	⅃ʑ
ext	延长线	┅	nea	最近点	⋈

当将鼠标移到要捕捉的点附近，会出现相应的捕捉点标记，光标下方还有对这个捕捉点类型的文字提示，此时单击鼠标左键，就会精确捕捉到这个点。

各种特殊点的含义如下：

- 端点：使用该工具时，捕捉直线段、圆弧、多线、多线段等的靠近光标位置最近的端点，如图 5-6 所示。也可捕捉到三维实体的端点，标记为"□"。
- 中点：使用该工具时，捕捉直线段、圆弧、多线、多线段等的中点，如图 5-7 所示。中点捕捉与端点捕捉不同的是，选取对象时不需靠近中点位置，标记为"△"。
- 交点：使用此工具时，捕捉两图线的交点，如图 5-8 所示，标记为"╳"。
- 外观交点：使用该工具时，捕捉两图线的外观交点，即两图线延伸后产生的交点，如图 5-9 所示，标记为"⊠"。使用时，先根据提示选择一条图线，然后选择另外一条图线，系统捕捉到两图线延伸后产生的交点。

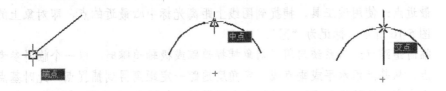

图 5-6　端点捕捉　　　图 5-7　中点捕捉　　　图 5-8　交点捕捉

- 延长线：使用该工具时，捕捉直线段、圆弧等图线延长线上的点，如图 5-10 所示。要在图线的延长线上指定点时，将光标停留在图线的端点处，显示一条辅助线，为绿色虚线样式，此时即可在其延长线上拾取点。标记为"┅"。

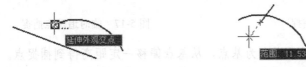

图 5-9　外观交点捕捉　　　图 5-10　延长线捕捉

- 圆心：使用该工具时，可以捕捉到圆、圆弧等图线的圆心，使用时，只需将光标指向圆或圆弧即可，如图 5-11 所示，标记为"○"。
- 象限点：使用该工具时，捕捉到圆或圆弧、椭圆的靠近选取位置最近的象限点，即水平直径和竖直直径的端点，如图 5-12 所示，标记为 "◇"。

- 切点：使用该工具时，捕捉圆或者圆弧的切点，如图 5-13 所示，标记为 "◯"。

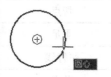

图 5-11　圆心捕捉　　　　图 5-12　象限点捕捉　　　　图 5-13　切点捕捉

- 垂足：使用该工具时，捕捉直线段、多线、多线段、圆或者圆弧的正交点，如图 5-14 所示，标记为 "⊥"。
- 平行线：使用该工具，捕捉平行直线段上的一点。例如，通过 C 点画一条平行于 AB 的直线段 CD，指定 C 点后，选择该捕捉工具，将光标移动到 AB 上，出现平行符号，移动鼠标直到出现平行辅助线平行于 AB，在辅助线上拾取点 D 即可，如图 5-15 所示。标记为 "//"。

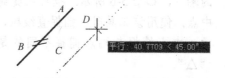

图 5-14　垂足捕捉　　　　　　　　　　图 5-15　平行捕捉

- 节点：使用该工具，捕捉单独绘制的点，标记为 "⊠"。
- 插入点：使用该工具，捕捉块、形、属性、文本的插入点，标记为 "⅊"。
- 最近点：使用该工具，捕捉到图线上距离光标中心最近的点，即对象上的点，如图 5-16 所示，标记为 "⊠"。
- 临时追踪点：当系统启用了对象捕捉追踪或极轴追踪时，以一个临时参考点为基点，从基点沿水平或垂直或一定角度追踪一定距离得到捕捉点。此时基点显示为小十字，追踪线为虚线，其后有文字提示，如图 5-17 所示。

图 5-16　最近点捕捉　　　　　　　　图 5-17　临时追踪点捕捉

- 自：以某个临时参考点为基点，从基点偏移一定距离得到捕捉点。
- 两点之间的中点：要求指定点时，使用该工具，根据提示选取两点，将捕捉到这两点的中点作为输入的点。

【例 5-1】手动对象捕捉练习。

使用临时追踪和捕捉自工具根据图 5-18 绘制图 5-19 所示的图形。

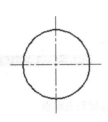

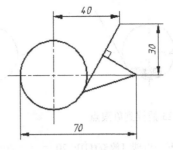

图 5-18　原图　　　　　　　　　　图 5-19　完成后的图

🏆 设计过程

[1]　打开"例 5-1.dwg"。

[2]　鼠标左键分别单击状态栏【对象捕捉】▢、【极轴追踪】☑、【对象捕捉追踪】
　　　☑工具，使图标按钮处于浮起状态，使这些辅助绘图工具处于禁用状态。

[3]　选择【绘图】面板【直线】工具 ✎，根据命令行提示操作如下：

命令: _line 指定第一点:　　　　 // 按住键盘 Shift 键击鼠标右键，在出现的快捷菜单中选择
　　　"自"选项，出现"_from 基点:"提示

_from 基点:　　　　// 按住键盘 Shift 键单击鼠标右键，在出现的快捷菜单中选择"圆心"选
　　　项，出现"_cen 于"提示

_cen 于　　　　// 将鼠标指向圆，出现捕捉到圆心的标记，如图 5-20 所示，单击鼠标左键，拾
　　　取圆心作为基点，出现"<偏移>:"提示

<偏移>: 　@40,30　　// 输入@40,30，回车或空格确认，指定第一点对圆心的相对坐标为
　　　40,30

指定下一点或 [放弃(U)]:　　　　// 按住键盘 Shift 键单击鼠标右键，在出现的快捷菜单选择
　　　"切点"选项，出现"_tan 到"提示

_tan 到　　　　// 将光标移动到切点附近，出现切点标记，如图 5-21 所示，单击鼠标左键，
　　　拾取直线的第 2 点，绘制的图形如图 5-22 所示

　　　　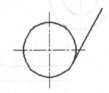

图 5-20　捕捉到圆心　　　图 5-21　捕捉到切点　　　图 5-22　完成第一段线

指定下一点或 [放弃(U)]:　　　　// 按住键盘 Shift 键击鼠标右键，在出现的快捷菜单中选择
　　　"临时追踪点"选项，出现"_tt 指定临时对象追踪点:"提示

_tt 指定临时对象追踪点:　　　　// 按住键盘 Shift 键单击鼠标右键，在出现的快捷菜单中选择
　　　"象限点"选项，出现"_qua 于:"提示

_qua 于　　　　// 将光标移动到圆的最左象限点附近，出现象限点标记，如图 5-23 所示，单击
　　　鼠标左键，拾取该象限点作为临时追踪点，移动光标到正右方向，出现水平追踪虚线，
　　　如图 5-24 所示

图 5-23 捕捉到象限点   图 5-24 捕捉到追踪点

指定下一点或 [放弃(U)]: 70   // 输入 70，回车或空格确认，拾取由象限点朝右 70 的
    点，绘制出第 2 条线，如图 5-25 所示
指定下一点或 [闭合(C)/放弃(U)]:   // 按住键盘 Shift 键单击鼠标右键，在出现的快捷菜
    单选择"垂足"选项，出现"_ per 于:"提示
_ per 到   // 移动光标到如图 5-26 所示的垂足附近，单击鼠标左键拾取垂足点，绘制出最
    后一条线
指定下一点或 [闭合(C)/放弃(U)]:   // 空格或回车结束画线命令，完成的图形如图 5-19
    所示

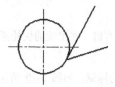

图 5-25 完成第二条线   图 5-26 捕捉到垂足点

【例 5-2】完成平面图形。

使用手动捕捉工具根据图 5-27 绘制图 5-28 所示的图形。

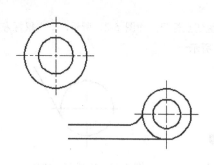

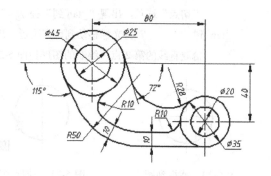

图 5-27 原图   图 5-28 完成后的图

🛡️ 设计分析

- 题目的关键是绘制出 115° 斜线和 72° 斜线，完成两条斜线后可以使用圆角工具
  和偏移工具完成其余图线。
- 注意到 115° 斜线和 72° 斜线和 Φ45 的圆相切，故可使用切点捕捉工具配合相对
  极坐标画出，直线的长度不必过多关注，主要是其方向。

设计过程

[4] 打开"例 5-2.dwg"。

[5] 选择【绘图】面板【直线】工具 ✎，根据命令行提示操作如下：

命令: line 指定第一点:　　 // 按住键盘 Shift 键单击鼠标右键，在出现的快捷菜单中选择

"切点"选项，出现" tan 于:"提示

_tan 到

// 移动光标到如图 5-29 所示的切点附近，出现相切标记，单击鼠标左键拾取切点

指定下一点或 [放弃(U)]: @50<-65　　 // 输入@50<-65，空格或回车确认，绘制出长 50，与

X轴正方向成-65°角的斜线，如图 5-30 所示

指定下一点或 [放弃(U)]:　　 // 空格或回车退出直线命令

📖 提醒: 在捕捉切点前，首先大体估计切点的位置，选择对象时在估计切点的位置选择才能画

出符合设计意图的切线。

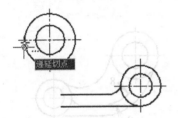

图 5-29　捕捉到切点

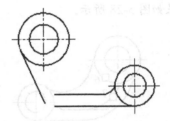

图 5-30　画出斜线

[6] 在命令行"命令:"提示状态下输入"l"，空格或回车确认，根据命令行提示操

作如下：

命令: ine 指定第一点: tan　　 // 输入 tan，空格或回车确认，出现"到:"提示

到　　 // 移动光标到如图 5-31 所示的切点附近，出现相切标记，单击鼠标左键拾取切点

指定下一点或 [放弃(U)]: @50<-72　　 // 输入@50<-72，空格或回车确认，绘制出长 50，与

X轴正方向成-72°角的斜线，如图 5-32 所示

指定下一点或 [放弃(U)]:　　 // 空格或回车退出直线命令

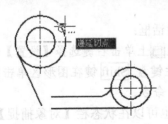

图 5-31　捕捉到切点

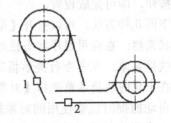

图 5-32　画出斜线

[7] 使用【圆角】工具，设置圆角大小为 50，分别在如图 5-32 所示的 1 和 2 位置选

取两条直线，完成圆角如图 5-33 所示。

[8] 使用【圆角】工具，设置圆角大小为 28，分别在如图 5-33 所示的 3 和 4 位置选取直线和圆，完成圆角如图 5-34 所示。

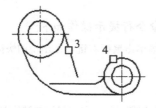

图 5-33　画 R50 的圆弧

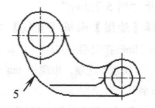

图 5-34　画 R28 的圆弧

[9] 使用【偏移】工具，设置偏移距离 10，选择如图 5-34 所示中 5 所示的圆弧朝圆心方向偏移，如图 5-35 所示。

[10] 使用【圆角】工具，设置圆角大小为 10，分别在如图 5-35 所示的 6 和 7 位置选取两圆，完成圆角如图 5-36 所示。

[11] 使用【修剪】工具，如图 5-36 所示选择圆弧 8 为剪切边，剪掉 9 出头，最后结果如图 5-28 所示。

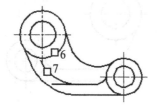

图 5-35　偏移 R50 的圆弧

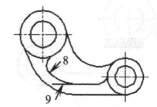

图 5-36　画 R10 的圆弧

2．自动对象捕捉

绘图过程中，对象捕捉使用频率很高。如果每次都使用手动对象捕捉就显得十分繁琐。AutoCAD 2009 为用户提供了自动捕捉模式，进入该模式后，只要对象捕捉功能打开，即只要状态栏的【对象捕捉】按钮处于按下状态，设置好捕捉模式就起作用。

自动对象捕捉功能的设置是在【草图设置】对话框的【对象捕捉】选项卡中完成的，如图 5-37 所示。需要哪一种捕捉点，就在对话框中选中该点名称前面的复选框，单击【确定】按钮，即可完成设置。

使用下面几种方法，可以打开【草图设置】对话框：

- 状态栏：在应用程序状态栏对象捕捉按钮上单击右键选择【设置】命令。
- 快捷菜单：在命令行提示指定点时，按住键盘 Shift 键在图形区单击鼠标右键，在出现的快捷菜单选择【对象捕捉设置】命令。

设置自动捕捉时能够使用的对象捕捉样式，也可以在状态栏【对象捕捉】按钮上单击右键，在弹出的菜单选择相应的对象捕捉样式，不必打开【草图设置】对话框，如图 5-38 所示。

根据需要设置好要用的捕捉对象，这时绘图过程中就可以自动捕捉了。所谓自动捕捉，就是当用户把光标放到一个对象上时，系统自动捕捉到该对象上所有符合条件的特殊点，并显示出相应的标记。如果把光标放在捕捉点上多停留一会，系统还会显示该捕捉的提示。这样用户在选点之前，就可以预览和确认捕捉点。

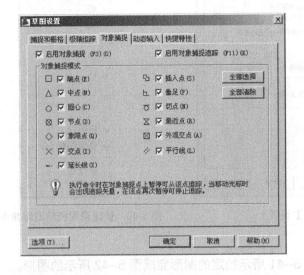

图 5-37　【对象捕捉】设置

图 5-38　快速设置自动捕捉

如果需要关闭自动捕捉，可以在应用程序状态栏上单击【对象捕捉】按钮　，按下为打开，浮起为关闭。

当自动捕捉失效时，必须使用手动对象捕捉来满足设计意图。

> 📖 提醒：一般情况下，在绘图前将自动捕捉设置为全选模式并启用，这样在绘图时可以方便地选取各种符合要求的点。

5.4.3　极轴追踪

在系统提示指定点时，【极轴追踪】功能可以按预先设置的角度增量显示一条辅助线，以虚线形式显示，用户可以沿这条辅助线追踪得到点。

将光标指向状态栏的【极轴追踪】按钮　，单击鼠标右键，出现如图 5-39 所示的【草图设置】对话框，此时【极轴追踪】选项卡处于激活状态，可在其中对极轴追踪和对象捕捉追踪进行设置。

在对话框勾选【启用极轴追踪】选项，在【极轴角设置】选项组的【增量角】下拉列表中预置了 5、15、18、22.5、30、45、60、90 八种追踪角度值，使用其中某个角度时，系统会自动追踪到该角度的整数倍数角度。如果列表中没有需要的角度，则需要勾选【附加角】选项，单击【新建】按钮，在文本框中输入所需角度。在【附加角】列表中选中已设置的角度，单击【删除】按钮可以删除已设置的附加追踪角度。

如果追踪角是预置角度中的一种，也可将光标指向应用程序状态栏的【极轴追踪】按钮，单击鼠标右键，在出现的快捷菜单中直接选取，快捷菜单如图 5-40 所示。

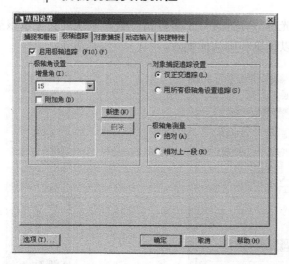

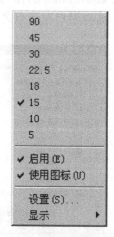

图 5-39 【极轴追踪】设置　　　　　　图 5-40 快速设置极轴追踪角度

【例 5-3】绘制锥角。

使用极轴追踪工具，利用如图 5-41 所示给定的图形完成图 5-42 所示的图形。

图 5-41 原图　　　　　　　　图 5-42 结果

设计过程

[1] 打开 "例 5-3.dwg"，如图 5-41 所示。

[2] 将光标指向状态栏【对象捕捉】按钮，单击鼠标右键，在出现的快捷菜单中选择【设置】选项，出现【草图设置】对话框，此时【对象捕捉】选项卡处于激活状态，单击【全部选择】按钮，在对话框中设置其他选项如图 5-43 所示。

[3] 在【草图设置】对话框中选择【极轴追踪】选项卡，在【增量角】列表中选择 "30"，勾选【附加角】选项，单击【新建】按钮，在【附加角】列表中出现的编辑框输入 158，回车确认。

[4] 使用同样的方法增加另一个值为 202 的附加角，其余设置如图 5-44 所示，单击【确定】按钮完成【对象捕捉】和【极轴追踪】设置。

[5] 选择【偏移】工具，将最左竖线朝左偏移 15，最右竖线朝右偏移 24，结果如图 5-45 所示。

[6] 选择【绘图】面板【直线】工具，根据命令行提示操作如下：

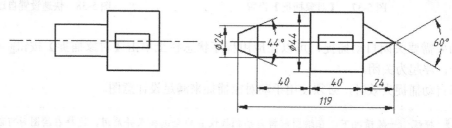

命令: _line 指定第一点:　　　// 移动光标到如图 5-46 所示的位置，出现中点标记和提示，单击鼠标左键拾取该点

指定下一点或 [放弃(U)]:　　// 移动光标到如图 5-47 所示的位置，出现 150° 的极轴追踪线，
　　单击鼠标左键拾取追踪线上的点

指定下一点或 [放弃(U)]:　　// 空格或回车确认，图形如图 5-48 所示

[7] 按照步骤[6]绘制出 210° 斜线，如图 5-49 所示。

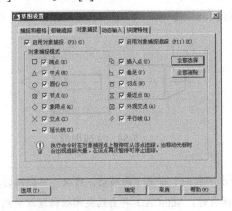

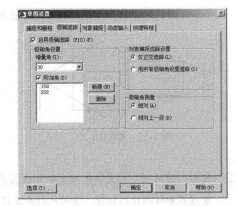

图 5-43　设置对象捕捉　　　　　　　　　　图 5-44　设置极轴追踪

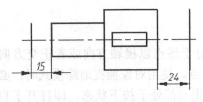

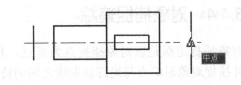

图 5-45　偏移直线　　　　　　　　　　图 5-46　捕捉到中点

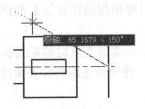

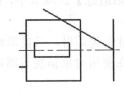

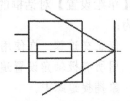

图 5-47　追踪到 150° 线　　　图 5-48　绘制出 150° 线　　　图 5-49　绘制出 210° 线

[8] 选择【绘图】面板【直线】工具╱，根据命令行提示操作如下：

命令: _line 指定第一点:　　// 移动光标到如图 5-50 所示的位置，出现端点标记和提示，单击
　　鼠标左键拾取该点

指定下一点或 [放弃(U)]:　　// 移动光标到如图 5-51 所示的位置，出现 158° 的极轴追踪线，
　　单击鼠标左键拾取追踪线上的点

指定下一点或 [放弃(U)]:　　// 空格或回车确认，图形如图 5-52 所示

[9] 按照步骤[8]绘制出 202° 斜线，如图 5-53 所示。

[10] 使用【修剪】工具，修剪掉出头，使用【删除】工具，删除辅助线，结果如
　　图 5-54 所示。

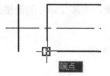
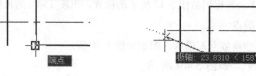
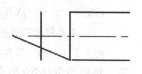

图 5-50　捕捉到端点　　　图 5-51　追踪到 158°线　　　图 5-52　绘制出 158°线

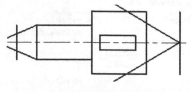
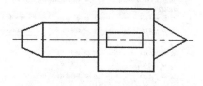

图 5-53　绘制出 202°线　　　　　　5-54　完成图形

> 📖 提醒：因为正交模式将限制光标只能沿着水平方向和垂直方向移动，所以，不能同时打开正交模式和极轴追踪功能。当用户打开正交模式时，AutoCAD 将自动关闭极轴追踪功能；如果打开了极轴追踪功能，则 AutoCAD 将自动关闭正交模式。

5.4.4　对象捕捉追踪

对象捕捉追踪是以对象捕捉点为基点，相对于该点以极轴方向或者正交方向进行追踪，并捕捉对象追踪点与追踪辅助线之间的特征点。使用对象捕捉追踪模式时，必须确认状态栏【对象捕捉】按钮□和【对象追踪】按钮∠都处于按下状态，即打开了自动对象捕捉和对象追踪。

在【草绘设置】对话框的【极轴追踪】选项卡中，【对象捕捉追踪设置】的两个单选项含义为：

- 仅正交追踪：在使用对象捕捉追踪时，只能沿水平或者竖直方向追踪捕捉点。
- 用所有极轴角设置追踪：在使用对象捕捉追踪时，将极轴追踪的设置角度用于对象捕捉追踪中。

【极轴角测量】选项组中两个单选项的含义为：

- 绝对：在当前坐标系测量角度，即 X 轴正方向为 0 度。
- 相对上一段：在绘制图形时，以上一段绘制对象的方向作为 0 度方向。

图 5-55 和图 5-56 所示为把极轴追踪的增量角设置为 18.5°时，使用两种不同极轴角测量方式时的不同。

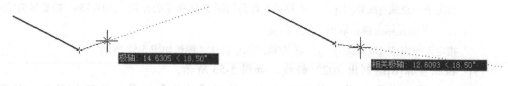

图 5-55　绝对测量方式　　　　　　　　图 5-56　相对上一段测量方式

使用对象捕捉追踪时，一般情况需要打开自动对象捕捉和对象追踪状态，将光标移到需要作为追踪基点的对象捕捉点附近，待捕捉光标出现一个"＋"号时，表示 AutoCAD 已经获取了该点的信息，将光标从切点缓缓移出，屏幕上将出现一条通过该点的辅助虚线，并显示一个对象捕捉追踪提示标签，标签内的两个数字分别为点到当前对象捕捉追踪光标处的距离和由 X 轴方向逆时针旋转到辅助线方向的夹角，可从键盘键入数字距离后，回车即可获取追踪点。

> 📖 提示：当移动光标到一个对象捕捉点时，要在该点上停顿一会儿，不要拾取它，因为这一步只是 AutoCAD 获取该对象捕捉点的信息。待信息出现在标签内时，再进行下一步的操作。

【例 5-4】 对象捕捉追踪练习。

使用对象捕捉追踪工具绘制圆柱的主、俯视图，圆柱的直径为 60，高度为 30。

🗼 **设计过程**

[1] 光标指向状态栏【极轴追踪】按钮 ⊘，单击鼠标右键，在出现的快捷菜单中选择【设置】选项，弹出【草图设置】对话框，此时【极轴追踪】选项卡处于激活状态。

[2] 设置【草图设置】对话框如图 5-57 所示。

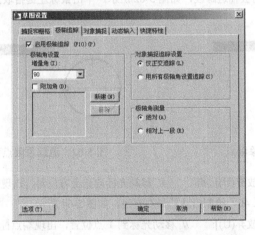

图 5-57　设置极轴追踪模式

[3] 确认【对象捕捉】工具和【对象捕捉追踪】工具处于启用状态。

[4] 将当前图层设置为粗实线层，使用【圆心，直径】工具，绘制直径为 60 的圆，如图 5-58 所示。

[5] 将当前图层设置为中心线层，选择【绘图】面板【直线】工具 ✏，根据命令行提示操作如下：

命令：_line 指定第一点：5 　// 移动光标到圆的最左象限点位置，出现象限点标记和提示，将光标朝该点的正左方移动，出现对象捕捉追踪线，如图 5-58 所示，输入 5，空格或回车确认，在圆的最左象限点的正左侧 5 的位置输入了一点

指定下一点或 [放弃(U)]：5 　// 移动光标到圆的最右象限点位置，出现象限点标记和提示，将光标朝该点的正右方移动，出现对象捕捉追踪线，如图 5-59 所示，输入 5，空格或回

车确认，在圆的最右象限点的正右侧 5 的位置输入了一点

指定下一点或 [放弃(U)]:　　　// 空格或回车确认，图形如图 5-60 所示

 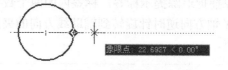

图 5-58　追踪最左象限点　　　　图 5-59　追踪最右象限点　　　　图 5-60　画出中心线

[6]　按照步骤[5]的方法绘制出竖直中心线，如图 5-61 所示。

[7]　将当前图层设置为粗实线层，选择【绘图】面板【直线】工具 ╱，根据命令行提示操作如下：

命令: _line 指定第一点:　　// 移动光标到圆的最左象限点位置，出现象限点标记和提示，将光标朝该点的正上方移动，出现竖直的对象捕捉追踪线，如图 5-61 所示，在合适的位置单击鼠标左键拾取点，如图 5-62 所示

指定下一点或 [放弃(U)]:　　// 移动光标到圆的最右象限点位置，出现象限点标记和提示，将光标朝该点的正上方移动，同时向刚才拾取点的正右方移动，出现竖直的对象捕捉追踪线和水平的极轴追踪线，如图 5-62 所示，单击鼠标左键拾取点

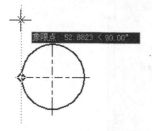 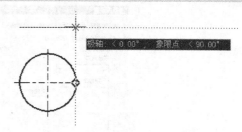

图 5-61　追踪象限点　　　　　　　图 5-62　追踪象限点和水平极轴追踪

指定下一点或 [放弃(U)]: 40　　// 移动光标向正上方位置，出现竖直极轴追踪线，如图 5-63 所示，输入 40，绘制出圆的最右素线，如图 5-64 所示

指定下一点或 [放弃(U)]:　　// 移动光标到 1 点位置，出现端点标记和提示，将光标朝该点的正上方移动，同时向刚才拾取点的正左方移动，出现竖直的对象捕捉追踪线和水平的极轴追踪线，如图 5-64 所示，单击鼠标左键拾取点

指定下一点或 [闭合(C)/放弃(U)]: C　　// 输入 C，空格或回车确认，图形如图 5-65 所示

 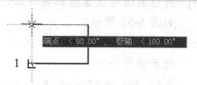

图 5-63　极轴追踪　　　　　　　　图 5-64　追踪端点和水平极轴追踪

[8]　按照步骤[5]的方法绘制出竖直中心线，如图 5-66 所示。

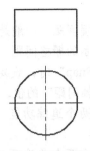

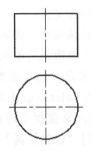

图 5-65　闭合图形　　　　　　　图 5-66　绘制中心线

5.4.5　栅格

栅格是分布在图形界限范围内可见的小点，它是作图的视觉参考工具。这些小点不是图形的组成部分，不能打印出图。显示的栅格如图 5-67 所示。

当显示栅格时，应用程序状态栏【栅格】按钮处于按下状态，否则处于浮起状态，在使用时，一般不启用栅格显示。用户可以通过单击【栅格】按钮使其处于按下状态或浮起状态以打开或者关闭【栅格】的显示。

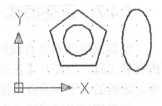

图 5-67　显示栅格

5.4.6　捕捉模式

【捕捉模式】用于设定光标移动的距离，使光标只能停留在图形中指定的栅格点上。当启动【捕捉模式】时，光标只能以设置好的捕捉间距为最小移动距离，通常我们将捕捉间距与栅格间距设置成倍数关系，这样光标就可以准确地捕捉到栅格点。

将光标指向应用程序状态栏的【栅格】按钮■或【捕捉模式】按钮■，单击鼠标右键，选择【设置】选项，出现如图 5-68 所示的【草图设置】对话框，此时【捕捉和栅格】选项卡处于激活状态，在其中可以设置捕捉和栅格的模式及间距。

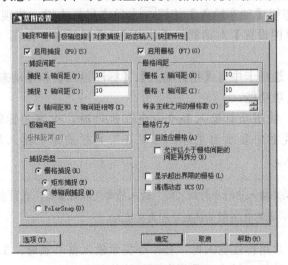

图 5-68　捕捉和栅格设置

其中各常用选项的含义为：

- 捕捉间距：在编辑框可输入 X、Y 轴上的捕捉间距，一般是栅格间距的整数倍。
- 栅格间距：在编辑框可输入 X、Y 轴上的显示的栅格间距
- 极轴间距：选定"捕捉类型"下的"PolarSnap"时，设定捕捉增量距离。如果该值为 0，则 PolarSnap 距离采用"捕捉 X 轴间距"的值。"极轴距离"设置与极轴追踪和/或对象捕捉追踪结合使用。如果两个追踪功能都未启用，则"极轴距离"设置无效。
- 捕捉类型：当选择【栅格捕捉】选项时，有两个单选项可选。选择【矩形捕捉】方式，将捕捉样式设定为标准"矩形"捕捉模式。选择【等轴测捕捉】方式，将捕捉样式设定为"等轴测"捕捉模式，如图 5-69 所示，绘制等轴测图时可作为辅助绘图工具。

图 5-69　等轴测捕捉

5.4.7　正交模式

绘制水平线和竖直线时，可启用【正交模式】，它是快速、准确绘制水平线和垂直线的有利工具。当打开【正交模式】时，无论光标怎样移动，在屏幕上只能绘制水平或垂直线。这里的水平和垂直是指平行于当前的坐标轴 X 轴和 Y 轴。

如果知道水平线或垂直线的长度，在正交模式下将光标放到合适的位置和方向，直接输入线条长度是非常快捷的的绘图方式。

📖 提示：当使用坐标输入点时，系统不受正交模式的控制，可以绘制出斜线。

5.4.8　动态输入

动态输入主要由指针输入、标注输入、动态提示三部分组成。当启动动态输入模式时，应用程序状态栏【动态输入】按钮 处于按下状态，反之关闭该状态。

在应用程序状态栏【动态输入】按钮 上单击鼠标右键，出现快捷菜单，选择【设置】选项，打开【草图设置】对话框的【动态输入】选项卡，如图 5-70 所示，可以对动态输入进行设置。

在【动态输入】选项卡中有【指针输入】、【标注输入】和【动态提示】三个选区，分别控制动态输入的三项功能。

- 指针输入：使用指针输入且有命令在执行时，十字光标的位置将在光标附近的工具栏提示中显示为坐标，可以在工具栏提示中输入坐标值，而不是在命令行中输入。

📖 提醒：使用动态输入进行坐标输入时，输入的都是相对坐标，直角坐标用","隔开，极坐标用"<"隔开，或用 Tab 键切换距离和角度输入。

- 标注输入：启用标注输入时，当命令提示输入第二点时，工具栏提示将显示距离和角度值。按 Tab 键在工具栏之间切换输入。

● 动态提示：选择【在十字光标附近显示命令提示和命令输入】选项启用动态
提示，提示会显示在光标附近。按键盘 ↓ 会出现选项菜单，可以使用鼠标左
键选取合适选项。图 5-71 所示为绘制圆，要求输入圆心时，按键盘 ↓ 出现的
提示。

动态输入可以输入命令、查看系统反馈信息、响应系统，能够取代 AutoCAD 传统的
命令行，使用快捷键 Ctrl+9 可以关闭或打开命令行的显示，在命令行不显示的状态下可
以仅使用动态输入方式输入或响应命令，为用户提供了一种全新的操作体验。

一般情况下，建议初学者不使用动态输入模式。

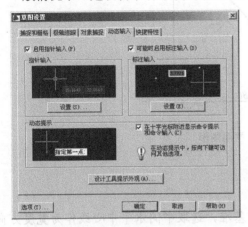

图 5-70　【动态输入】选项卡

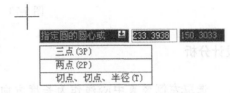

图 5-71　动态提示

5.4.9　显示/隐藏线宽

鼠标左键单击应用程序状态栏【显示/隐藏线宽】按钮，使其处于按下状态，图形区
将显示图线的粗细，否则，所有图线显示为细线。

将光标指向状态栏【显示/隐藏线宽】按钮 ＋ 上，单击鼠标右键，在出现的快捷菜单
选择【设置】命令，出现【线宽设置】对话框，如图 5-72 所示，可在其中设置线宽显示
的粗细，拖动【调整显示比例】选区的滑块即可调整图线线宽显示比例。

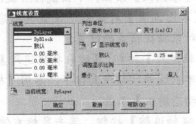

图 5-72　线宽设置对话框

5.5　综合实例——动态输入模式绘图

在绘制工程图的过程中，绘图环境的设置及其辅助绘图工具的使用十分重要，使用辅

助绘图工具绘图能让用户绘图速度倍增，下面通过实例讲解辅助绘图工具的使用方法。

【例5-5】使用动态输入模式绘制图形。

使用动态输入模式绘制如图5-73所示的图形。

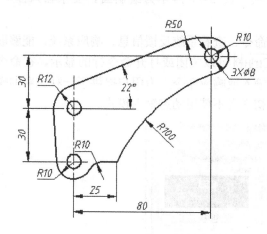

图5-73 平面图形

设计分析

- 选取左侧竖直中心线作为长度方向基准，选取中间水平中心线作为宽度方向基准，如图5-73所示；
- R12、Φ8、左下角和右上角的R10都是已知线段，可首先画出；
- 22°斜线必须使用手动捕捉和相对极坐标绘制；
- R50使用【相切、相切、半径】工具画圆，然后修剪完成；
- 左侧切线必须使用手动捕捉画出；
- R100圆弧必须找出圆心，画出圆后再修剪完成。

设计过程

[1] 光标指向状态栏【对象捕捉】按钮，单击鼠标右键，在出现的快捷菜单选择【设置】选项，弹出【草图设置】对话框，设置其内容如图5-74所示，单击【确定】按钮完成自动对象捕捉模式的设置。

[2] 在状态栏确认【极轴追踪】按钮、【对象捕捉追踪】按钮和【动态输入】按钮处于按下状态，否则单击这些按钮使其按下，启用【极轴追踪】工具和【对象捕捉追踪】工具以及【动态输入】工具。

[3] 光标指向状态栏【极轴追踪】按钮，单击鼠标右键，在出现的快捷菜单中选择"90"，设置极轴追踪角度为90°的倍数角。

[4] 使用【直线】工具/、【偏移】工具以及夹点编辑工具，绘制如图5-75所示的中心线。

[5] 使用【圆心、半径】工具，绘制如图5-76所示的圆，注意选择圆心时使用自动对象捕捉工具。

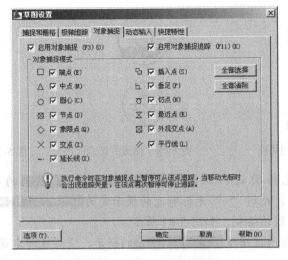

图 5-74 设置对象捕捉模式

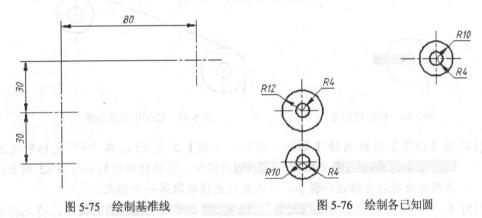

图 5-75 绘制基准线   图 5-76 绘制各已知圆

[6] 选择【绘图】面板【直线】工具 ╱，移动光标，注意到在 "+" 光标附近出现 `指定第一点：到 704.7086 136.0192` 的提示。

[7] 按下键盘 Shift 键和鼠标右键，在出现的快捷菜单，选择【切点】选项，将光标指向如图 5-77 所示的切点附近，出现切点标记和提示，单击鼠标左键拾取切点。

[8] 在 "+" 光标附近出现 `指定下一点或 ▣ 585.5087 148.7002` 的提示，按下键盘 Shift 键和鼠标右键，在出现的快捷菜单，选择【切点】选项，将光标指向如图 5-78 所示的切点附近，出现切点标记和提示，单击鼠标左键拾取切点。

[9] 在 "+" 光标附近出现 `指定下一点或 ▣` 的提示，空格或回车完成直线的绘制，如图 5-79 所示。

[10] 选择【绘图】面板【直线】工具 ╱，移动光标，注意到在 "+" 光标附近出现 `指定第一点： 584.8261 179.7386` 的提示。

[11] 按下键盘 Shift 键和鼠标右键，在出现的快捷菜单，选择【切点】选项，将光标指向如图 5-80 所示的切点附近，出现切点标记和提示，单击鼠标左键拾取切点。

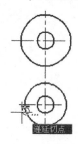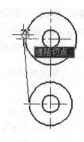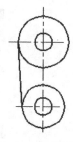

图 5-77　捕捉到切点　　　　图 5-78　捕捉到切点　　　　图 5-79　绘制出切线

[12] 在 "+" 光标附近出现 指定下一点或 📥 884.1435 183.4904 的提示，在键盘输入 "@80<22"，此时 "+" 光标附近的提示变为 指定下一点或 📥 0 80 🔒 22 ，空格或回车完成直线的绘制，如图 5-81 所示。

[13] 在 "+" 光标附近出现 指定下一点或 📥 的提示，空格或回车退出直线命令。

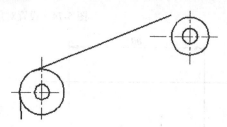

图 5-80　捕捉到切点　　　　　　　　图 5-81　绘制出角度斜度

[14] 在【绘图】面板选择【相切、相切、半径】工具 ⊙，在 "+" 光标附近出现 指定对象与圆的第一个切点 722.3799 226.2172 的提示，将光标移动到如图 5-82 所示的切点附近出现切点标记和提示，单击鼠标左键拾取第一个切点。

[15] 在 "+" 光标附近出现 指定对象与圆的第二个切点 762.9967 208.1399 的提示，将光标移动到如图 5-83 所示的切点附近出现切点标记和提示，单击鼠标左键拾取第二个切点。

[16] 在 "+" 光标附近出现 指定圆的半径 <10.0000> 10.0000 的提示，在编辑框输入 50，空格或回车确认，完成的圆如图 5-84 所示。

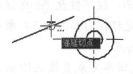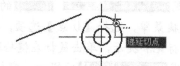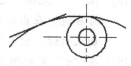

图 5-82　捕捉到切点　　　　图 5-83　捕捉到切点　　　　图 5-84　完成圆

[17] 选择【修改】面板【修剪】工具 ⫽，修剪掉多余的出头，完成的图形如图 5-85 所示。

[18] 选择【绘图】面板【直线】工具 ╱，移动光标到如图 5-85 所示的圆心位置，自动捕捉到圆心，出现圆心标记和提示，单击鼠标左键拾取点。

[19] 向正右方移动光标，出现水平极轴追踪线时输入 25，空格或回车确认，完成直线绘制，再次按下空格或回车，退出直线命令，如图 5-86 所示。

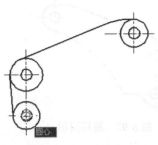

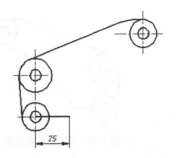

图 5-85　捕捉到圆心　　　　　　　　　图 5-86　画长度为 25 的直线

[20] 使用【圆心、半径】工具 ⊙，绘制如图 5-87 所示的圆，注意选择圆心时使用自动对象捕捉工具捕捉到长为 25 直线的右端点。

[21] 选择【修改】面板【偏移】工具 ⊿，在 "+" 光标附近出现 指定偏移距离或 ± 100.0000 的提示，输入 100，空格或回车确认。

[22] 在 "+" 光标附近出现 选择要偏移的对象，或 ± 的提示，选择如图 5-88 所示中 "□" 位置选择圆，在 "+" 光标附近出现 指定要偏移的那一侧上的点，或 ± 的提示，鼠标单击刚才所选圆外侧的点，完成偏移，如图 5-88 所示。

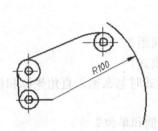

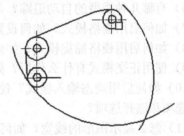

图 5-87　绘制 R100 的圆　　　　　　　图 5-88　偏移圆

[23] 这种捕捉方式捕捉一次点后，自动退出对象捕捉状态，又称为对象捕捉的单点优先方式。

[24] 使用【圆心、半径】工具 ⊙，绘制如图 5-89 所示，半径为 R100 的圆，注意选择圆心时使用自动对象捕捉工具捕捉到刚才所绘制的两圆的交点。

[25] 使用【修剪】和【删除】工具，完成如图 5-90 所示的图形。

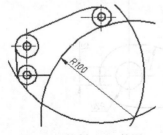

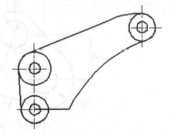

图 5-89　绘制 R100 的圆　　　　　　　图 5-90　删除辅助线

[26] 使用【圆角】工具，完成 R10 的圆角，如图 5-91 所示。

[27] 使用【修剪】工具修剪掉多余的图线，最后图形如图 5-92 所示。

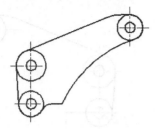

图 5-91　绘制 *R*10 的圆弧

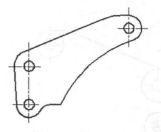

图 5-92　最后图形

5.6　思考与练习

1．思考题

（1）如何设置绘图单位和角度的起始方向？

（2）如何设置绘图界限？如何使绘图界限失效？

（3）如何计算出图的比例？

（4）对象捕捉工具有何用处？如何使用手动捕捉？

（5）如何使用自动对象捕捉？如何设置自动对象捕捉所能捕捉到的特殊点？

（6）有哪几种类型的自动追踪？各如何使用？

（7）如何启用栅格模式？如何设置栅格间距？

（8）如何启用栅格捕捉模式？如何设置捕捉的间距？

（9）使用正交模式有什么作用？如何启用正交模式？

（10）如何启用动态输入模式？使用动态输入模式时怎么输入直角坐标和极坐标？怎么显示选项和选择选项？

（11）怎么显示图形的线宽？如何调整显示的比例和单位？

（12）捕捉模式、栅格显示、正交模式、极轴追踪、对象捕捉、对象捕捉追踪、动态输入等功能的启用和关闭都有相应的快捷键和功能键，请说出启用和关闭这些功能的快捷键和功能键。

2．上机题

（1）使用捕捉功能绘制如图 5-93 所示的图形。

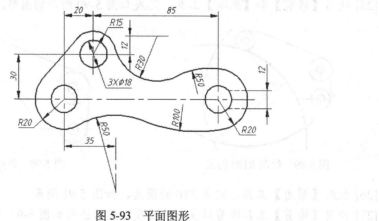

图 5-93　平面图形

（2）使用捕捉功能绘制如图 5-94 所示的图形。

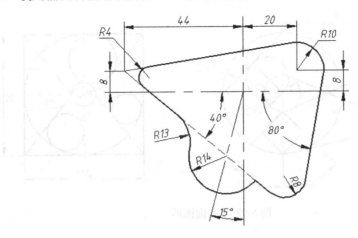

图 5-94　平面图形

（3）使用对象捕捉追踪功能，如图 5-95 所示，由左边的图完成右边的图形。

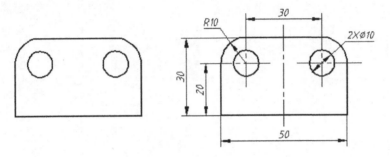

图 5-95　平面图形

（4）使用极轴追踪功能绘制如图 4-96 所示的图形。

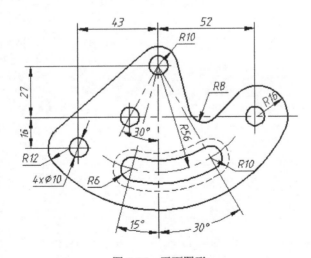

图 5-96　平面图形

（5）使用捕捉功能绘制如图 5-97 所示的图形。

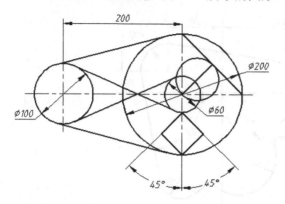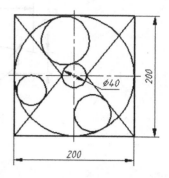

图 5-97　　平面图形

第6章 绘图工具

使用第 3 章讲述的内容能够绘制大部分图形，要快速准确地绘制图样，还需掌握 AutoCAD 2009 的其他绘图工具。本章主要讲授 AutoCAD 2009【绘图】面板中常用绘图工具的用法和其中各选项的含义，这些绘图工具包括圆弧、多段线、多边形、矩形、椭圆、构造线、射线、点、样条曲线和图案填充等。熟练掌握这些绘图工具会明显提高绘图速度。

6.1 绘图面板

AutoCAD 2009 的所有绘图工具整合在【常用】选项卡的【绘图】面板内，一般情况下，【绘图】面板内只显示常用的绘图工具，处于折叠状态，如图 6-1 所示。需要使用更多工具时，可以单击【绘图】面板的【绘图】标签按钮 [绘图   ]，此时将显示隐藏的绘图工具，如图 6-2 所示。展开的【绘图】面板在光标离开后会自动折叠，单击展开的【绘图】面板【绘图】标签按钮左侧的【图钉】图标回使其变为回状态，可将其固定，方便选取绘图工具。反之可将展开的【绘图】面板设置为自动折叠样式。

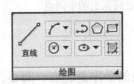

图 6-1 折叠的【绘图】面板

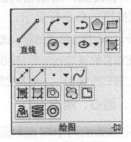

图 6-2 展开的【绘图】面板

使用某绘图工具时，将鼠标指向该工具，单击鼠标左键，即可调用相应命令，根据提示绘图。

6.2 圆弧

在 AutoCAD 2009 中，绘制圆弧的方法有 11 种之多。在工程实践中，往往先绘制圆再使用修剪命令完成图形，所以圆弧命令使用并不十分广泛。

6.2.1 调用【圆弧】命令

调用【圆弧】命令的方法有以下几种：

- 工具面板：鼠标左键单击【绘图】面板绘制相应方式圆弧的工具。
- 命令行：在命令行"命令:"提示状态下输入"arc"或者"a"，回车或空格确认。

单击【绘图】面板图标按钮 后部的图标 ，可以打开如图 6-3 所示【圆弧】工具箱，也可在其中单击选取任何一种画圆弧工具。工具面板中，有工具箱的图标按钮具有记忆功能，总能在面板中显示最后使用过的图标按钮。这种方法是使用最多的画圆弧方法，可以直接选择画圆弧的方式，根据命令行提示输入参数画圆弧。

使用输入命令的方式调用【圆弧】命令时，必须根据提示输入相应选项才能使用对应方法绘制圆弧，相对麻烦，推荐键盘操作较熟者使用。

6.2.2 绘制圆弧的方式

调用【圆弧】命令后，可以根据已知条件按照命令行的提示绘制圆弧。使用【绘图】面板中圆弧工具绘制圆弧时，可以直接看到绘制圆弧的 11 种方式。它们分别通过指定圆弧的起点、中间点、圆心、圆弧方向、圆弧所对应的圆心角、终点、弦长等参数，来控制圆弧的形状和位置。

1. 三点

通过不在一条直线上的任意三点画圆弧，指定点的顺序是起点、中间点和终点，绘制出的圆弧如图 6-4 所示。单击【绘图】面板 按钮，命令行提示：

图 6-3　【圆弧】工具箱

```
命令: _arc 指定圆弧的起点或 [圆心(C)]:        // 单击鼠标或输入坐标来指定圆弧上的起点
指定圆弧的第二个点或 [圆心(C)/端点(E)]:        // 指定圆弧上的中间点
指定圆弧的端点:        // 指定圆弧上的终点
```

2. 起点、圆心、端点

通过指定圆弧的两个端点和圆心绘制圆弧，指定点的顺序是起点、圆心、终点，圆弧的方向为由起点绕逆时针方向指向终点，如图 6-5 所示。单击【绘图】面板【起点、圆心、终点】工具 ，命令行提示：

```
arc 指定圆弧的起点或 [圆心(C)]:        // 指定圆弧的起点
指定圆弧的第二个点或 [圆心(C)/端点(E)]: _c 指定圆弧的圆心:        // 指定圆弧的圆心
指定圆弧的端点或 [角度(A)/弦长(L)]:        // 指定圆弧的终点
```

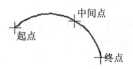

图 6-4　三点圆弧

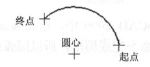

图 6-5　起点、圆心、端点

📖 提示：当使用面板相应工具调用命令绘制圆弧时，用户可以忽略"[　]"内的选项，只根据"[　]"外的提示绘图。

3. 起点、圆心、角度

通过指定圆弧的起点、圆心和圆弧的圆心角绘制圆弧，绘图的顺序是首先指定圆弧起点，然后指定圆心，接着输入圆心角。如果圆心角为正，圆弧从起点绕圆心沿逆时针方向指向终点，如图 6-6 所示；如果圆心角为负，圆弧从起点绕圆心沿顺时针方向指向终点，如图 6-7 所示。选择【绘图】面板【起点、圆心、角度】工具，面板图标显示为，命令行提示：

命令: _arc 指定圆弧的起点或 [圆心(C)]:　　// 指定圆弧的起点
指定圆弧的第二个点或 [圆心(C)/端点(E)]: _c 指定圆弧的圆心:　　// 指定圆心
指定圆弧的端点或 [角度(A)/弦长(L)]: _a 指定包含角:　　// 指定圆弧包含的圆心角，逆时针为正，顺时针为负

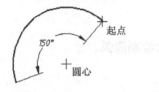 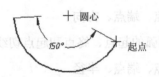

图 6-6　角度为 150°　　　　　　图 6-7　角度为-150°

4. 起点、圆心、长度

通过指定圆弧的起点、圆心和弦长绘制圆弧，绘图的顺序是首先指定圆弧起点，然后指定圆心，接着输入圆弧的弦长，圆弧从起点绕圆心沿逆时针方向指向终点。如果弦长为正，圆弧包含的圆心角小于 180 度，如图 6-8 所示；如果弦长为负，圆弧包含的圆心角大于 180 度，如图 6-9 所示。选择【绘图】面板【起点、圆心、长度】工具，面板图标显示为，命令行提示：

命令: _arc 指定圆弧的起点或 [圆心(C)]:　　// 指定圆弧的起点
指定圆弧的第二个点或 [圆心(C)/端点(E)]: _c 指定圆弧的圆心:　　// 指定圆弧的圆心
指定圆弧的端点或 [角度(A)/弦长(L)]: _l 指定弦长:　　// 输入弦长，回车或空格结束

 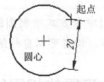

图 6-8　弦长为 25　　　　　　图 6-9　弦长为-20

5. 起点、端点、角度

指定圆弧的起点、终点和圆弧的圆心角来绘制圆弧，绘图的顺序是首先指定圆弧起点，然后指定终点，接着输入圆弧的圆心角。如果输入的圆心角为正，圆弧从起点绕圆心

沿逆时针方向指向终点，如图 6-10 所示；如果输入的圆心角为负，圆弧从起点绕圆心沿逆时针方向指向终点，如图 6-11 所示。选择【绘图】面板【起点、端点、角度】工具，面板图标显示为，命令行提示：

命令: _arc 指定圆弧的起点或 [圆心(C)]:   // 指定圆弧的起点

指定圆弧的第二个点或 [圆心(C)/端点(E)]: _e 指定圆弧的端点: // 指定圆弧的终点

指定圆弧的圆心或 [角度(A)/方向(D)/半径(R)]: _a 指定包含角: // 指定圆弧的圆心角

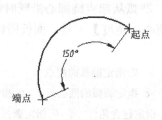
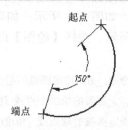

图 6-10 角度为 150°   图 6-11 角度为 -150°

6. 起点、端点、方向

指定圆弧的起点、终点和起点切线方向来绘制圆弧。

7. 起点、端点、半径

指定圆弧的起点、终点和圆弧半径来绘制圆弧。

8. 圆心、起点、端点

指定圆弧的圆心、起点、终点来绘制圆弧。

9. 圆心、起点、角度

指定圆弧的圆心、起点、圆心角来绘制圆弧。

10. 圆心、起点、长度

指定圆弧的圆心、起点、弦长来绘制圆弧。

11. 继续

选择此工具，系统将以最后一次绘制的线段或圆弧的终点作为新圆弧的起点，并以该点的切线方向作为新圆弧的起始切线方向，再指定一个端点，来绘制圆弧。

📖 提醒：使用命令方式绘制圆弧需要在绘图过程中根据提示和设计要求输入合适的选项完成操作，读者可以自行练习。

6.2.3 圆柱正贯的相贯线

工程实践中，两圆柱正贯的现象非常常见，如果两圆柱直径不相等，在与两轴线所确定的面平行的投影面上，一般用圆弧代替相贯线，圆弧的端点为两圆柱转向轮廓线的交点，半径为大圆柱的半径，且凸向大圆柱的轴线，如图 6-12 所示，绘图过程如下：

[1] 以两圆柱转向轮廓线的交点 1 为圆心，大圆柱半径为半径绘制圆弧，如图 6-13 所示。

[2] 找到所绘圆弧与小圆柱轴线交点中距离大圆柱轴线较远的交点 2，如图 6-13 所示。

[3] 以点 2 为圆心，两圆柱转向轮廓线交点为两个端点绘制圆弧，如图 6-13 所示，圆弧即为所求相贯线。

如果大圆柱半径为已知数值，则不必再找相贯线圆弧的圆心，可用【圆弧】工具直接画出。

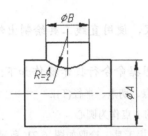
图 6-12 不等径正贯圆柱的相贯线

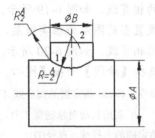
图 6-13 相贯线的绘制过程

如果两圆柱等径，其交线在与两轴线所确定的面平行的投影面上积聚成直线，有四通、三通和两通三种样式，分别如图 6-14、6-15 和 6-16 所示。

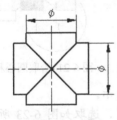
图 6-14 四通

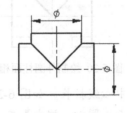
图 6-15 三通

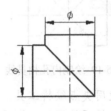
图 6-16 两通

【例 6-1】相贯线操作实例。

利用图 6-17 所示图形完成如图 6-18 所示图形。

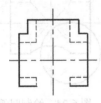

图 6-17 已知图形

图 6-18 最后图形

设计分析

- 外圆柱面之间为等径三通，可以用直线直接画出。
- 孔和孔是等径四通，可以用直线直接画出。
- 外圆柱面和竖直孔相交，为两圆柱面正贯，可以用圆弧画出。

设计过程

[1] 设置当前图层为虚线层，利用自动对象捕捉，使用直线工具绘制出内孔柱面之间的相贯线，如图 6-19 所示。

[2] 设置当前图层为粗实线层，利用自动对象捕捉，使用直线工具绘制出外圆柱面之间相贯线，如图 6-20 所示。

[3] 选择【绘图】面板【圆心，半径】工具 ⊙，根据命令行提示操作如下：

> 命令:_circle 指定圆的圆心或 [三点(3P)/两点(2P)/切点、切点、半径(T)]:
> // 利用自动对象捕捉工具，拾取如图 6-21 所示的 1 点作为圆心
> 指定圆的半径或 [直径(D)]: // 利用自动对象捕捉工具，拾取如图 6-21 所示的"垂足"
> 作为圆上的点确定半径，绘制出的圆如图 6-22 所示

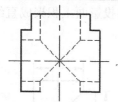 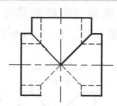 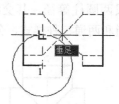

图 6-19 绘制内孔相贯线　　图 6-20 绘制外圆柱面相贯线　　图 6-21 拾取圆心和圆上点

[4] 使用夹点编辑工具，将中心线拉长，如图 6-23 所示。

[5] 选择【绘图】面板【起点、圆心、端点】工具 ⌒，选取如图 6-23 所示的 2 点、3 点和 4 点分别作为起点、圆心和端点，绘制圆弧如图 6-24 所示。

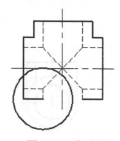 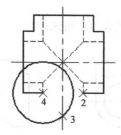 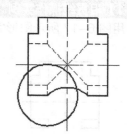

图 6-22　完成圆　　　　图 6-23　拉长中心线　　　图 6-24　绘制圆弧

[6] 使用夹点编辑工具，将中心线拽短，使用【删除】工具删除作图圆，最后结果如图 6-18 所示。

6.3　多段线

多段线是由若干直线段和弧线段组成的对象。组成多段线的直线段或者弧线段的起止

线宽可以任意设定。多段线在三维造型中应用较多，在二维图形的绘制中应用较少。在AutoCAD中，一般图线的线宽是通过图层来控制的，但对于线宽有变化或线宽有特殊要求的图线，如箭头、剖切符号等复杂图形，可以方便的使用【多段线】命令来实现。使用一次【多段线】命令绘制的所有线段是一个对象，可以通过一次点选选择整个对象。

调用【多段线】命令的方法有以下几种：

- 工具面板：单击【绘图】面板【多段线】工具⤵。
- 命令行：在命令行"命令:"提示状态下输入 pline 或者 pl，空格或回车确认。

调用命令后，命令行提示"指定起点:"，指定起点后，命令行提示"指定下一点或[圆弧(A)/闭合(C)/半宽(H)/长度(L)/放弃(U)/宽度(W)]:"，其中各选项含义如下：

- 圆弧（A）：输入 a，空格或回车确认，可以绘制圆弧。
- 闭合（C）：此选项在指定点数超过 3 时出现，输入 c，空格或回车确认，连接多段线的终点和起点并退出【多段线】命令。
- 半宽（H）：输入 h，空格或回车确认，根据系统提示设置起点和终点的线宽一半数值。
- 长度（L）：输入 l，空格或回车确认，根据系统提示输入直线的长度，沿上一线段方向按指定长度绘制直线段。
- 放弃（U）：输入 u，空格或回车确认，放弃绘好的多段线中最近绘制的线段。
- 半宽（W）：输入 w，空格或回车确认，根据系统提示设置起点和终点的线宽数值。

命令行提示"指定下一点或 [圆弧(A)/闭合(C)/半宽(H)/长度(L)/放弃(U)/宽度(W)]:"时，输入"a"转换到圆弧绘制，命令行继续提示"指定圆弧的端点或[角度(A)/圆心(CE)/闭合(CL)/方向(D)/半宽(H)/直线(L)/半径(R)/第二个点(S)/放弃(U)/宽度(W)]:"，直接指定圆弧端点时，绘制的圆弧在圆弧起点位置和上一段线段相切并通过指定的端点。其他各选项含义如下：

- 角度（A）：输入 a，空格或回车确认，可以根据提示指定所绘圆弧的圆心角。
- 圆心（CE）：输入 ce，空格或回车确认，可以根据提示指定所绘圆弧的圆心。
- 闭合（CL）：输入 cl，空格或回车确认，用圆弧连接多段线的起点和终点，并退出【多段线】命令。
- 方向（D）：输入 d，空格或回车确认，可以根据提示指定圆弧起点的切线方向。
- 直线（L）：输入 l，空格或回车确认，转换到直线绘制方式。
- 半径（R）：输入 r，空格或回车确认，可以根据提示指定圆弧的半径。
- 第二个点（S）：输入 s，空格或回车确认，采用三点画弧，可以根据提示指定圆弧上的第二点。

用【多段线】命令绘制的若干直线或弧线之间一般为光滑连接，即为相切关系，除非利用相关命令改变起点的切线方向。

📖 提醒：使用多段线绘制圆弧时，其各选项的含义类似使用【圆弧】命令各选项的含义。

【例 6-2】利用【多段线】命令，绘制如图 6-25 所示的剖切符号。

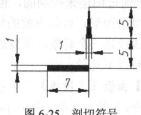

图 6-25 剖切符号

设计过程

单击【绘图】面板【多段线】工具，根据命令行提示操作如下：

命令: _pline   // 调用【多段线】命令

指定起点: // 使用鼠标左键在图形区拾取任意点作为起点

当前线宽为 0.0000   // 提示当前线宽

指定下一个点或 [圆弧(A)/半宽(H)/长度(L)/放弃(U)/宽度(W)]: w   // 输入 w，回车或空格确认，进入设置线宽模式

指定起点宽度 <0.0000>:1   // 输入 1，回车或空格确认，设置起点线宽为 1

指定端点宽度 <1.0000>:1   // 输入 1，回车或空格确认，设置终点线宽为 1

指定下一个点或 [圆弧(A)/半宽(H)/长度(L)/放弃(U)/宽度(W)]: 7   // 使用自动追踪功能，鼠标追踪方向为水平向右，如图 6-26 所示，输入 7，回车或空格确认，绘制长度为 7 的水平线

指定下一点或 [圆弧(A)/闭合(C)/半宽(H)/长度(L)/放弃(U)/宽度(W)]: w   // 输入 w，回车或空格确认，设置线宽

指定起点宽度 <1.0000>: 0   // 输入 0，回车或空格确认，设置起点线宽为 0

指定端点宽度 <0.0000>:   // 回车或空格确认<>内的数值，设置终点线宽为 0

指定下一点或 [圆弧(A)/闭合(C)/半宽(H)/长度(L)/放弃(U)/宽度(W)]: 5   // 使用自动追踪功能，鼠标追踪方向为竖直向上，如图 6-27 所示，输入 5，回车或空格确认，绘制长度为 5 的竖直线

指定下一点或 [圆弧(A)/闭合(C)/半宽(H)/长度(L)/放弃(U)/宽度(W)]: h   // 输入 h，回车或空格确认，设置图线的半宽

指定起点半宽 <0.0000>: 0.5   // 输入 0.5，回车或空格确认，设置线起点的半宽为 0.5，即线宽为 1

指定端点半宽 <0.5000>: 0   // 输入 0，回车或空格确认，设置线终点半宽为 0

指定下一点或 [圆弧(A)/闭合(C)/半宽(H)/长度(L)/放弃(U)/宽度(W)]: 5   // 使用自动追踪功能，鼠标追踪方向为竖直向上，如图 6-28 所示，输入 5，回车或空格确认，绘制长度为 5 的竖直箭头

指定下一点或 [圆弧(A)/闭合(C)/半宽(H)/长度(L)/放弃(U)/宽度(W)]:   // 空格或回车结束【多段线】命令，完成的图线如图 6-25 所示

图 6-26　水平追踪　　　　　图 6-27　竖直追踪　　　　　图 6-28　竖直追踪

6.4 多边形

【多边形】工具用于绘制正多边形，可以给定多边形的边长，或者给定多边形的内切圆或者外接圆确定多边形的大小和位置。

调用【多边形】命令的方法有以下几种：

- 工具面板：单击【绘图】面板【多边形】工具 ⬡ 。
- 命令行：在命令行"命令："提示状态下输入 polygon 或者 pol，空格或回车确认。

调用【多边形】命令后，系统提示及含义为：

命令: _polygon 输入侧面数 <4>:　　　　// 输入正多形边数，空格或回车确认

指定正多边形的中心点或 [边(E)]:　　　　// 使用内切圆或者外接圆确定多边形时，直接拾取点
　　确定圆心，或者输入 e，回车确认，使用给定边的模式绘制正多边形

输入选项 [内接于圆(I)/外切于圆(C)] <I>:　　// 指定使用内切圆或者指定外接圆来确定多边形

指定圆的半径:　　// 输入圆半径，回车或空格确认，完成正多边形

【例 6-3】利用【多边形】命令，绘制如图 6-29 所示的三个正多边形。

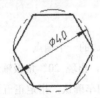 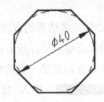 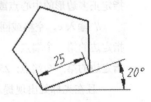

图 6-29　各种正多边形

❓ 设计分析

- 第一个是正六边形，给定的是其外接圆直径，故使用外接圆法绘制。
- 第二个是正八边形，给定的是其内切圆直径，故使用内切圆法绘制。
- 第三个是正五边形，给定的是其边长，故使用边长法绘制。

🖐 设计过程

[1] 选择【绘图】面板【多边形】工具 ⬡ ，根据提示操作绘制正六边形：

命令: _polygon 输入边的数目 <4>: 6
　　// 输入 6，空格或回车确认，指定多边形的边数为 6

指定正多边形的中心点或 [边(E)]:　　　　// 鼠标拾取或输入坐标指定正多边形的中心点

输入选项 [内接于圆(I)/外切于圆(C)] <I>:

　　// 空格或回车确认，使用<　　>内的选项，指定绘制正多边形的方式为外接圆法

指定圆的半径: 20

　　// 输入 20，空格或回车确认，指定正多边形的外接圆半径为 20，完成正六边形，如图 6-29 第一个图所示

[2] 在命令行"命令:"提示状态下，按空格或回车键，重复多边形命令，根据提示操作如下:

命令:　POLYGON 输入边的数目 <6>: 8

　　// 输入 8，空格或回车确认，指定多边形的边数为 8

指定正多边形的中心点或 [边(E)]:　　　　// 鼠标拾取或输入坐标指定正多边形的中心点

输入选项 [内接于圆(I)/外切于圆(C)] <I>: c

　　// 输入 c，空格或回车确认，指定绘制正多边形的方式为内切圆法

指定圆的半径: 20

　　// 输入 20，空格或回车确认，指定正多边形的内切圆半径为 20，完成正八边形，如图 6-29 第二个图所示

[3] 将光标指向状态栏【极轴追踪】按钮 ⊘ ，单击鼠标右键，在出现的快捷菜单选择 "20"，设置极轴的追踪角为 20° 角的倍数线。

[4] 在命令行 "命令:" 提示状态下输入 pol，空格或回车调用【多边形】命令，根据提示操作如下:

命令: pol

POLYGON 输入侧面数 <8>: 5　　　　　// 输入 5，空格或回车，指定多边形的边数为 5

指定正多边形的中心点或 [边(E)]: e

　　// 输入 e，空格或回车，指定绘制正多边形的方式为边长法

指定边的第一个端点:　　// 鼠标拾取或输入坐标指定正五边形的边的一个端点

指定边的第二个端点: 25　　// 移动光标到第一点的右上方位置，出现 20° 角极轴追踪线，且在光标处出现提示 极轴: 27.1043 < 30° ，输入 25，空格或回车确认，指定正五边形的边的另一个端点，完成正五边形，如图 6-29 第三个图所示

6.5　矩形

使用矩形命令可以绘制矩形、也可以绘制包含圆角和倒角的矩形，并且图线可以有一定的宽度、厚度和高度，如图 6-30 所示。

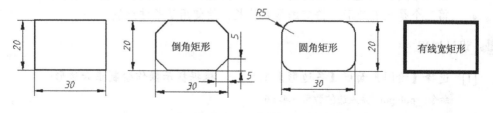

图 6-30　各种矩形

调用【矩形】命令的方法有以下几种：

- 工具面板：单击【绘图】面板【矩形】工具 ▢ 。
- 命令行：在命令行"命令:"提示状态下输入 rectang 或者 rec，空格或回车确认。

调用【矩形】命令后，系统提示："指定第一个角点或 [倒角(C)/标高(E)/圆角(F)/厚度(T)/宽度(W)]:"，可以指定一点作为矩形的一个角点，也可以使用"[ ]"内的可选项设定绘制矩形的样式，然后再指定矩形的另一个角点或者采用其余方式绘制矩形。各选项含义为：

- 倒角（C）：输入 c，空格或回车确认，可以根据提示指定倒角大小，绘制包含有倒角特征的矩形。
- 标高（E）：输入 e，空格或回车确认，可以根据提示指定标高，所谓标高是指矩形所在平面的 Z 坐标。
- 圆角（F）：输入 f，空格或回车确认，可以根据提示指定圆角大小，绘制包含有圆角特征的矩形。
- 厚度（T）：输入 t，空格或回车确认，可以根据提示指定所绘矩形的厚度，可以绘制具有一定厚度的矩形，即长方体的四个棱面。
- 宽度（W）：输入 w，空格或回车确认，可以根据提示指定所绘矩形的线宽。

指定第一个角点后，系统提示："指定另一个角点或 [面积(A)/尺寸(D)/旋转(R)]:"，可以直接指定矩形的对角点，也可以"[ ]"内的可选项设定绘制矩形的方法。绘制矩形的方法有三种：给定矩形的对角顶点、给定面积、给定尺寸，还可以指定矩形的旋转角度。

【例 6-4】利用【矩形】命令，绘制如图 6-31 所示的四个矩形，由左朝右分别使用给定矩形的对角顶点法、给定面积法、给定尺寸法。

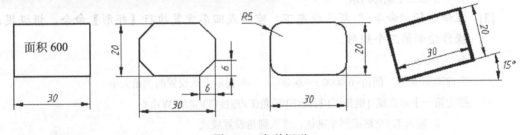

图 6-31　各种矩形

设计过程

[1]　单击【绘图】面板【矩形】工具 ▢ ，根据提示操作绘制第一个矩形。

命令: _rectang
指定第一个角点或 [倒角(C)/标高(E)/圆角(F)/厚度(T)/宽度(W)]:
　　// 鼠标左键在任意位置拾取矩形的第一个角点
指定另一个角点或 [面积(A)/尺寸(D)/旋转(R)]: a
　　// 输入 a，空格或回车确认，设置绘制矩形的方法为面积法
输入以当前单位计算的矩形面积 <100.0000>: 600
　　// 输入 600，空格或回车确认，指定矩形的面积为 600

计算矩形标注时依据 [长度(L)/宽度(W)] <长度>:   // 空格或回车确认，指定计算矩形面积
        时标注尺寸的依据为长度模式

输入矩形长度 <10.0000>: 30   // 输入 30，空格或回车确认，指定矩形的长度为 30，绘
        制出的矩形如图 6-31 中第一个矩形所示

📖 提醒: 指定矩形的长度时，如果输入正值，矩形的另外一个角点在第一个角点的右上方，如
果输入负值，矩形的另外一个角点在第一个角点的左下方。

[2] 在命令行"命令:"提示状态下输入 rec，空格或回车调用【矩形】命令，根据提示绘制第二个矩形。

命令: rec

RECTANG

指定第一个角点或 [倒角(C)/标高(E)/圆角(F)/厚度(T)/宽度(W)]: c
      // 输入 c，空格或回车确认，进入倒角设置模式

指定矩形的第一个倒角距离 <0.0000>: 6
      // 输入 6，回车或空格确认，指定第一个倒角距离

指定矩形的第二个倒角距离 <6.0000>: 6
      // 输入 6，回车或空格确认，指定第二个倒角距离

指定第一个角点或 [倒角(C)/标高(E)/圆角(F)/厚度(T)/宽度(W)]:
      // 鼠标左键在任意位置拾取矩形的第一个角点

指定另一个角点或 [面积(A)/尺寸(D)/旋转(R)]: @30,20
      // 输入相对坐标@30,20，空格或回车确认，指定矩形的另一个角点，完成的矩形如图 6-31
      中第二个矩形所示

[3] 在命令行"命令:"提示状态下，空格或回车重复执行【矩形】命令，根据提示操作绘制第三个矩形。

命令: rectang

当前矩形模式: 倒角=6.0000 x 6.0000   // 提示上次设置的倒角大小

指定第一个角点或 [倒角(C)/标高(E)/圆角(F)/厚度(T)/宽度(W)]: f
      // 输入 f，空格或回车确认，进入圆角设置模式

指定矩形的圆角半径 <6.0000>: 5   // 输入 5，回车或空格确认，指定矩形的圆角为 5

指定第一个角点或 [倒角(C)/标高(E)/圆角(F)/厚度(T)/宽度(W)]:
      // 鼠标左键在任意位置拾取矩形的第一个角点

指定另一个角点或 [面积(A)/尺寸(D)/旋转(R)]: @30,20
      // 输入相对坐标@30,20，空格或回车确认，指定矩形的另一个角点，完成的矩形如图 6-31
      中第三个矩形所示

[4] 在命令行"命令:"提示状态下，空格或回车重复执行【矩形】命令，根据提示操作绘制第四个矩形。

命令: rectang

当前矩形模式: 圆角=5.0000   // 提示上次设置的圆角大小

指定第一个角点或 [倒角(C)/标高(E)/圆角(F)/厚度(T)/宽度(W)]: f

    // 输入 f，空格或回车确认，进入圆角设置模式

指定矩形的圆角半径 <5.0000>: 0

    // 输入 0，回车或空格确认，指定矩形的圆角为 0

指定第一个角点或 [倒角(C)/标高(E)/圆角(F)/厚度(T)/宽度(W)]: w

    // 输入 w，回车或空格确认，进入线宽设置模式

指定矩形的线宽 <0.0000>: 1   // 输入 1，回车或空格确认，指定矩形的线宽为 1

指定第一个角点或 [倒角(C)/标高(E)/圆角(F)/厚度(T)/宽度(W)]:

    // 鼠标左键在任意位置拾取矩形的第一个角点

指定另一个角点或 [面积(A)/尺寸(D)/旋转(R)]: r

    // 输入 r，回车或空格确认，进入矩形旋转角度设置模式

指定旋转角度或 [拾取点(P)] <0>:   20

    // 输入 15，回车或空格确认，指定矩形的旋转角度为 15 度

指定另一个角点或 [面积(A)/尺寸(D)/旋转(R)]: d

    // 输入 d，空格或回车确认，设置绘制矩形的方法为尺寸法

指定矩形的长度 <40.0000>: 30   // 输入 30，回车或空格确认，指定矩形的长度为 30

指定矩形的宽度 <30.0000>:20   //输入 20，回车或空格确认，指定矩形的宽度为 20

指定另一个角点或 [面积(A)/尺寸(D)/旋转(R)]:

    // 鼠标左键在第一个角点的右上方任意位置拾取点，完成的矩形如图 6-31 中第四个矩形所示

📖 提醒：旋转角度为正时，沿逆时针方向旋转，旋转角度为负时，沿顺时针方向旋转。指定另一个角点时，鼠标拾取点的位置只控制该角点的方向，不是其实际位置。

6.6 椭圆和椭圆弧

使用【椭圆】工具可以创建一个椭圆或椭圆弧。确定椭圆的参数是长轴、短轴和椭圆的圆心。

可以用下面几种方法启动【椭圆】或【椭圆弧】的绘制命令：

- 工具面板：选择【绘图】面板的【圆心】工具 ⊙，或单击其后的 ▾ 打开工具箱选取绘制椭圆的不同方式。
- 命令行：在命令行"命令:"提示状态下输入 ellipse 或者 el，回车或空格确认。

执行椭圆命令后，命令行提示如下：

命令:_ellipse   // 调用椭圆命令

指定椭圆的轴端点或 [圆弧(A)/中心点(C)]:   // 指定椭圆的轴端点，或者输入选项设定绘制椭圆弧，还是使用中心点方式画椭圆

其中"圆弧(A)"选项用来绘制椭圆弧，另外两个选项用来绘制椭圆，分别介绍如下。

6.6.1 椭圆

绘制椭圆有两种方式："圆心"方式和"轴，端点"方式。

使用"圆心"方式绘制椭圆时，需要先指定椭圆的圆心，然后指定一条轴的端点，再给出另一条半轴的长度，由此画出椭圆。

使用"轴，端点"方式绘制椭圆时，需要指定一条轴的两个端点以及另外一条半轴的长度，由此绘制椭圆。下面用两个例题分别加以说明。

【例6-5】 已绘制好中心线，用"圆心"方式绘制如图6-32所示的椭圆。

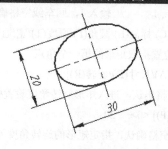

图6-32 椭圆

 设计过程

选择【绘图】面板的【圆心】工具，根据提示操作如下：

> 命令: _ellipse   // 调用【椭圆】命令
> 指定椭圆的轴端点或 [圆弧(A)/中心点(C)]: _c
> 指定椭圆的中心点:
>   // 使用自动对象捕捉功能，拾取中心线交点作为圆心，如图6-33所示
> 指定轴的端点: 15
>   // 使用自动对象捕捉功能，捕捉到如图 6-34 所示中线位置的最近点用以定义长轴方向，
>   输入长度15，回车或空格确认，指定轴的端点
> 指定另一条半轴长度或 [旋转(R)]: 10
>   // 输入10，指定另一条半轴的长度，完成椭圆的绘制，如图6-32所示

图6-33 拾取椭圆圆心

图6-34 鼠标控制方向

【例6-6】 用"轴，端点"方式绘制如图6-36所示的椭圆。

 设计过程

单击【绘图】面板【圆心】工具后的，打开【椭圆】工具箱选取【轴，端点】工具绘制，根据命令行提示操作如下：

> 命令: _ellipse
> 指定椭圆的轴端点或 [圆弧(A)/中心点(C)]:

// 在图形区任意位置单击鼠标左键拾取第一条轴的端点

指定轴的另一个端点: 40　　　　// 光标移向第一点的正右方，出现水平极轴追踪线，如图 6-37
　　　所示，输入 40，空格或回车确认，指定轴的另一个端点

指定另一条半轴长度或 [旋转(R)]: 15　　　　// 输入 15，回车或空格确认，指定另一条半轴长
　　　度为 15，绘制出的椭圆如图 6-36 所示

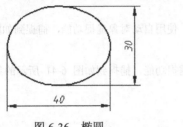

图 6-36　椭圆

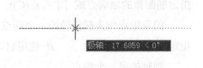

图 6-37　水平追踪

　　　在指定另一条半轴长度时，可以选取"旋转(R)"选项，使用此选项时，根据绕第一条轴的旋转角度来确定短轴，相当于把一个直径为第一条轴长度的圆沿第一条轴旋转该角度后，再向圆平面投影得到的椭圆。旋转角度从 0° 到 89.4°，角度越大，长短轴之比越大。角度为零时，图形变为圆。其关系如图 6-35 所示。

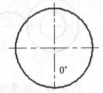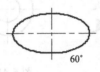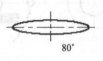

图 6-35　使用旋转角度绘制的椭圆

6.6.2　椭圆弧

　　　椭圆弧是椭圆的一部分，绘制椭圆弧时，首先执行【椭圆】绘制命令，然后在其上面截取一段。截取的方法有角度法和参数法。下面的例题介绍角度法的使用，读者可以根据命令行的提示自己练习参数法的使用。

　　　单击【绘图】面板【圆心】工具 ⊙ 后的 ▾，打开【椭圆】工具箱【椭圆弧】工具 ⌣，绘制椭圆弧。

【例 6-7】绘制椭圆弧。

　　　利用 6-38 所示的图形完成如图 6-39 所示的图形。

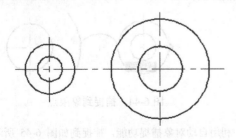

图 6-38　原图

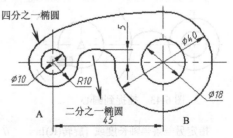

图 6-39　最后图

133

设计过程

[1] 单击【绘图】面板【圆心】工具 ⊙ 后的 ▼，打开【椭圆】工具箱【椭圆弧】工具 ◯，根据提示操作如下：

命令: _ellipse

指定椭圆的轴端点或 [圆弧(A)/中心点(C)]: _a

指定椭圆弧的轴端点或 [中心点(C)]: // 使用自动对象捕捉功能，捕捉到如图 6-40 所示的象限点作为椭圆轴的一个端点

指定轴的另一个端点: // 使用自动对象捕捉功能，捕捉到如图 6-41 所示的象限点作为椭圆轴的另一个端点

指定另一条半轴长度或 [旋转(R)]: 5
// 输入 5，回车或空格确认，指定另一条半轴的长度

指定起始角度或 [参数(P)]: 0 // 输入 0，空格或回车确认，指定起始角度位 0

指定终止角度或 [参数(P)/包含角度(I)]: 180 // 输入 180，空格或回车确认，指定终止角度为 180°，也可以使用 "I" 选项，根据提示输入椭圆弧包角，完成的椭圆弧如图 6-42 所示

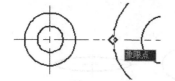
图 6-40 捕捉到象限点

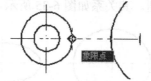
图 6-41 捕捉到象限点

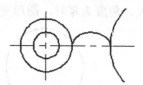
图 6-42 完成椭圆弧

[2] 单击【绘图】面板【圆心】工具 ⊙ 后的 ▼，打开【椭圆】工具箱【椭圆弧】工具 ◯，根据提示操作如下：

命令: _ellipse

指定椭圆的轴端点或 [圆弧(A)/中心点(C)]: _a

指定椭圆弧的轴端点或 [中心点(C)]: c // 输入 c，空格或回车确认，指定画椭圆弧的方式为中心法

指定椭圆弧的中心点: // 利用自动对象捕捉功能，捕捉到如图 6-43 所示的圆心，单击鼠标左键拾取该点，作为椭圆弧的圆心

指定轴的端点: // 利用自动对象捕捉功能，捕捉到如图 6-44 所示的象限点，单击鼠标左键拾取该点，作为椭圆弧的第一个轴的端点

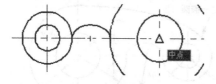
图 6-43 捕捉到圆心

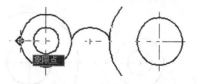
图 6-44 捕捉到象限点

指定另一条半轴长度或 [旋转(R)]: // 利用自动对象捕捉功能，捕捉到如图 6-45 所示的象限点，单击鼠标左键拾取该点，作为椭圆弧的第二个轴的端点

指定起始角度或 [参数(P)]: -90　　　　// 输入-90，空格或回车确认，指定起始角度

指定终止角度或 [参数(P)/包含角度(I)]: 0　　// 输入0，空格或回车确认，指定终止角度，完

　　成的椭圆弧如图6-46所示

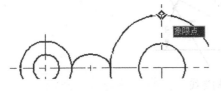

图6-45　捕捉到象限点

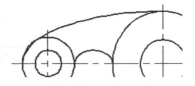

图6-46　完成椭圆弧

[3]　选择【修改】面板【修剪】工具 ⁃／⁃ ，修剪掉多余图线，完成最后图形。

📖 提醒：绘制椭圆弧时，由起始点沿逆时针方向指向终止点。起始角度和终止角度的确定方法

　　为：由指定椭圆的第一条轴的第一个端点绕圆心沿逆时针指向圆弧的起始点或终止点时角度

　　为正，由指定椭圆的第一条轴的第一个端点绕圆心沿顺时针指向圆弧的起始点或终止点时角

　　度为负。

6.7 构造线

　　【构造线】工具用于绘制无限长的直线，常用作辅助线。使用【构造线】工具可以绘制水平线、竖直线、角度斜线、角平分线和平行线。

　　调用【构造线】命令的方法有以下几种：

- 工具面板：选择展开的【绘图】面板【构造线】工具 ╱ 。
- 命令行：在命令行"命令:"提示状态下输入 xline 或者 xl，空格或回车确认。

　　调用【构造线】命令后，系统提示："xline 指定点或 [水平(H)/垂直(V)/角度(A)/二等分(B)/偏移(O)]:"，可以指定一点作为直线通过的第一个点，也可以使用"[ ]"内的可选项设定绘制直线的方式，然后根据提示绘制构造线。各选项含义为：

- 水平（H）：输入 h，空格或回车确认，可以根据提示指定直线通过的点绘制水平直线。
- 垂直（V）：输入 v，空格或回车确认，可以根据提示指定直线通过的点绘制竖直直线。
- 角度（A）：输入 a，空格或回车确认，可以根据提示设定角度和指定直线通过的点绘制角度斜线。输入的角度为正时，是指从 X 轴正方向沿逆时针旋转的角度，输入的角度为负时，是指从 X 轴正方向沿顺时针旋转的角度。
- 二等分（B）：输入 b，空格或回车确认，根据提示绘制已知角的角平分线。
- 偏移（O）：输入 o，空格或回车确认，根据提示绘制已知直线的平行线。

📖 提醒：绘制构造线时，应该先设置选项再指定通过的第一点。

【例6-8】绘制构造线。

　　绘制如图6-47所示的五条构造线。

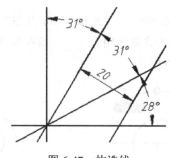

图 6-47　构造线

设计过程

[1]　单击【绘图】面板最下面的【绘图】标签按钮，弹出展开的【绘图】面板，在其中选择【构造线】工具 ，根据提示操作如下：

> 命令: _xline 指定点或 [水平(H)/垂直(V)/角度(A)/二等分(B)/偏移(O)]: h
> 　　// 输入 h，空格或回车确认，指定绘制水平构造线的方式
> 指定通过点:　　// 在图形区任意位置单击鼠标左键拾取水平构造线通过的点
> 指定通过点:　　// 空格或回车，退出构造线命令

[2]　在命令行"命令:"提示状态下输入 xl，空格或回车确认，根据提示操作如下：

> 命令: xl　XLINE 指定点或 [水平(H)/垂直(V)/角度(A)/二等分(B)/偏移(O)]: v
> 　　// 输入 v，空格或回车确认，指定绘制垂直构造线的方式
> 指定通过点:　　// 在图形区任意位置单击鼠标左键拾取竖直构造线通过的点
> 指定通过点:　　// 空格或回车，退出构造线命令

[3]　在命令行"命令:"提示状态下输入 xline，空格或回车确认，根据提示操作如下：

> 命令: xline
> 指定点或 [水平(H)/垂直(V)/角度(A)/二等分(B)/偏移(O)]: a
> 　　// 输入 a，空格或回车确认，指定绘制角度构造线的方式
> 输入构造线的角度 (0) 或 [参照(R)]:　28
> 　　// 输入 28，空格或回车确认，指定绘制角度线的倾斜角度为 28°
> 指定通过点:　　// 利用自动对象捕捉，使用鼠标左键拾取刚才所画两条线的交点
> 指定通过点:　　// 空格或回车，退出构造线命令，图形如图 6-48 所示

[4]　在命令行"命令:"提示状态下直接按空格或回车重复执行构造线命令，根据提示操作如下：

> 命令:　XLINE 指定点或 [水平(H)/垂直(V)/角度(A)/二等分(B)/偏移(O)]: b
> 　　// 输入 b，空格或回车确认，指定绘制角平分线的方式
> 指定角的顶点:　　// 利用自动对象捕捉，使用鼠标左键拾取 1 点作为角的起始边上的点
> 指定角的起点:　　// 利用自动对象捕捉，使用鼠标左键拾取 2 点作为角顶点
> 指定角的端点:　　// 利用自动对象捕捉，使用鼠标左键拾取 3 点作为角的终止边上的点，各
> 　　点如图 6-48 所示
> 指定角的端点:　　// 空格或回车，退出构造线命令，图形如图 6-49 所示

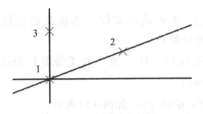

图 6-48　绘制角度斜线

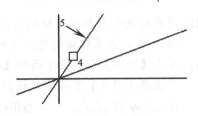

图 6-49　绘制角平分线

[5] 在命令行"命令:"提示状态下直接按空格或回车重复执行构造线命令，根据提示操作如下：

命令:　XLINE 指定点或 [水平(H)/垂直(V)/角度(A)/二等分(B)/偏移(O)]: o
　　　　// 输入 o，空格或回车确认，指定绘制平行线的方式

指定偏移距离或 [通过(T)] <0.0000>: 20　　// 输入 20，空格或回车确认，指定偏移的距离为
　　20，也可以选择 t 选项，根据提示过点偏移

选择直线对象：　　　　　// 在 4 位置选择直线 5，如图 6-49 所示

指定向哪侧偏移：　　　　// 在直线 5 的左下方任意位置单击鼠标左键拾取点确定偏移的侧

选择直线对象：　　　　　// 空格或回车，退出构造线命令，图形如图 6-47 所示

6.8 射线

　　【射线】命令用来绘制射线，由射线的起点和其通过的另一个点决定射线的位置。射线的一端无限延伸。

　　调用【射线】命令的方法有以下几种：

- 工具面板：选择展开的【绘图】面板【射线】工具 。
- 命令行：在命令行"命令:"提示状态下输入 ray，空格或回车确认。

　　调用【射线】命令后，系统提示：

命令: _ray 指定起点：　　// 指定射线的起点

指定通过点：　　// 指定射线通过的点

指定通过点：　　// 指定第二条射线通过的点或者直接空格或回车确认退出【射线】命令

【例 6-9】射线练习。

　　利用【射线】命令，绘制如图 6-50 所示的图形。

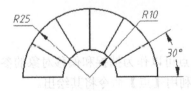

图 6-50　射线图形

设计过程

[1] 选择【绘图】面板【圆心，半径】工具 ，绘制半径分别为 R25 和 R10 的两个同心圆，如图 6-51 所示。

[2] 将光标指向状态栏【极轴追踪】按钮 ，单击鼠标右键，在出现的快捷菜单选择 "30"，设置极轴的追踪角为 30° 角的倍数线。

[3] 单击【绘图】面板最下面的【绘图】标签按钮，弹出展开的【绘图】面板，在其中选择【射线】工具 ，根据提示操作如下：

命令：_ray 指定起点：   // 使用自动捕捉功能，拾取圆心，如图 6-51 所示

指定通过点：   // 使用自动极轴追踪功能，追踪到 0°，如图 6-52 所示，单击鼠标左键完成

　　　　第一条射线，如图 6-53 所示

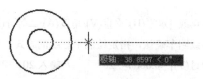

图 6-51　绘制圆　　　　　　　　图 6-52　追踪 0°线　　　　　　图 6-53　完成水平射线

指定通过点：   // 使用自动极轴追踪功能，追踪到 30°，如图 6-54 所示，单击鼠标左键完成

　　　　第二条射线，如图 6-55 所示

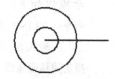

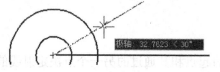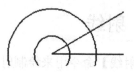

图 6-54　追踪到 30°　　　　　　　　　　图 6-55　完成 30°射线

指定通过点：   // 使用自动极轴追踪功能，绘制其他射线如图 6-56 所示

指定通过点：   // 直接空格或回车确认，退出【射线】命令

[4] 选择【修改】面板【修剪】工具 ，选择如图 6-57 所示的剪切边（蚂蚁线），完成修剪，结果如图 6-58 所示。

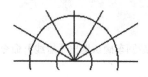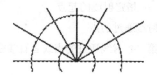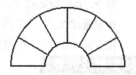

图 6-56　完成所有射线　　　　图 6-57　选择剪切边　　　　图 6-58　最后结果

6.9 点

在 AutoCAD 2009 中，点可以作为捕捉和偏移对象的参考点。要想准确地捕捉到直线或曲线上的等分点，也可以利用【点】命令将其绘出。

点在屏幕上可以有多种显示形式，通常在绘制点之前要设定点的显示样式，使其在屏幕上有良好的视觉效果。

6.9.1　点的样式

单击【菜单浏览器】工具 ，在出现的菜单浏览器中选择【格式】/【点样式】命令

（也可使用 ddptype 命令），弹出如图 6-59 所示的【点样式】对话框。共有 20 种样式，在对话框中选择一种样式，选择【相对于屏幕设置大小】或【按绝对单位设置大小】单选框，并在【点大小】编辑框中填写点的显示大小值，单击【确定】按钮，即可将其设置为当前点的显示样式并按照设置大小显示。

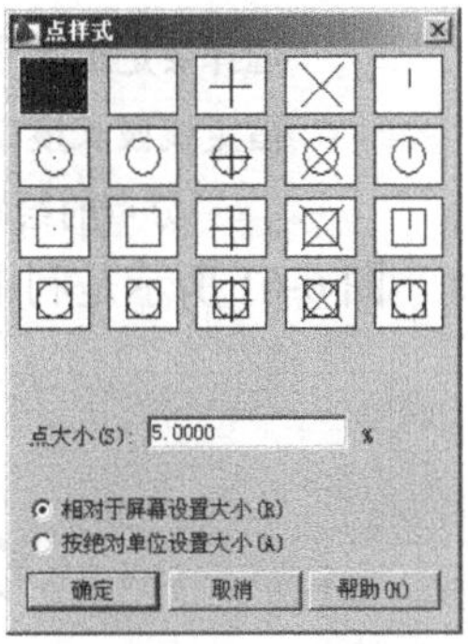

图 6-59　【点样式】对话框

6.9.2　绘制点

绘制点的方法有多点、定数等分和定距等分等。

1. 多点

调用【多点】命令的方法有：

- 工具面板：选择展开的【绘图】面板【多点】工具 。
- 命令行：在命令行"命令:"提示状态下输入 point 或 po，空格或回车确认。

执行【多点】命令后，系统提示："指定点:"，可以在图形区连续指定多个点，如欲退出【多点】命令，必须按键盘 Esc 键，不能使用空格或回车。使用一次【多点】命令可以绘制多个点。

2. 定数等分

使用【定数等分】命令可将指定的对象按照给定份数等分，且绘制出等分点。调用【定数等分】命令的方法有：

- 工具面板：单击展开的【绘图】面板【多点】工具 后的箭头 ，在出现的工具箱选择【定数等分】工具 。
- 命令行：在命令行"命令:"提示状态下输入 divide 或 div，空格或回车确认。

执行【定数等分】命令后，系统提示：

命令: _divide　　// 调用【定数等分】命令

选择要定数等分的对象:　　// 选择要进行定数等分的对象

输入线段数目或 [块(B)]:　　// 输入欲将对象分割成线段的数目（2～32767），空格或回车　　确认，完成等分点的绘制，但不能在对象两端点处绘制点

图 6-60 所示是利用【定数等分】命令绘制的圆弧五等分点。

3. 定距等分

使用【定距等分】命令可将指定的对象按照给定距离等分，且绘制出等分点。调用【定距等分】命令的方法有：

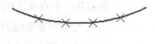

图 6-60　定数等分

- 工具面板：单击展开的【绘图】面板【多点】工具 后的箭头 ，在出现的工具箱选择【定距等分】工具 。
- 命令行：在命令行"命令:"提示状态下输入 measure 或 me，空格或回车确认。

执行【定距等分】命令后，系统提示：

命令: _measure　　// 调用【定距等分】命令

选择要定距等分的对象:　　　// 选择要进行定距等分的对象

指定线段长度或 [块(B)]:　　　// 输入欲将对象分割成线段的长度，空格或回车确认，完成等
　　　　分点的绘制，不能在对象两端点处绘制点

图 6-61 所示是利用【定距等分】命令绘制的圆弧等分点，其中指定线段的长度为 20。

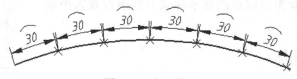

图 6-61　定距等分

📖 提醒：在使用【定距等分】命令绘制点时，等分的起点与鼠标选取对象时点击的位置有关。
在选取定距等分对象时，放置点的起始位置总是从离对象选取点较近的端点开始。

6.10　样条曲线

样条曲线是通过若干指定点生成的光滑曲线。在机械图样中，可以用【样条曲线】命令来绘制波浪线。绘制样条曲线的方式有两种：拟合点方式和控制点方式，如图 6-62 所示。系统默认使用拟合点方式绘制样条曲线。

拟合点方式　　　　　　　　　　　　　　控制点方式

图 6-62　绘制样条曲线的两种方式

启动【样条曲线】命令的方法有：

- 工具面板：选择展开的【绘图】面板【样条曲线】工具。
- 命令行：在命令行"命令:"提示状态下输入 spline 或 spl，空格或回车确认。

执行【样条曲线】命令后，命令行提示如下：

命令:_spline　　// 调用【样条曲线】命令

当前设置: 方式=拟合　节点=弦　　// 显示当前绘制样条曲线的模式

指定第一个点或 [方式(M)/节点(K)/对象(O)]:　　// 指定样条曲线的起点，或者输入 m，设置
　　绘制样条曲线的方式，输入 k，设置节点参数化方式，或者输入 o，选择二次或三次样条
　　曲线拟合多段线将其转换成等效的样条曲线并删除多段线

输入下一个点或 [起点切向(T)/公差(L)]:　　// 指定样条曲线的第二点

输入下一个点或 [端点相切(T)/公差(L)/放弃(U)/闭合(C)]:　　// 指定样条曲线的第三点

输入下一个点或 [端点相切(T)/公差(L)/放弃(U)/闭合(C)]:　　// 空格或回车退出命令

📖 提醒：样条曲线至少需要输入三个点，当输入最后一点时，空格或者回车结束点的输入。一
般情况绘制波浪线时，可直接拾取多个点绘制样条曲线，不必设置其选项。

6.11 图案填充

在绘制机械零件的剖视图或者断面图时，经常需要在断面区域剖面符号。【图案填充】工具可以帮助用户将选择的图案填充到指定的区域内。

调用【图案填充】工具的方法有以下几种：

- 工具面板：选择【绘图】面板【图案填充】工具█。
- 命令行：在命令行"命令:"提示状态下，输入 bhatch 或 h，空格或回车确认。

执行上述命令后，会弹出如图 6-63 所示的【图案填充和渐变色】对话框。该对话框有【图案填充】、【渐变色】两个选项卡。

6.11.1 图案填充命令

【图案填充】选项卡是用来设置填充图案的特性，其中有类型和图案、角度和比例、图案填充原点、边界、选项等选区，各选区选项的含义为：

1. 类型和图案

该选区用以定义填充图案的形式。

- 【类型】下拉列表：单击该列表，有"预定义"、"用户定义"、"自定义"三种图案填充类型，可从中选取合适的类型。

  （1）预定义：AutoCAD 已经定义的填充图案，这是默认的图案填充类型，建议用户使用这种图案填充类型。

  （2）用户定义：基于图形的当前线型创建直线图案。

  （3）自定义：按照填充图案的定义格式定义自己需要的图案，文件的扩展名为".PAT"。

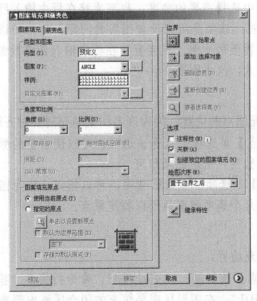

图 6-63 【图案填充和渐变色】对话框

- 【图案】下拉列表：单击该列表，罗列了 AutoCAD 已经定义的填充图案的名称。对于初学者来说，一般不使用此项。

- 【显示"图案填充"选项板】按钮：单击该按钮，会弹出如图 6-64 所示的

【填充图案选项板】对话框。在对话框中，
直观的显示各种预定义的填充图案样例，可
直接单击选取。对话框将填充图案分列于四
个选项卡当中。其中，【ANSI】是美国国家
标准学会建议使用的填充图案；【ISO】是国
际标准化组织建议使用的填充图案；【其他
预定义】是世界许多国家通用的或传统的符
合多种行业标准的填充图案；【自定义】是
由用户自己绘制定义的填充图案。【ANSI】、
【ISO】和【其他预定义】三类填充图案，
在选择"预定义"类型时才能使用。

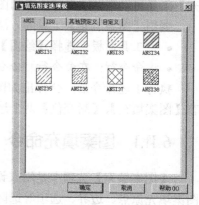

图 6-64　【填充图案选项板】对话框

- 【样例】显示框：【样例】显示框用来显示选
定图案的图样，它是一个图样预览效果。在显示框中单击鼠标左键，也可调用如
图 6-64 所示的【填充图案选项板】对话框。

> 📖 **提醒**：在机械制图上，用到最多的两种填充图案是 ANSI31 和 ANSI37，其中 ANSI31 用于填充金属材料的断面，ANSI37 用于填充非金属材料的断面，用户一定要牢记。

2．角度和比例

- 【角度】组合框：该组合框用以设置填充图案的角度，可单击该框在出现的【角度】下拉列表中选择需要的角度，也可直接在框中输入所需角度。

- 【比例】组合框：该项是用来设置图案的间距。可单击该框在出现的【比例】下拉列表中选择需要的比例，或者直接在框中输入任意数值。比例值大于 1，填充的图案间距变大，反之则变小。

3．图案填充原点

可以设置图案填充原点的位置，因为许多图案填充需要对齐边界上的某一个点。

- 【使用当前原点】单选项：点选该选项，可以使当前的原点（0，0）作为图案填充原点，大多数用户使用此项即可。

- 【指定的原点】单选项：点选该选项，可以指定点作为图案填充原点。选取该选项时，其下的几个选项被激活用以指定原点。

4．边界

该选区用于定义填充边界。

- 【添加：拾取点】按钮：单击此按钮，命令行提示"拾取内部点或 [选择对象(S)/删除边界(B)]:"，在图形区需要填充的闭合区域内部单击鼠标左键，AutoCAD 系统自动搜索并确定填充边界。前提是单击光标的位置必须是完全闭合的区域，

大部分情况下使用这种方式确定填充区域。

- 【添加：选择对象】按钮：单击此按钮，命令行提示"选择对象或 [拾取内部点(K)/删除边界(B)]:"，选择填充区域所有的边界线确定填充区域。使用这种方式选择的对象必须是首尾相连的曲线链，且不能有出头的曲线，否则填充的区域不符合要求，这种方法较少使用。

- 【删除边界】按钮：此按钮在已定义填充边界的前提下可用。单击此按钮，命令行提示"选择对象或 [添加边界(A)]:"，使用选取已选定边界内部的封闭边界，系统在已选的填充区域内部删除刚选取的边界定义的区域。

- 【查看选择集】按钮：单击该按钮，【边界图案填充】对话框暂时消失，在绘图区域显示已选择的图案填充边界，如果检查所选边界无误，回车后又会出现【边界图案填充】对话框，然后单击　确定　按钮完成图案填充。

5．选项及其他功能

- 【关联】多选项：勾选此选项，填充区域和边界相关联，修改边界，填充区域也随之发生变化，一般勾选此选项。

- 【创建独立的图案填充】多选项：勾选此选项，如果选取多个填充区域，各填充区域内的图案填充是独立的，可以单独修改。

- 【绘图次序】列表：单击该列表框，在出现的列表中选择填充图案相对其他对象的绘图顺序。一般选取将图案填充"置于边界之后"，可以更容易地选择图案填充边界。

- 【继承特性】按钮：单击此按钮，根据提示选取已完成的填充图案，然后选取要填充的边界，可以将已填充图案的特性赋予新指定的边界。

- 【预览】按钮　预览　：在设定填充边界后，单击该按钮【图案填充和渐变色】对话框暂时消失，在绘图区域可以对图案填充效果进行预览，如果不满意可以使用光标单击填充图案或按 Esc 键返回到【图案填充和渐变色】对话框进行修改。

【例6-10】剖面线练习。

给图 6-65 所示主视图中打剖面线，材料为金属材料，间距比例为 1.2，然后使用继承特性，完成左视图的剖面线，使左视图各填充区域是完全独立的，如图 6-66 所示。

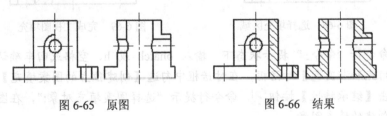

图 6-65　原图　　　　　　　图 6-66　结果

设计过程

[1] 将当前图层设置为细实线层，选择【绘图】面板【图案填充】工具，打开【图案填充和渐变色】对话框，设置对话框如图 6-67 所示。

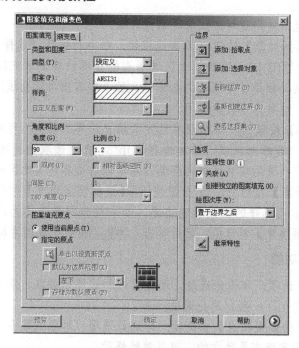

图 6-67　设置图案填充特性

[2] 单击【添加: 拾取点】按钮 ![icon]，暂时关闭【图案填充和渐变色】对话框，命令行提示"拾取内部点或 [选择对象(S)/删除边界(B)]:"，在图形区 "×" 标志位置单击鼠标左键拾取点定义填充区域，如图 6-68 所示。

[3] 空格或回车，结束填充区域拾取，回到【图案填充和渐变色】对话框，在对话框中单击【确定】按钮，完成的图案如图 6-69 所示。

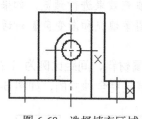

图 6-68　选择填充区域

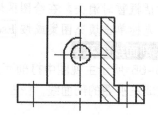

图 6-69　完成主视图填充

[4] 在命令行 "命令:" 提示状态下，输入 bhatch 或 h，空格或回车确认，打开【图案填充和渐变色】对话框，在对话框中勾选【创建独立的图案填充】多选项。

[5] 单击【继承特性】按钮 ![icon]，命令行提示"选择图案填充对象:"，在图形区选取刚才创建的填充图案。

[6] 系统提示: "继承特性: 名称 <ANSI31>，比例 <1.2>，角度 <90>，拾取内部点或 [选择对象(S)/删除边界(B)]:" 在图形区 "×" 标志位置单击鼠标左键拾取点定义填充区域，如图 6-70 所示。

[7] 空格或回车，结束填充区域拾取，回到【图案填充和渐变色】对话框，在对话框中单击【确定】按钮，完成的图案如图 6-71 所示。

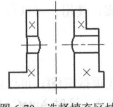

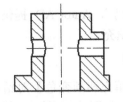

图 6-70　选择填充区域　　　　　　　图 6-71　完成左视图填充

📖 提醒：勾选【创建独立的图案填充】多选项后，填充的各填充区域是完全独立的，其特性可以单独选取和修改。

在使用"拾取点"方式指定填充区域时要注意两个问题：

- 边界图形必须封闭，若不封闭系统会给出"边界定义错误"提示，如图 6-72 所示。
- 边界不能够重复选择，若重复选择边界，系统也会给出"边界定义错误"提示，如图 6-73 所示。当填充区域不封闭的时候，可以先作辅助线把区域封闭，待填充完毕后，再删除辅助线。

单击【图案填充和渐变色】对话框右下角【更多选项】按钮 ⊙，可以展开对话框，在【允许的间隙】选区的【间隙】编辑框，输入数值，如果未封闭区域的间隙小于该数值，系统可以认为它是封闭的，仍然可以进行图案填充。

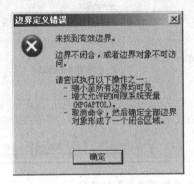

图 6-72　不封闭警告框　　　　　　　图 6-73　重复选择警告框

用户可以通过选择对象的方法选择填充区域，很少使用这种方式。如图 6-74 显示了两者的区别。

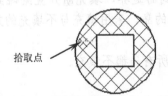

拾取点

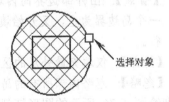

选择对象

图 6-74　拾取点和选择对象的区别

6.11.2　复杂填充

进行图案填充时，如果遇到较大的填充区域内还有一个或者几个较小的封闭区域，这些区域被称为"岛"，AutoCAD 提供了孤岛解决方案，使用户可以自己决定哪些岛要填充，哪些岛不要填充。

1. 孤岛检测

单击【图案填充和渐变色】对话框右下角更多选项按钮 ⊙，可以展开【图案填充和渐变色】对话框，如图 6-75 所示。其中有孤岛检测选项，这时 AutoCAD 提供的处理多重区域剖面线常用到的三种选项。系统缺省的设置为【普通】。

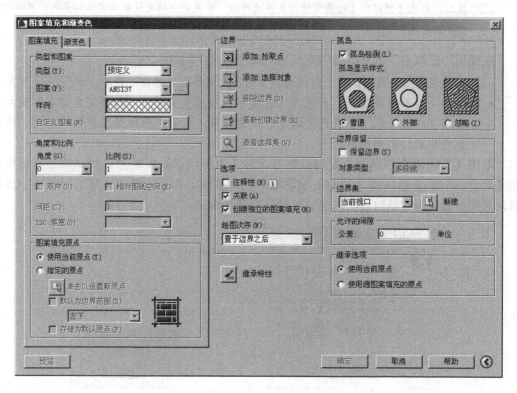

图 6-75　展开的【图案填充和渐变色】对话框

【孤岛检测】选区中有【普通】、【外部】、【忽略】三种样式，用以定义填充区域中孤岛的检测方式，含义如下：

- 【普通】：由外部边界向内填充，如果碰到岛边界，填充断开直到碰到内部的另一个岛边界为止，又开始填充。对于嵌套的岛，采用填充与不填充的方式交替进行。
- 【外部】：仅填充最外层的区域，而内部的所有岛都不填充。
- 【忽略】：忽略内部所有的岛。

分别给图 6-76 所示的图形打剖面线，采用拾取点的方式选择边界，拾取点的位置如图 6-76 中"×"标志所示，使用这三种方法打出的剖面线分别如图 6-77，6-78 和 6-79 所示。一般情况下，使用【普通】的孤岛检测样式即可完成机械图样剖面线的绘制。

图 6-76　定义填充区域　　图 6-77　普通样式　　图 6-78　外部样式　　图 6-79　忽略样式

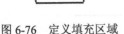

2. 保留边界

在展开的【图案填充和渐变色】对话框中有【边界保留】选区，如果勾选【保留边界】选项，则在自动生成填充区域的边界曲线，形成的边界以"面域"或者"多段线"的形式出现，可在【对象类型】列表中定义。

6.12 综合实例——螺杆

通过前面章节的学习，读者掌握了多种绘图工具和部分修改工具的使用方法，下面通过实例巩固学过的内容。

【例 6-11】螺杆实例。

绘制如图 6-80 所示的螺杆，不注尺寸。

设计分析

- 螺杆长度方向的基准选择左端面竖线，高度方向基准选择水平轴线，宽度方向的基准线选取断面图的竖直中心线，如图 6-80 所示。
- 主体图形选择都可通过偏移、修剪完成。
- 右端 M12×1 的螺孔按照表 6-1 所示的尺寸绘制。
- 为方便绘制剖面线，可将波浪线和外螺纹的小径线、内螺纹的大径线设置到尺寸线层，然后隐藏该层，再在细实线层打剖面线。

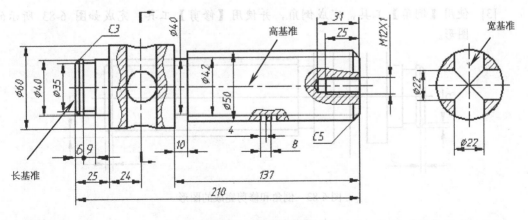

图 6-80　螺杆零件图

表 6-1　螺纹大小径的尺寸

公 称 直 径	大小径距离差
≤M5	0.5
M5<D(d)≤M10	0.7
M10<D(d)≤M20	1
>M20	1.5

设计过程

[1] 使用【直线】工具，结合极轴追踪工具，绘制如图 6-81 所示的基准线。

图 6-81　绘制基准线

[2] 使用【偏移】工具和【修剪】工具，完成如图 6-82 所示的图形。

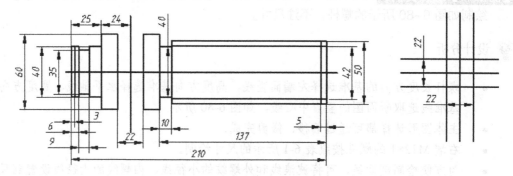

图 6-82　偏移修剪完成的图形

[3] 使用【倒角】工具，完成倒角，并使用【修剪】工具，完成如图 6-83 所示的图形。

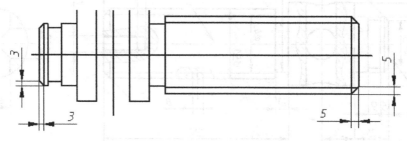

图 6-83　倒角和修剪完成的图形

[4] 使用【圆】工具、【直线】工具和【修剪】工具，完成相贯线和左视图如图 6-84 所示。

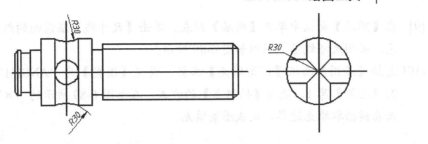

图 6-84　绘制相贯线并修剪图形

[5] 使用【直线】工具、【偏移】工具和【修剪】工具，完成螺纹牙型的绘制如图 6-85 所示。

[6] 设置极轴追踪角为 30°，使用【直线】工具和【修剪】，完成右端螺孔的绘制，如图 6-86 所示。

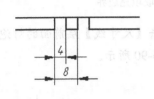

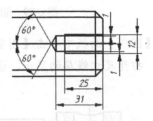

图 6-85　绘制牙型　　　　　　　　　　图 6-86　绘制螺纹孔

[7] 使用夹点编辑方法，修改中心线长度，并将中心线设置到中心线层，螺纹的牙底线设置为尺寸层，图形如图 6-87 所示。

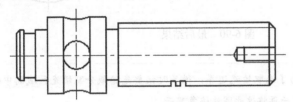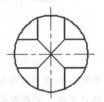

图 6-87　修改对象长度和图层

[8] 将当前图层设置为细实线层，选择【绘图】面板【样条曲线】工具，绘制四条样条曲线，并把多余的图线修剪掉，图形如图 6-88 所示。

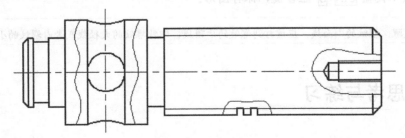

图 6-88　绘制样条曲线

[9] 在【图层】面板中单击【图层】列表，单击【尺寸线】层前面的灯泡使其变为灰色，关闭尺寸线层，图形如图 6-89 所示。

[10] 选择【绘图】面板【图案填充】工具，设置【图案】为"ANSI31"，【角度】为0，【比例】为 1，使用【拾取点】的方式，在如图 6-89 所示的"×"标志位置单击左键拾取填充边界，完成图案填充。

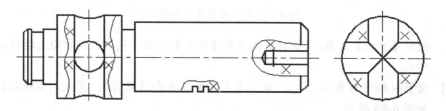

图 6-89   隐藏尺寸线层，拾取填充边界

[11] 在【图层】面板中单击【图层】列表，单击【尺寸线】层前面的灯泡使其变为亮色，打开尺寸线层的显示，最后结果如图 6-90 所示。

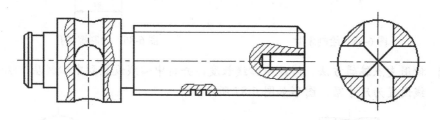

图 6-90   最后结果

📖 提醒：绘制剖面线时，为了选取填充边界，很多时候要先隐藏分割填充区域的中心线和螺纹的牙底线，完成图案填充后再将这些图线恢复显示。

[12] 使用【多段线】工具，使用【例 6-2】的方法绘制剖切符号和箭头，完成的结果如图 6-80 所示。

[13] 按下键盘 Ctrl + S 组合键，保存图形。

📖 提醒：螺纹的剖面线，应该打到螺纹的牙顶线，即外螺纹的大径线或者内螺纹的小径线。

6.13   思考与练习

1. 思考题

（1）如何展开【绘图】面板，并将其固定显示使其不自动折叠？

（2）绘制圆弧的方法有哪几种？各种方式的圆弧参数如何定义？

（3）圆柱正贯时，其相贯方式有几种，相贯线应如何绘制？

（4）【多段线】命令的各选项含义是什么？如何利用多段线绘制圆弧？如何由绘制圆弧模式转换为绘制直线模式？

（5）绘制多边形的形式有哪几种？各如何操作？怎么绘制倾斜的正多边形？

（6）绘制矩形的方法有哪几种？如何使用矩形工具绘制倒角或圆角矩形？如何操作？

（7）绘制椭圆的方法有几种？分别如何使用？

（8）如何绘制椭圆弧？怎么定义其起点角度和终点角度？

（9）如何绘制轴线倾斜的椭圆？

（10）构造线和射线用于绘制何种图形？怎么利用【构造线】命令绘制角平分线、角度线以及平行线？

（11）点的显示样式有哪几种？如何绘制定数等分点和定距等分点？

（12）样条曲线有何应用，怎样绘制样条曲线？

（13）如何选择图案填充的边界？如何设置填充图案？如何设置图案填充的角度和间距？

（14）如何利用已经绘制的剖面图案样式绘制新的剖面线？

（15）绘制剖面线时，使用一次命令如何实现多封闭区域的剖面线相互独立？

2．上机题

（1）使用椭圆工具、矩形工具、多边形工具绘制如图 6-91 所示图形。

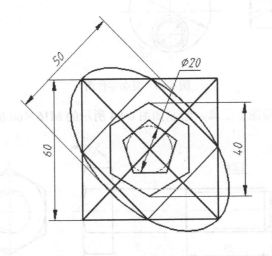

图 6-91　复杂平面图形

（2）使用绘图工具，完成如图 6-92 所示的零件图，不注尺寸。

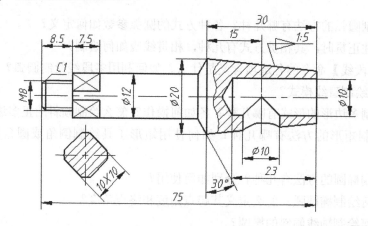

图 6-92　复杂零件图

（3）综合使用【绘图】工具，绘制如图 6-93 所示的零件图，不注尺寸。

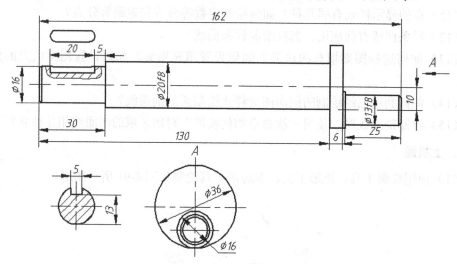

图 6-93　复杂零件图

（4）综合使用【绘图】工具，绘制如图 6-94 所示的 M16×60 的螺栓零件图。

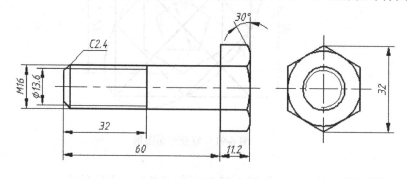

图 6-94　螺栓零件图

（5）综合使用【绘图】工具，绘制如图 6-95 所示的泵体零件图，不注尺寸。

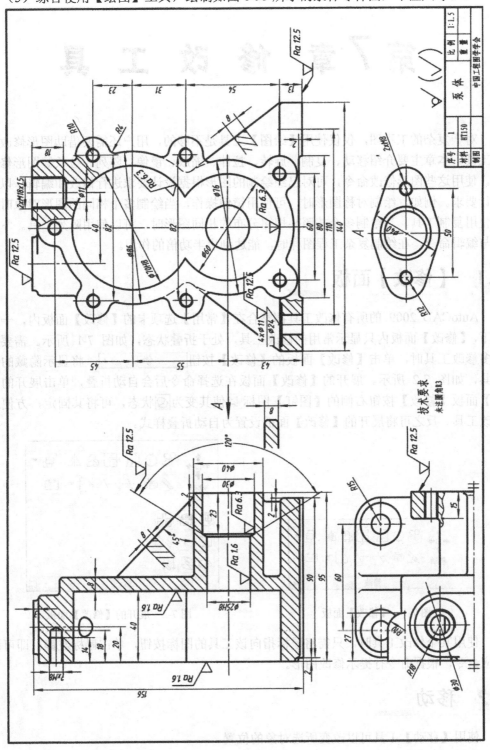

图 6-95　泵体零件图

第7章 修改工具

对于复杂的工程图，仅仅使用【绘图】工具是不够的，用户还需要借助图形修改与编辑工具。本章主要介绍移动、复制、旋转、拉伸、缩放、镜像、阵列、拉长等图形修改命令。使用这些图形修改命令，可对已经绘制的图形根据设计要求进行修改和编辑，以满足设计要求。例如，绘制对称图形时，可使用镜像操作，当绘制多个相同的图形对象时，可以使用复制工具，当绘制多个按照某规律分布的相同图形时，可以使用阵列工具。掌握修改与编辑命令，在绘制复杂工程图样时，能达到事半功倍的作用。

7.1 【修改】面板

AutoCAD 2009 的所有修改工具都整合在【常用】选项卡的【修改】面板内，一般情况下，【修改】面板内只显示常用的修改工具，处于折叠状态，如图 7-1 所示。需要使用更多修改工具时，单击【修改】面板的【修改】按钮 ，将显示隐藏的修改工具，如图 7-2 所示。展开的【修改】面板在选择命令后会自动折叠，单击展开的【修改】面板【修改】按钮右侧的【图钉】图标使其变为状态，可将其固定，方便选取修改工具。反之可将展开的【修改】面板设置为自动折叠样式。

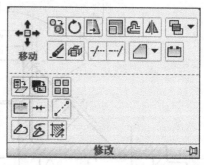

图 7-1　【修改】面板　　　　　　　图 7-2　展开的【修改】面板

使用某个修改工具时，只需将鼠标指向该工具的图标按钮，单击鼠标左键，即可调用相应命令，根据命令行提示修改图形。

7.2 移动

使用【移动】工具可以改变所选对象的位置。

调用【移动】命令的方法有以下几种：

- 工具面板：选择【修改】面板【移动】工具。

- 命令行：在命令行"命令:"提示后输入 move 或者 m，空格或回车确认。

调用【移动】命令后，命令行提示：

> 命令:_move
>
> 选择对象:　　// 选择需要移动的对象，可以单选、窗选或者交叉窗选
>
> 选择对象:　　// 继续选择对象，或空格、回车结束选择
>
> 指定基点或 [位移(D)] <位移>:　　// 指定移动的基点，也可以空格或者回车指定移动的方式为"位移"方式，根据提示直接输入坐标确定对象移动的位移
>
> 指定位移的第二点或 <用第一点作位移>:
>
> 　　// 指定用作位移的目标点（可直接使用自动对象捕捉方式拾取点或者输入相对坐标），或者直接空格指定基点的坐标作为移动的位移

确定对象位移的方法有两种：

- 两点法：用鼠标单击拾取的方法或坐标输入的方法指定基点和第二点，系统会自动计算两点之间的位移，并将其作为所选对象移动的位移。指定第二点坐标时，必须使用相对坐标。

- 位移法：在系统出现 "指定基点或 [位移(D)] <位移>:"提示时，直接空格或回车确定使用默认选项，然后根据"指定位移<100.0000,50.000,0>: "提示，输入坐标作为位移，或者直接空格或回车选择"< >"内的默认项作为位移。也可先指定第一点（即基点），在出现"指定位移的第二点或 <用第一点作位移>:"的提示时，空格或回车，选择"< >"内的默认项，将第一点的坐标值作为对象移动的位移。

> 📖 提示：用位移法移动对象时，作位移的坐标直接使用绝对坐标输入法即可，不必在其前面加"@"符号，可以是直角坐标也可以是极坐标。

【例 7-1】移动实例。

使用【移动】命令，将图 7-3 所示的矩形、圆和椭圆移动至如图 7-4 所示位置。

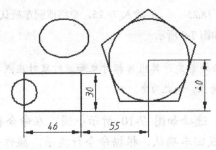 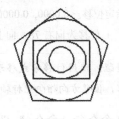

图 7-3　原图形　　　　　　　　　　　图 7-4　移动结果

❓ 设计分析

- 对于椭圆移动，对应点都为圆心，可以利用对象捕捉工具拾取基点和目标点实现

两点移动。

- 对于矩形移动，可由尺寸计算出目标点对基点的位移为"78，25"，可以使用位移法完成。
- 对于小圆移动，采用上述两种方式皆可，本处使用输入坐标的方式确定基点和目标点。

设计过程

[1] 选择【修改】面板【移动】工具 ✛，根据命令行提示，操作如下：

命令: _move

选择对象: 找到 1 个　　　　// 选择如图 7-5 所示的椭圆作为要移动的对象并提示选中

选择对象:　　// 空格或回车完成对象选择，退出选择模式，也可以继续选择对象

指定基点或 [位移(D)] <位移>:　　// 使用自动对象捕捉功能，捕捉到如图 7-6 所示的圆心，单击鼠标左键拾取该点作为移动的基点

指定第二个点或 <用第一个点作位移>:　　// 使用自动对象捕捉功能，捕捉到如图 7-7 所示的圆心，单击鼠标左键拾取该点作为移动的第二点

图 7-5　选择对象　　　　　图 7-6　拾取基点　　　　　图 7-7　拾取第二点

提醒：【移动】命令通常与【对象捕捉】和【对象追踪】共同使用，可以快速、准确地将对象移动到所需位置。

[2] 在命令行"命令:"提示状态下，选择如图 7-8 所示矩形，选择【修改】面板【移动】工具 ✛，根据命令行提示，操作如下：

命令: _move 找到 1 个

指定基点或 [位移(D)] <位移>:　　　　// 空格或回车，直接指定移动的方式为位移方式

指定位移 <0.0000, 0.0000, 0.0000>:　78,25　　// 输入 78,25，空格或回车确认，指定移动的位移为向右 78，向上 25，结果如图 7-9 所示

提醒：使用位移方式移动对象时，必须首先计算出目标对象和源对象对应点之间的相对位移，位移方向指向坐标轴的正方向时为正，反之为负。

[3] 在命令行"命令:"提示状态下，选择如图 7-10 所示小圆，在命令行"命令:"提示符下输入 move 或 m，空格或回车确认，根据命令行提示，操作如下：

　　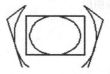　　

图 7-8　选择矩形　　　　　图 7-9　完成矩形移动　　　　　图 7-10　选择小圆

命令: m

MOVE 找到 1 个

指定基点或 [位移(D)] <位移>:　　　// 在图形区任意位置单击鼠标左键拾取基点

指定第二个点或 <用第一个点作位移>: @101,25　　　// 输入@101,25，空格或回车确认，

　　指定第二点相对于基点的位移为向右 101，向上 25，结果如图 7-4 所示

> 📖 提醒：使用位移法移动时，输入的坐标为绝对坐标，使用两点法位移时，指定第二点的坐标时一定是相对坐标

> 📖 提醒：使用各种修改工具时，可以先选择修改工具，再根据提示选择对象，也可以先选择对象，然后选择相应的修改工具。后一种方式是最常用的方式。

7.3 复制

使用【复制】命令可以绘制选中对象的一个或多个副本，并放置到指定的位置。当需要绘制若干个相同图形对象时，用户可以使用【复制】命令来方便、快捷地完成绘图工作，免去大量重复劳动。【复制】命令一般用于相同图形分布没有固定规律的情况。

调用【复制】命令的方法有以下几种：

- 工具面板：选择【修改】面板【复制】工具 ⌗ 。
- 命令行：在命令行 "命令:" 提示后输入 copy 或 co 或 cp，空格或回车确认。

调用【复制】命令后，根据命令行提示操作如下：

命令: _copy　　// 调用【复制】命令

选择对象: 找到 1 个　　// 选取欲复制的对象，并出现选中提示

选择对象:　　// 继续选择对象，或者空格、回车结束选择

当前设置: 复制模式 = 多个　　// 提示当前复制模式

指定基点或 [位移(D)/模式(O)] <位移>:　　// 指定复制的基点，也可以空格或者回车后根据提示直接输入坐标确定复制对象的位移，也可以输入 o，空格或回车根据提示设置 "复制模式"

指定第二个点或 <使用第一个点作为位移>:　　// 指定用作位移的目标点（可直接使用方式捕捉拾取点或者输入相对坐标），或者直接空格指定基点的坐标作为对象的位移

指定第二个点或 [退出(E)/放弃(U)] <退出>:　　// 指定另外的复制目标点，也可直接空格或回车退出命令，还可以输入 u，空格或回车确认，放弃上一次复制

> 📖 提示：复制的模式有两种，即单个和多个，系统默认 "多个" 的复制模式，即使用一次复制命令可完成多个对象的绘制，只需选择多个目标点即可

【例 7-2】复制实例。

使用【复制】命令，利用如图 7-11 所示的图形完成如图 7-12 所示的图形。

🛡 设计分析

- 对于左下角圆，已知圆心的位置，可以使用自动对象捕捉工具，直接拾取两点

复制。

- 对于其余三个圆，即可使用位移方式复制也可使用两点法复制，此处右上角圆使用位移方式复制，左侧两圆使用两点法复制。

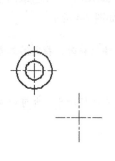

图 7-11　原图形

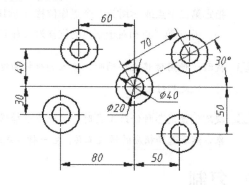

图 7-12　复制结果

设计过程

[1]　选择【修改】面板【复制】工具，根据命令行提示，操作如下：

命令:_ copy　　// 调用【复制】命令

选择对象: 指定对角点:找到 2 个　　// 使用交叉窗口选中如图 7-13 蚂蚁线所示的两个圆作为要复制的对象并提示选中

选择对象:　　// 空格或回车完成对象选择，退出选择模式，也可以继续选择对象

当前设置:　复制模式 = 多个

指定基点或 [位移(D)/模式(O)] <位移>:　　// 使用自动对象捕捉功能，捕捉到如图 7-14 所示的圆心，单击鼠标左键拾取该点作为复制的基点

指定第二个点或 <用第一个点作位移>:　　// 使用自动对象捕捉功能，捕捉到如图 7-15 所示的圆心，单击鼠标左键拾取该点作为复制的第二点

指定第二个点或 [退出(E)/放弃(U)] <退出>:　　// 空格或回车结束复制，退出复制命令，结果如图 7-16 所示

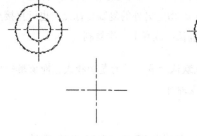

图 7-13　选择对象

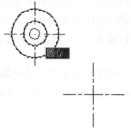

图 7-14　拾取基点

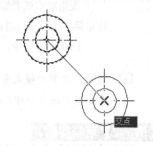

图 7-15　拾取第二点

[2]　在命令行"命令:"提示状态下，选择如图 7-17 所示原始图形，选择【修改】面板【复制】工具，根据命令行提示，操作如下：

命令:_copy 找到 4 个

当前设置: 复制模式 = 多个

指定基点或 [位移(D)/模式(O)] <位移>:

　　// 空格或回车，直接指定复制的方式为位移方式

指定位移 <-60.0000, 40.0000, 0.0000>: 70<30　　// 输入70<30，空格或回车确认，指定移动

　　的位移为向右上方 70，移动方向和 X 轴正方向成 30°角，结果如图 7-18 所示

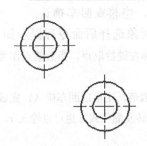
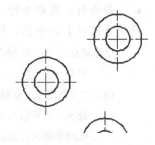

图 7-16　复制出第一个对象　　　　图 7-17　选择对象　　　　图 7-18　复制出第二个对象

📖 提醒: 在提示指定位移时，以相对坐标和绝对坐标方式输入位移，结果是一样的，且使用位移方式复制，每次只能复制出一个图形的备份。

[3]　在命令行"命令:"提示状态下，选择如图 7-19 所示原始图形，在命令行输入 copy 或 co 或 cp，空格或回车确认，根据命令行提示，操作如下:

命令: copy 找到 4 个

当前设置: 复制模式 = 多个

指定基点或 [位移(D)/模式(O)] <位移>:　　　　// 使用自动对象捕捉功能，捕捉到如图 7-20 所

　　示的圆心，单击鼠标左键拾取该点作为复制的基点

指定第二个点或 <使用第一个点作为位移>: @-60,40　　// 输入@-60,40，空格或回车确

　　认，指定第二点相对于基点向左 60，向上 40，结果如图 7-21 所示

指定第二个点或 [退出(E)/放弃(U)] <退出>: @-80,-30　　// 输入@-80,-30，空格或回车确

　　认，指定第二点相对于基点向左 80，向下 30，结果如图 7-12 所示

指定第二个点或 [退出(E)/放弃(U)] <退出>:　　// 空格或回车结束复制，退出复制命令

📖 提醒: 使用两点方式复制图形，选定基点后，可以多次拾取目标点，复制出图形的多个副本，直至空格或回车退出复制命令。

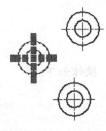
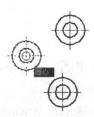
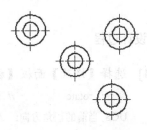

图 7-19　选择对象　　　　图 7-20　捕捉基点　　　　图 7-21　复制出第三个对象

7.4 旋转

利用【旋转】命令可以将对象绕指定的旋转中心旋转一定角度，根据需要可以选择是否复制源对象。

调用【旋转】命令的方法有以下几种：

- 工具面板：选择【修改】面板【旋转】工具 ⟳。
- 命令行：在命令行"命令："提示后输入 rotate 或 ro，空格或回车确认。

调用【旋转】命令后，依据命令行提示选取对象，结束对象选择后命令行提示如下：

> 指定基点： // 输入坐标或者利用对象捕捉工具使用鼠标左键拾取点，指定基点作为旋转中心
>
> 指定旋转角度或 [复制(C)/参照(R)] <0>： // 输入角度数值，空格或回车确认，完成对象旋转，或者输入 c，空格或回车确认，将旋转修改为旋转复制模式，也可以输入 r，空格或回车确认，设置使用参照角度旋转对象

旋转角度的确定有两种方法：直接输入角度和使用参照角度。

- 直接输入角度法：在出现"指定旋转角度或 [复制(C)/参照(R)] <0>："提示时直接输入旋转角度值，空格或回车确认完成对象旋转。正值角度为逆时针旋转，负值角度为顺时针旋转。
- 参照角度法：在指定旋转角度或 [复制(C)/参照(R)] <0>："提示下输入 r，空格或回车确认，选择"参照"选项，可以设置为参照旋转模式。根据系统提示输入参照角和新角度，旋转的角度为新角度和参照角之差。在具体应用时多使用屏幕拾取的方式，而不直接输入参照角。

【例 7-3】旋转实例。

使用【旋转】命令，利用如图 7-22 所示的图形完成如图 7-23 所示的图形。

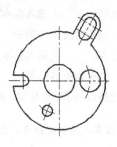

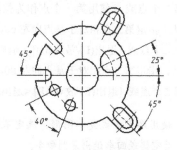

图 7-22 原图形　　　　图 7-23 旋转结果

设计过程

[1] 选择【修改】面板【旋转】工具 ⟳，根据命令行提示，操作如下：

> 命令：_rotate // 调用【旋转】命令
>
> UCS 当前的正角方向：ANGDIR=逆时针　ANGBASE=0
>
> 选择对象：指定对角点：找到 2 个 // 使用交叉窗口选中如图 7-24 蚂蚁线所示的圆和中心线

弧作为要旋转的对象并提示选中

选择对象: // 空格或回车完成对象选择，退出选择模式，也可以继续选择对象

指定基点: // 使用自动对象捕捉功能，捕捉到如图 7-25 所示的圆心，单击鼠标左键拾取
该点作为旋转的基点，即旋转中心

指定旋转角度，或 [复制(C)/参照(R)] <0>: 25 // 输入 25，空格或回车确认，指定旋转角
度为沿逆时针方向 25°，结果如图 7-26 所示

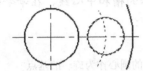
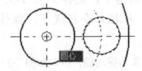
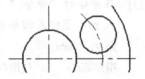

图 7-24　选择对象　　　　图 7-25　拾取旋转中心　　　　图 7-26　完成旋转

[2] 在命令行"命令:"提示状态下，选择如图 7-27 所示中心线，选择【修改】面板
【旋转】工具 ⟳，根据命令行提示，操作如下：

命令: _rotate

指定基点: // 使用自动对象捕捉功能，拾取如图 7-25 所示的圆心作为旋转的基点

指定旋转角度，或 [复制(C)/参照(R)] <25>: c // 输入 c，空格或或回车确认，确定在旋
转的同时复制对象

指定旋转角度，或 [复制(C)/参照(R)] <25>: // 空格或回车，确认< >号内的旋转角度，旋
转出的对象如图 7-28 所示

[3] 使用夹点编辑命令，结合自动对象捕捉功能，将小圆中心线拽短，如图 7-29
所示。

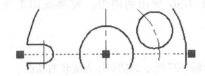
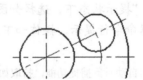
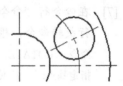

图 7-27　选择对象　　　　图 7-28　旋转复制中心线　　　　图 7-29　缩短中心线

[4] 在命令行"命令:"提示状态下，选择如图 7-30 所示的小圆和其中心线，选择
【修改】面板【旋转】工具 ⟳，根据命令行提示，操作如下：

命令: _rotate

指定基点: // 使用自动对象捕捉功能，拾取如图 7-31 所示的圆心作为旋转的基点

指定旋转角度，或 [复制(C)/参照(R)] <25>: c // 输入 c，空格或回车确认，确定在旋转
的同时复制对象

指定旋转角度，或 [复制(C)/参照(R)] <25>: -40 // 输入-40，空格或回车确认，沿顺时针
旋转 40°，旋转出的对象如图 7-32 所示

📖 提醒：如果沿逆时针方向旋转，角度为正；沿顺时针方向旋转，角度为负。

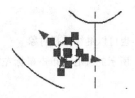

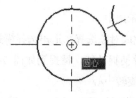

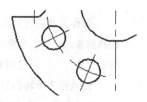

图 7-30 选择对象　　　　　图 7-31 指定旋转中心　　　　　图 7-32 完成旋转复制

[5] 在命令行"命令:"提示状态下，选择如图 7-33 所示的槽和中心线，在命令行输入 ro，空格或回车确认，根据命令行提示，操作如下：

命令: _rotate

指定基点:　　// 使用自动对象捕捉功能，拾取如图 7-31 所示的圆心作为旋转的基点

指定旋转角度，或 [复制(C)/参照(R)] <25>:　c　　　// 输入 c，空格或回车确认，确定在旋转的同时复制对象

指定旋转角度，或 [复制(C)/参照(R)] <25>: -45　　　// 输入-45，空格或回车确认，沿顺时针旋转45°，旋转出的对象如图 7-34 所示

[6] 使用夹点编辑工具和【修剪】工具，完成的槽如图 7-35 所示。

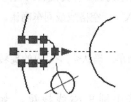

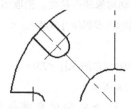

图 7-33 选择对象　　　　　图 7-34 完成旋转　　　　　图 7-35 编辑图形

[7] 在命令行"命令:"提示状态下，选择如图 7-36 所示的图形，空格或回车重复执行旋转命令，根据命令行提示，操作如下：

命令: ROTATE

指定基点:　　// 使用自动对象捕捉功能，拾取如图 7-37 所示的圆心作为旋转的基点

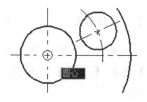

图 7-36 选择对象　　　　　　　　图 7-37 拾取旋转中心

指定旋转角度，或 [复制(C)/参照(R)] <315>:　c
　　// 输入 c，空格或回车确认，确定在旋转的同时复制对象

指定旋转角度，或 [复制(C)/参照(R)] <315>:　r
　　// 输入 r，空格或回车确认，确定在以参照角度的方式旋转对象

指定参照角 <25>:
　　// 使用对象捕捉功能，拾取如图 7-38 所示轴线上的最近点作为参照角度线的第一点

指定第二点：

　　// 鼠标拾取如图7-39所示轴线上的最近点，作为参照角度斜线的第二点，

指定新角度或 [点(P)] <315>：　-45

　　// 输入-45，空格或回车确认，指定新的角度与 X 轴成45°角，且沿顺时针方向旋转，旋转出的对象如图7-40所示

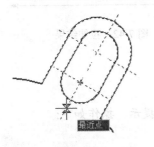
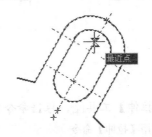
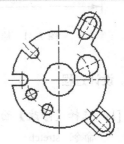

图 7-38　拾取角度线上的点　　　图 7-39　拾取角度线上的点　　　图 7-40　完成参照旋转

[8]　使用【修剪】工具，完成的图形如图7-23所示。

7.5 拉伸

　　使用【拉伸】命令可以将使用交叉窗口选定的部分图形对象进行拉伸，没有选定的图形保持不变。拉伸时，包含在选择窗口内的所有点都可以移动，碰到窗选线的图形进行拉伸，在选择窗口外的点保持不动。

　　调用【拉伸】命令的方法有以下几种：

● 工具面板：选择【修改】面板【拉伸】工具 。

● 命令行：在命令行"命令："提示后输入 stretch 或者 s，空格或回车确认。

　　调用【复制】命令后，命令行提示如下：

命令：_stretch　　// 调用【拉伸】命令

以交叉窗口或交叉多边形选择要拉伸的对象...　　// 提示以交叉窗口选择对象

选择对象：指定对角点：找到 11 个　　// 使用交叉窗口方式选择要拉伸的对象

选择对象：　　// 继续选择对象，也可以空格或回车退出对象选择状态

指定基点或 [位移(D)] <位移>：　　// 指定移动的基点，也可以空格或者回车根据提示直接输入坐标，确定对象拉伸的位移

指定位移的第二点或 <用第一点作位移>：　　// 指定用作位移的目标点（可直接使用捕捉拾取点或者输入相对坐标），或者直接空格指定基点的坐标作为拉伸的位移

📖 提醒：除选择对象的方法不同，【拉伸】工具的操作方法和移动相同。选择对象时，只能使用交叉窗口选择图形对象的要拉伸的部分，当对象全部位于选择窗口内时（即全部选中），此时【拉伸】结果和【移动】相同。应注意圆、文本、图块等对象不能被拉伸。

【例7-4】拉伸实例。

　　使用【拉伸】命令，利用如图7-41所示的图形完成如图7-42所示的图形。

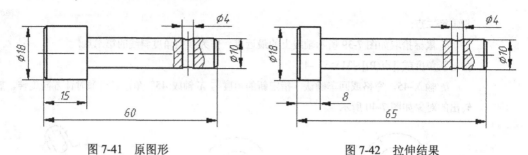

图 7-41　原图形　　　　　　　　　　　　图 7-42　拉伸结果

🐾 设计过程

[1]　选择【修改】面板【拉伸】工具 🔲，根据命令行提示，操作如下：

命令: _stretch　　　　// 调用【拉伸】命令

选择对象: 指定对角点: 找到 12 个　　　// 以交叉窗口选择要拉伸的对象，第一点为 1，另一

　　　角点为 2，如图 7-43 所示

选择对象:　　　// 空格或回车退出对象选择状态

指定基点或 [位移(D)] <位移>:　　　// 空格或回车确认默认选项"位移"，以位移方式拉伸

　　　对象

指定位移 <0.0000, 0.0000, 0.0000>: 7,0　　　// 输入位移，空格或回车，完成拉伸如图 7-44

　　　所示

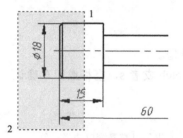

图 7-43　交叉窗口选择对象

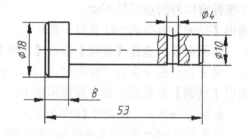

图 7-44　完成拉伸

[2]　在命令行"命令:"状态下，使用交叉窗口选择对象，选取对象时拾取的对角点
　　　分别如图 7-45 中点 3 和点 4 所示。

[3]　选择【修改】面板【拉伸】工具 🔲，根据命令行提示，操作如下：

命令: _stretch　　　　// 调用【拉伸】命令

拉伸由最后一个窗口选定的对象...找到 20 个

指定基点或 [位移(D)] <位移>:

　　　// 在如图 7-46 所示在 5 点位置拾取点作为基点

指定第二个点或 <使用第一个点作为位移>: 12

　　　// 光标移向 5 点的正右方，出现水平向右的极轴追踪线，并出现相应提示，输入 12，空

　　　格或回车确认，图形朝右拉伸，如图 7-42 所示

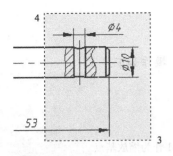

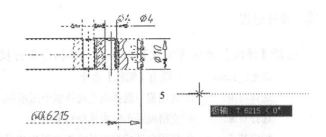

图 7-45　交叉窗口选择对象　　　　　　图 7-46　使用极轴追踪控制拉伸方向

7.6　缩放

使用【缩放】工具可将图形对象按指定比例因子进行放大或缩小。它只改变图形对象的大小而不改变其形状。缩放时，图形对象在 X、Y 方向的缩放比例相同。

调用【缩放】命令的方法有以下几种：

- 工具面板：单击【修改】面板【缩放】工具 🔲。
- 命令行：在命令行"命令:"提示后输入 scale 或者 sc，空格或回车确认。

调用【缩放】命令后，命令行提示如下：

命令:_scale　　// 调用【缩放】命令

选择对象: 找到 1 个　　// 选择对象

选择对象:　　// 继续选择对象，也可以空格或回车结束选择对象状态

指定基点:　　// 指定缩放的基点以确定缩放中心的位置和缩放后图形对象的位置

指定比例因子或 [复制(C)/参照(R)] <1.0000>:

然后根据提示给定比例因子，或者在缩放的同时进行复制，或者进行参照缩放。

7.6.1　比例缩放

在命令行提示"指定比例因子或 [复制(C)/参照(R)] <1.0000>: "时，直接输入比例因子值，即可进行比例缩放。当比例因子大于 1 时，图形放大；小于 1 时，图形缩小。这种方法适用于比例因子已知的情况。

【例 7-5】比例缩放实例。

使用【缩放】命令，将如图 7-47 所示的图形放大到 1.5 倍，完成如图 7-48 所示的图形。

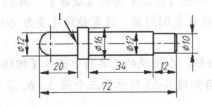

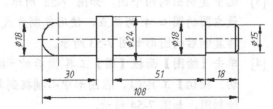

图 7-47　原图形　　　　　　　　　图 7-48　放大到 1.5 倍

设计过程

选择【修改】面板【缩放】工具 ⬜，根据命令行提示，操作如下：

> 命令: _scale　　// 调用【缩放】命令
> 选择对象:　　// 使用窗口选择模式选择整个图形和尺寸
> 选择对象:　　// 空格或回车结束选择对象状态
> 指定基点:　　// 使用自动捕捉工具拾取如图 7-47 所示的 1 作为缩放基点
> 指定比例因子或 [复制(C)/参照(R)]: 1.5　　// 输入 1.5，空格或回车确定，设置缩放的比例为
> 　　1.5，完成缩放，图形和尺寸如图 7-48 所示

如果在命令行提示"指定比例因子或 [复制(C)/参照(R)] <1.0000>: "时，输入 c，空格或回车确认，然后再输入比例因子或进行参照缩放，就会在原有对象仍然存在的情况下，再产生一个新的缩放后的对象。

7.6.2　参照缩放

绘图前，如果用户不知道缩放比例，只知道缩放后的尺寸或缩放前后的尺寸都不知道，可以使用参照缩放使图形对象缩放后与图中某尺寸相同。

【例 7-6】参照缩放实例。

创建如图 7-49 所示的图形。

设计过程

[1] 单击【绘图】面板【圆】工具 ⊙，以任意点为圆心，任意长为半径绘制圆，如图 7-50 所示。

[2] 选中圆，单击【修改】面板【复制】工具 ⬚，以圆的最象限点 1 为基点，分别以各圆的最象限点 2、3 为目标点，复制出两个圆，如图 7-51 所示。

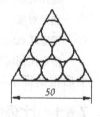

图 7-49　图形

图 7-50　绘制圆

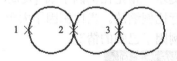

图 7-51　复制出圆

[3] 选中复制出的两个圆，如图 7-52 所示，单击【修改】面板【旋转】工具 ⊙，以最左圆的圆心 4 为基点，使用复制方式旋转复制两圆，设置旋转角度为 60，旋转复制后的图形如图 7-53 所示。

[4] 单击【绘图】面板【圆】工具 ⊙ 后的 ▼ 按钮，在出现的工具箱中选择【相切、相切、相切】工具 ⊙，在图形中心捕捉到与如题 7-53 所示的三个圆 5、6、7 相切绘制圆，如图 7-54 所示。

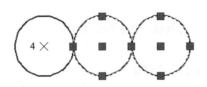

图 7-52　选择对象和基点

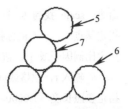

图 7-53　完成旋转复制

[5] 单击【绘图】面板【直线】工具 ，捕捉到最左下角圆的最下象限点 7 为第一
点，最右下角圆的最下象限点 8 为第二点，绘制直线，如图 7-55 所示。

[6] 单击【绘图】面板【直线】工具 ，根据命令行提示，操作如下：

命令: _line 指定第一点:　　// 按住 Shift 键，单击鼠标右键在弹出的快捷菜单选择【切点】
　　选项

_tan 到　　// 移动鼠标到如图 7-55 所示位置，出现相切符号，单击鼠标左键拾取切点

指定下一点或 [放弃(U)]:　　// 按住 Shift 键，单击鼠标右键在弹出的快捷菜单选【切点】
　　选项

_tan 到　　// 移动鼠标到如图 7-56 所示位置，出现相切符号，单击鼠标左键拾取切点

指定下一点或 [放弃(U)]:　　// 空格或回车退出命令，完成的切线如图 7-57 所示

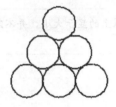
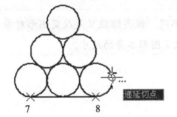
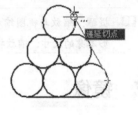

图 7-54　绘制三点相切圆　　　图 7-55　绘制水平线　　　图 7-56　捕捉切点

[7] 按照步骤[6]完成左侧切线，如图 7-58 所示。

[8] 单击【修改】面板【圆角】工具 ，按住按住 Shift 键，在图 7-59 中"×"所
示位置选择两直线，完成尖角如图 7-60 所示。

[9] 单击【修改】面板【圆角】工具 ，按照步骤[8]的方法完成其余两个尖角，如
图 7-61 所示。

[10] 在命令行"命令:"提示状态下，用窗口选择方式选中全部图形，单击【修改】
面板【缩放】工具 ，根据命令行提示，操作如下：

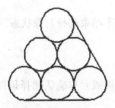
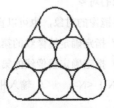
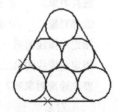

图 7-57　完成切线绘制　　　图 7-58　绘制左侧切线　　　图 7-59　选择倒尖角位置

命令: _scale 找到 9 个

指定基点:　　// 鼠标拾取图形左下角顶点 9 为基点，如图 7-62 所示

指定比例因子或 [复制(C)/参照(R)]: r

　　// 输入 r，空格或回车确认，指定使用参照方式缩放

指定参照长度 <1.0000>:

　　// 鼠标拾取图形左下角顶点 9 为参照长度的第一点，如图 7-62 所示

指定第二点:　　// 鼠标拾取图形右下角顶点 10 为参照长度的第二点，如图 7-62 所示

指定新的长度或 [点(P)] <1.0000>:　50　　　　// 输入 50，空格或回车确认，指定目标长度为
　　50，完成参照缩放

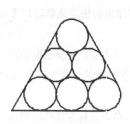
图 7-60　完成尖角

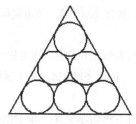
图 7-61　完成其余尖角

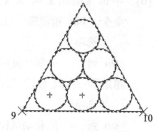
图 7-62　选中图形

📖　提醒：缩放与视图缩放不同。视图缩放只是改变图形对象在屏幕上的显示大小，并不改变图形本身的尺寸；缩放将改变图形本身的尺寸。

7.7　镜像

使用【镜像】工具，可将选定的图形对象以由给定两点确定的直线（镜像线）对称复制图形对象。【镜像】命令用于对称图形或者基本对称的图形，使用该命令可以极大提高工作效率。

调用【镜像】命令的方法有以下几种：

- 工具面板：选择【修改】面板【镜像】工具 ⚐。
- 命令行：在命令行"命令:"提示后输入 mirror 或者 mi，空格或回车确认。

执行上述命令后，命令行提示如下：

命令: _mirror　　// 调用镜像命令

选择对象:　　// 选择要镜像的对象

选择对象:　　// 继续选择要镜像的对象，也可以直接空格或回车结束选择对象状态

指定镜像线的第一点:　　// 指定确定镜像线的第一个点

指定镜像线的第二点:　　// 指定确定镜像线的第二个点

要删除源对象吗？[是(Y)/否(N)] <N>:　　// 输入相应选项，空格或回车确认选择是否删除源对象

在 AutoCAD 2009 中，可以通过系统变量 Mirrtext 的值，来控制文本镜像的效果。当该变量的值取 0 时，文本对象镜像后效果为正，可识读，这是系统默认的设置；当该变量

的值取 1 时，文本对象参与镜像，即镜像效果为反。如图 7-63 所示的图形，选择中心线左侧的图形为镜像对象，拾取"×"所示位置处的两点作为确定镜像线的两点，Mirrtext 的值不同时，镜像的结果如图 7-64 和图 7-65 所示。

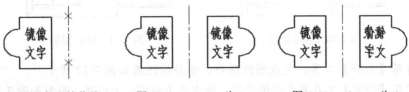

图 7-63　选择对象和镜像线　　　图 7-64　mirrtext 为 0　　　图 7-65　mirrtext 为 1

【例 7-7】镜像实例。

利用图 7-66 所示给定的图形，创建如图 7-67 所示的阀体。

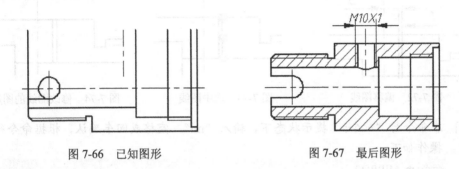

图 7-66　已知图形　　　　　　　　　　图 7-67　最后图形

设计过程

[1] 在命令行"命令:"提示状态下，使用窗口方式选择如图所示的图线，使用窗口选择图线时，拾取点的顺序是 1 点和 2 点，如图 7-68 所示，选中的图形如图 7-69 所示。

[2] 选择【修改】面板【镜像】工具 ，根据命令行提示，操作如下：

> 命令:_mirror 找到 12 个
>
> 指定镜像线的第一点：
>
> 　　// 利用自动对象捕捉工具拾取图 7-69 所示的"×"3 位置，作为镜像线的第一个点
>
> 指定镜像线的第二点：
>
> 　　// 利用自动对象捕捉工具拾取图 7-68 所示的"×"4 位置，作为镜像线的第二个点
>
> 要删除源对象吗？[是(Y)/否(N)] <N>:　　　// 空格或回车，使用< >内的选项，使用不删除源
>
> 　　对象的方式镜像图像，如图 7-70 所示

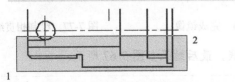
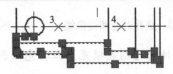

图 7-68　窗选图形　　　　　　　　　　图 7-69　选中的图线

[3] 使用【修剪】工具完成的图形如图 7-71 所示。

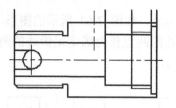
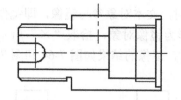

图 7-70　完成镜像　　　　　　　　　　　　图 7-71　修剪图形

[4]　选择【偏移】工具，完成图线偏移，偏移的距离如图 7-72 所示。

[5]　使用【修剪】工具完成图像修剪，选中其中的螺纹大径线，图形如图 7-73 所示。

[6]　将选中的图线，修改为细实线层，按下键盘 Esc 键取消图线选择，图形如图 7-74 所示。

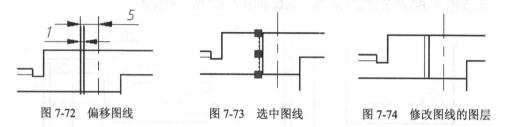

图 7-72　偏移图线　　　　　　　图 7-73　选中图线　　　　　　　图 7-74　修改图线的图层

[7]　在命令行"命令:"提示状态下，输入"mi"，空格或回车确认，根据命令行提示操作如下：

命令: mi MIRROR

选择对象: 指定对角点: 找到 2 个　　　// 选中如图 7-75 所示的两条图线

选择对象:　　　　　　// 空格或回车结束选取对象状态

指定镜像线的第一点:

　　// 利用自动对象捕捉工具拾取图 7-75 所示的"×" 5 位置，作为镜像线的第一个点

指定镜像线的第二点:

　　// 利用自动对象捕捉工具拾取图 7-75 所示的"×" 6 位置，作为镜像线的第二个点

要删除源对象吗? [是(Y)/否(N)] <N>:　　　　// 空格或回车，使用< >内的选项，使用不删

　　　　除源对象的方式镜像图像，如图 7-76 所示

[8]　使用【圆】工具和【修剪】工具完成如图 7-77 所示的相贯线。

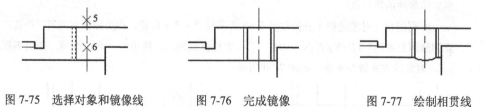

图 7-75　选择对象和镜像线　　　　　图 7-76　完成镜像　　　　　图 7-77　绘制相贯线

[9]　使用【图案填充】工具完成剖面线，最后结果如图 7-67 所示。

　📖　提醒：绘图过程中，有些时候如果使用镜像工具完成垂直于镜像线的直线镜像时会使本来只有一条直线改变为由两半条线组成的情况，此时尽量将垂直于镜像线的直线画得长一些，不镜像此直线，镜像完成后再修剪或延伸该直线满足设计意图。

7.8 分解

使用矩形、多边形、多段线以及块工具创建的对象是一个整体，如果需要修改里面的单条图线，可以使用【分解】命令将其分解为若干多个对象再进行编辑操作。

调用【分解】命令的方法有以下几种：

- 工具面板：单击【修改】面板【分解】工具 。
- 命令行：在命令行"命令:"提示后输入 explode 或者 x，空格或回车确认。

调用【分解】命令后，根据提示，选择要分解的对象即可完成分解。例如，对【多边形】命令绘制的一个正五边形，执行【分解】命令后，矩形由原来的一个整体对象分解为五条直线对象。

7.9 阵列

使用【阵列】工具，可以方便地绘制按照一定规律分布的相同图形，如法兰上的均布孔和肋板，棘轮和齿轮的轮齿等。

调用【阵列】工具的方法有以下几种：

- 工具面板：单击【修改】面板的【修改】按钮 修改 ◢ ，将显示展开的【修改】面板，在其中选择【阵列】工具 。
- 命令行：在命令行"命令:"提示后输入 arrray 或者 ar，空格或回车确认。

调用【阵列】命令后，弹出如图 7-78 所示的【阵列】对话框。根据图形的分布规律不同，阵列分为【矩形阵列】和【环形阵列】两种。

7.9.1 矩形阵列

在【阵列】对话框中选择【矩形阵列】单选框，如图 7-78 所示。

在【行数】编辑框输入阵列的行数，即竖直方向的对象数目；在【列数】编辑框输入阵列的列数，即水平方向的对象数目。

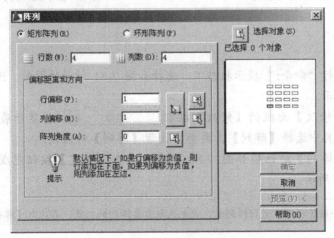

图 7-78 【阵列】对话框

【偏移距离和方向】选区用以设置行间距、列间距和阵列的旋转角度。对这些选项进行设置的方法有三种：

- 在相应编辑框中分别输入行偏移（行间距）、列偏移（列间距）和阵列角度（阵列的旋转角度）进行设置。
- 单击对应选项后的【拾取】按钮，使用鼠标在图形区拾取点进行设置。
- 单击【拾取两个偏移】按钮，使用鼠标在图形区拾取矩形的两个角点，矩形的长度将作为列间距，矩形的宽度将作为行间距。

单击【选择对象】按钮，【阵列】对话框暂时消失，此时可根据提示选择需要阵列的对象，对象选择结束时，只需空格或回车或者单击鼠标右键，【阵列】对话框重新出现，然后单击【确定】按钮完成矩形阵列。此时也可以单击【预览】按钮，在绘图区会出现阵列效果预览，如果满意单击鼠标右键即可完成阵列操作；如果不满意，在绘图区单击鼠标左键或按键盘 Esc 键可返回【阵列】对话框重新进行设置。

📖 提醒：在阵列对话框选区的下方有对偏移距离正负的规定，即当行偏移为正值时，往上偏移；当列偏移的值为正值时，往右偏移。行偏移为负时，将行添加在下面，列偏移为负时，将列添加在左边。

【例 7-8】矩形阵列实例。

利用图 7-79 所示给定的图形，创建如图 7-80 所示的图形。

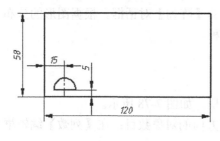

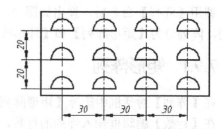

图 7-79　原图形　　　　　　　　　　　图 7-80　阵列后

🎯 **设计过程**

[1] 在命令行"命令:"提示状态下，选择如图 7-81 所示的图形，选中的图线以夹点方式显示。

[2] 单击【修改】面板的【修改】按钮 修改 ▲，将显示展开的【修改】面板，在其中选择【阵列】工具，出现【阵列】对话框。

[3] 设置【阵列】对话框如图 7-82 所示，单击【确定】按钮完成阵列，即结果如图 7-80 所示。

📖 提醒：一般情况下，进行阵列时，首先选取需要阵列的对象，再选取【阵列】工具。

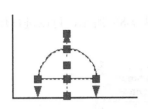

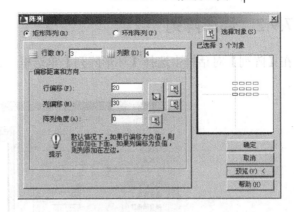

图 7-81　选中图形 　　　　　　　　图 7-82　设置【阵列】对话框

【例 7-9】 矩形阵列实例。

利用如图 7-83 所示的图形，创建如图 7-84 所示的图形。

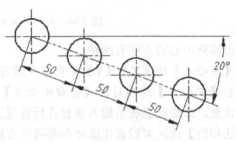

图 7-83　原图形 　　　　　　　　图 7-84　完成的阵列

🐾 **设计过程**

[1]　在命令行"命令:"提示状态下，选择如图 7-83 所示的图形，选中的图线以夹点
　　　方式显示。

[2]　单击【修改】面板的【修改】按钮 ▭　修改　◢，将显示展开的【修改】面
　　　板，在其中选择【阵列】工具 ⊞，出现【阵列】对话框。

[3]　设置【阵列】对话框如图 7-85 所示，单击【确定】按钮完成阵列，即结果如
　　　图 7-84 所示。

图 7-85　设置【阵列】对话框

7.9.2 环形阵列

在【阵列】对话框中选择【环形阵列】单选框，如图 7-86 所示，可以进行环形阵列操作。

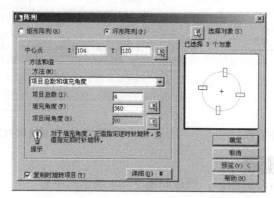

图 7-86　环形阵列对话框

确定环形阵列中心的方法有两种：

- 在【中心点】的【X】、【Y】编辑框中填写环形阵列中心点的 X、Y 坐标。
- 单击【中心点】选项后的【拾取中心点】按钮 ，使用鼠标在图形区拾取点进行设置，或者根据提示输入坐标进行设置。

在【方法和值】选区来设置生成环形阵列的方法。各选项含义及设置方法如下：

- 【方法】列表：单击该列表，可以从中选择阵列的方法，有"项目总数和填充角度"、"项目总数和项目间的角度"、"填充角度和项目间的角度"三个选项。选择其中一个选项后，该选区下方的相应编辑框亮显，可以设置环形阵列的复制个数和阵列范围。
- 【项目总数】编辑框：在编辑框输入数值，定义阵列出的实例数目。
- 【填充角度】编辑框：在编辑框输入数值，确定阵列的总角度；或者单击其后的【拾取要填充的角度】按钮 ，通过在图形区拾取点，以阵列中心点和该点连线的角度值作为阵列的角度。
- 【项目间角度】编辑框：在编辑框输入数值，确定阵列相邻实例的夹角；或者单击其后的【拾取项目间角度】按钮 ，通过在图形区拾取点，以阵列中心点和该点连线的角度值作为阵列相邻实例的夹角。
- 【复制时旋转项目】复选框：勾选此复选框，在生成阵列实例时，对象随阵列一起旋转，否则阵列出的实例不进行旋转，效果对比如图 7-87 所示。一般选中【复制时旋转项目】复选框。

单击【详细】按钮，可以打开详细选项，出现【对象基点】选区，用于设置环形阵列对象的基点，一般不对此项进行设置，使用默认值即可。

在【方法和值】选区的下方有对填充角度正负值含义的规定：正值为逆时针旋转，负值为顺时针旋转。

选择对象、进行预览和完成阵列的方法和矩形阵列相同，不再赘述。

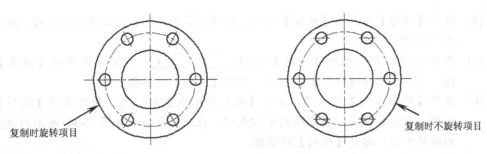

复制时旋转项目　　　　　　　　　　　　　　复制时不旋转项目

图 7-87　复制时是否旋转项目的效果对比

【例 7-10】环形阵列实例。

利用图 7-88 所示给定的图形，创建如图 7-89 所示的图形。

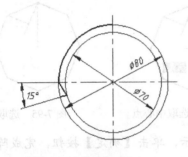

图 7-88　给定图形

图 7-89　图形结果

🛡 **设计分析**

● 　外圈图形可以使用环形阵列完成，阵列的方式是填充角度和项目间的角度。

● 　内部图形可先画出边长 20 的正八边形，然后旋转 22.5°，成为图中形式。

● 　绘制出几条对角线，通过修剪画出其中一部分，再进行阵列完成图形。

🖌 **设计过程**

[1]　选择【绘图】面板【正多边形】工具⬠，使用边长方式绘制如图 7-90 所示的正
　　八边形。

[2]　选择【修改】面板【旋转】工具🔄，将画出的正八边形旋转 22.5°，如图 7-91
　　所示。

[3]　选择【绘图】面板【直线】工具◢，使用自动对象捕捉方式绘制出正八边形的
　　几条对角线，如图 7-92 所示。

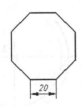

图 7-90　正八边形　　　　图 7-91　旋转 22.5°　　　图 7-92　绘制对角线

[4] 选择【修剪】工具和【删除】工具，修剪掉多余的图线出头及部分图线，结果如图 7-93 所示。

[5] 单击【修改】面板的【修改】按钮 ▇ 修改 ◢ ，将显示展开的【修改】面板，在其中选择【阵列】工具🔠，出现【阵列】对话框。

[6] 选择【环形阵列】单选项，单击【拾取中心点】按钮🖳，暂时关闭【阵列】对话框，命令行提示"指定阵列中心点:"，在图形区拾取如图 7-94 所示的端点作为旋转中心，回到【阵列】对话框。

[7] 单击【选择对象】按钮🖳，暂时关闭【阵列】对话框，命令行提示"选择对象:"，选择如图 7-95 中蚂蚁线图线作为阵列的对象，空格或回车退出对象选取状态，回到【阵列】对话框。

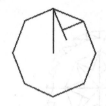

图 7-93 修剪完成的图形   图 7-94 选取中心点   图 7-95 选取对象

[8] 设置【阵列】对话框如图 7-96 所示，单击【确定】按钮，完成阵列，结果如图 7-97 所示。

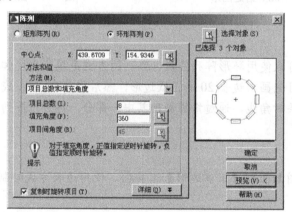

图 7-96 设置阵列对话框

[9] 在命令行"命令:"状态下，选择如图 7-98 蚂蚁线所示的图形，选择【移动】工具，选择 1 点作为基点，选择如图 7-99 中 2 点作为目标点，完成图形移动，结果如图 7-100 所示。

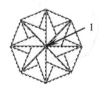
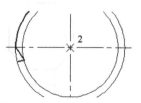

图 7-97 完成阵列   图 7-98 选择对象   图 7-99 选取目标点

[10] 在命令行 "命令:" 状态下，选择如图 7-101 所示的图线，单击【修改】面板的【修改】按钮 修改 ，将显示展开的【修改】面板，在其中选择【阵列】工具 ，出现【阵列】对话框。

[11] 选择【环形阵列】单选项，单击【拾取中心点】按钮 ，暂时关闭【阵列】对话框，命令行提示 "指定阵列中心点:"，在图形区拾取如图 7-101 所示的 3 点作为旋转中心，回到【阵列】对话框。

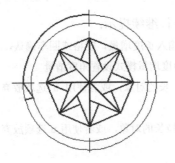

图 7-100　完成图形移动　　　　图 7-101　选择对象和中心点

[12] 设置【阵列】对话框如图 7-102 所示，单击【确定】按钮，完成阵列，结果如图 7-89 所示。

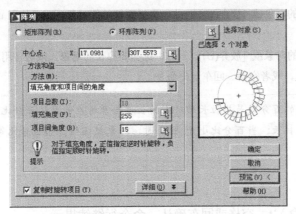

图 7-102　设置【阵列】对话框

7.10 拉长

使用【拉长】命令，可以改变直线的长度和圆弧的长度及圆心角。

调用【拉长】命令的方法有以下几种：

- 工具面板：单击【修改】面板的【修改】按钮 修改 ，将显示展开的【修改】面板，在其中选择【拉长】工具 。
- 命令行：在命令行 "命令:" 提示后输入 lengthen 或者 len，空格或回车确认。

调用【拉长】命令后，命令行提示：

命令:_lengthen　　　// 调用【拉长】命令

> 选择对象或 [增量(DE)/百分数(P)/全部(T)/动态(DY)]:   // 在直线或圆弧，或者使用[ ]内
>   的选项设定拉长长度的计算方法

使用【拉长】工具时，需要先设置拉长长度的计算方法，然后根据提示设定拉长长度后，再选择拉长的直线或圆弧，选择时，需要在靠近需要拉长的端点处点选对象。

确定拉长长度的计算方法有四种，下面分别介绍。

1. 增量

在上述提示下输入 de，空格或回车确认，命令行继续提示：

> 输入长度增量或 [角度(A)] <50.0000>:   // 输入长度增量，空格或回车确认，当拉长的对
>   象是圆弧时，也可以使用 a 选项，改变为角度增量模式设置角度增量
> 选择要修改的对象或 [放弃(U)]:   // 选择要拉长的对象，或者使用 u 选项放弃最近一次拉
>   长操作
> 选择要修改的对象或 [放弃(U)]:   // 选择要拉长的对象，或者使用 u 选项放弃最近一次拉
>   长操作，或者空格、回车退出命令

2. 百分数

在上述提示下输入 p，空格或回车确认，命令行继续提示：

> 输入长度百分数 <100.0000>:   // 输入百分数值，空格或回车确认
> 选择要修改的对象或 [放弃(U)]:   // 选择要拉长的对象，或者使用 u 选项放弃最近一次拉长
>   操作
> 选择要修改的对象或 [放弃(U)]:   // 选择要拉长的对象，或者使用 u 选项放弃最近一次拉
>   长操作，或者空格、回车退出命令

> 📖 提示：输入的百分数是指拉长后对象的长度与源对象长度的百分比值。当百分比大于 100
> 时，对象被拉长；当百分比小于 100 时，对象被缩短；当百分比等于 100 时，对象长度
> 不变。

3. 全部

在上述提示下输入 t，空格或回车确认，命令行继续提示：

> 指定总长度或 [角度(A)] <100.0000>:   // 输入拉长后的总长度，空格或回车确认指定对象
>   拉伸后的总长，对于圆弧，也可输入 a，改变为角度模式，设定圆弧拉长后的总圆心角
> 选择要修改的对象或 [放弃(U)]:   // 选择要拉长的对象，或者使用 u 选项放弃最近一次拉长
>   操作
> 选择要修改的对象或 [放弃(U)]:   // 选择要拉长的对象，或者使用 u 选项放弃最近一次拉
>   长操作，或者空格、回车退出命令

4. 动态

在上述提示下输入 dy，空格或回车确认，命令行直接提示：

> 选择要修改的对象或 [放弃(U)]:   // 选择要拉长的对象，或者使用 u 选项放弃最近一次拉
>   长操作

指定新端点: // 用鼠标指定对象新端点的位置，以改变拉长的长度或角度

选择要修改的对象或 [放弃(U)]: // 选择要拉长的对象，或者使用 u 选项放弃最近一次拉长操作，或者空格、回车退出命令

📖 提示：角度选项只对圆弧起作用。

【例 7-11】拉长实例。

利用图 7-103 所示给定的图形，创建如图 7-104 所示的图形，其中中心线出头为 3mm。

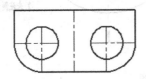

图 7-103　原图形

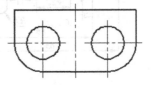

图 7-104　拉长后

♞ 设计过程

选择【绘图】面板【拉长】工具，根据命令行提示操作如下：

命令：_lengthen

选择对象或 [增量(DE)/百分数(P)/全部(T)/动态(DY)]: de // 输入 de，空格或回车确认，设置为增量拉长模式

输入长度增量或 [角度(A)] <0.0000>: 3 // 输入 3，空格或回车确认，指定拉长的增量为 3

选择要修改的对象或 [放弃(U)]: // 分别在如图 7-105 所示的"×"标志处选择对象

选择要修改的对象或 [放弃(U)]: //空格或回车退出命令，完成后的图形如图 7-104 所示

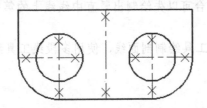

图 7-105　选择拉长的对象

7.11 综合实例——阀体零件

修改工具是除了绘图工具以外最重要的工具，通过使用复制、镜像、阵列等工具，修改已经绘制的图形，可以使绘图的过程更简单、更快捷，设计的过程不再冗长乏味，达到事半功倍的效果。下面通过实例巩固修改工具的妙用。

【例 7-12】综合实例。

绘制如图 7-106 所示的阀体零件图。

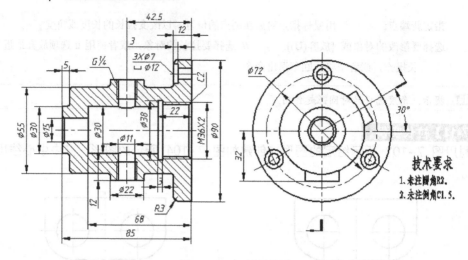

图 7-106　阀体零件图

设计分析

- 该零件主视图上下基本对称，其高度方向的基准线为对称中心线，长度方向的基准为右端面，绘图时，先画一半，然后使用【镜像】工具完成图形，其中的螺纹大小半径差可查第 6 章表 6-1，知道 M36×2 的螺纹大小径半径差为 1.5。

- 主视图中 G1/4 的螺纹局部关于其小轴线对称，可以先画一半，使用镜像工具完成，3×Φ7 的孔局部也可先画一半，使用镜像工具完成。通过查表，确定 G1/4 螺纹的大径尺寸为 13.157（可按照 13 绘制），小径尺寸为 11.445（一般按照孔径绘制，此处绘制为 11）。

- 左视图中 3×Φ7 的小圆孔，可以先绘制水平中心线上的第一个，然后使用阵列工具完成，Φ22 的凸台可以先绘制出竖直中线线上的第一个，然后使用旋转复制或阵列工具完成。

- 最后使用图案填充工具绘制剖面线，使用多段线工具绘制剖切符号和箭头。

设计过程

[1] 将图层设置为粗实线层，使用【直线】工具、【圆】工具和【偏移】工具及夹点编辑工具，绘制出基准线，如图 7-107 所示。

> 提醒：因为组成图形的大多数图线都是粗实线，所有绘图时，一般先在粗实线层绘制所有图线，最后再将相应线型的图线修改到相应的图层。

[2] 使用【偏移】工具、【修剪】工具和【圆角】工具，按照尺寸完成图形如图 7-108 所示，其中未标注的圆角尺寸为 R2，未注倒角的尺寸为 C1.5。

[3] 将内螺纹的大径线设置到尺寸线层，如图 7-109 所示。

> 提醒：为了打剖面线方便起见，最好将剖面线和螺纹的底径线、波浪线放置在不同图层。

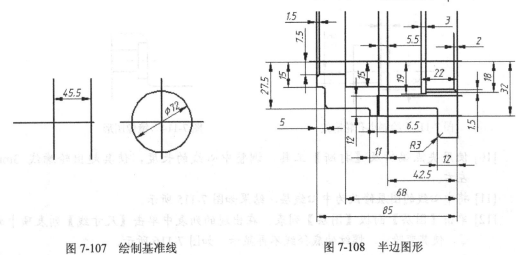

图 7-107 绘制基准线   图 7-108 半边图形

[4] 使用【镜像】工具，选择如图 7-109 中蚂蚁线作为镜像的对象，选取"×"标记位置处的两点作为镜像线的两点，完成图形镜像。

[5] 使用【修剪】工具，修剪掉多余的图线，并绘制相贯线（方法见【例 6-1】），图形如图 7-110 所示。

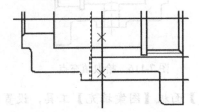

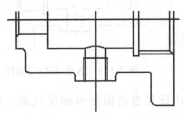

图 7-109 选择对象和镜像线   图 7-110 完成部分镜像

[6] 使用镜像工具，选择如图 7-111 中蚂蚁线作为镜像的对象，选取"×"标记位置处的两点作为镜像线的两点，完成图像镜像。

[7] 使用【修剪】工具，修剪掉多余的图线，图形如图 7-112 所示。

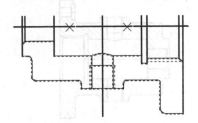

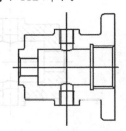

图 7-111 选择对象和镜像线   图 7-112 完成镜像

[8] 综合使用【偏移】工具、【修剪】工具和夹点编辑工具，完成底板上的一半小孔，尺寸如图 7-113 所示。

[9] 使用【镜像】工具镜像小孔轮廓线，使夹点编辑工具调整中心线的长度，并将其修改为中心线层，结果如图 7-114 所示。

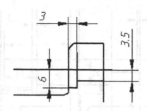

图 7-113　绘制小孔轮廓线

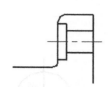

图 7-114　镜像图形

[10] 使用夹点编辑及【打断】工具，调整中心线的长度，使其超出轮廓线 3mm 左右。

[11] 将中心线的图层修改为中心线层，结果如图 7-115 所示。

[12] 单击【图层】面板【图层】列表，在出现的列表中单击【尺寸线】列表项中的 💡，使其变暗💡，螺纹的底径线不再显示，如图 7-116 所示。

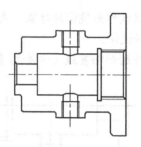

图 7-115　改变中心线属性

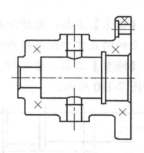

图 7-116　拾取填充点

[13] 设置当前图层为细实线层，选择【绘图】面板【图案填充】工具，设置图案为 "ANSI31"，拾取图 7-116 中 "×" 标记位置的点进行图案填充，结果如图 7-117 所示。

[14] 单击【图层】面板【图层】列表，在出现的列表中单击【尺寸线】列表项中的 💡，使其变亮💡，显示螺纹的底径线，结果如图 7-118 所示。

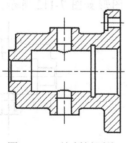

图 7-117　绘制剖面线

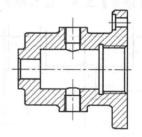

图 7-118　显示螺纹底径线

[15] 将当前图层设置为粗实线层，在左视图中使用【圆】工具、【直线】工具和【修剪】工具，绘制并编辑图形如图 7-119 所示。

[16] 将中心线修改到中心线层，结果如图 7-120 所示。

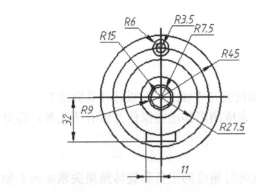

图7-119　绘制并编辑图形

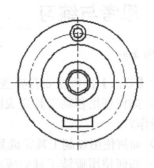

图7-120　改变图线图层

[17] 选择【修改】面变【阵列】工具 ，以图7-121中"×"标记的点为基点，选中蚂蚁线所示图形为对象，使用【项目总数和填充角度】方式，设置【项目总数】为3，【填充角度】为360，完成阵列如图7-122所示。

[18] 使用夹点编辑工具，调整中心线的长度，使其超出轮廓线3mm左右，如图7-123所示。

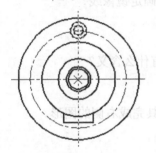

图7-121　设置阵列基点和对象

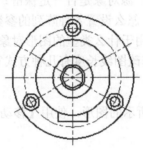

图7-122　完成阵列

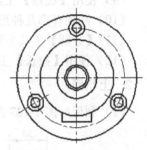

图7-123　修整中心线

[19] 选择【修改】面变【旋转】工具 ，以图7-124中"×"标记的点为基点，选中蚂蚁线所示图形为对象，使用复制方式旋转对象，设置旋转角度为120，完成的图形如图7-125所示。

[20] 使用夹点编辑工具，调整中心线的长度，使其超出轮廓线3mm左右，如图7-126所示。

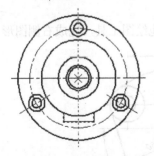

图7-124　设置旋转基点和对象

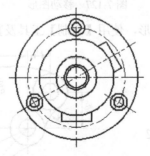

图7-125　完成旋转

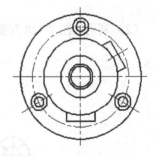

图7-126　修整中心线

[21] 使用【多段线】工具，根据第6章【例6-2】的方法，绘制出剖面符号，注意绘图过程中使用极轴追踪工具，且设置极轴追踪角为30°，最后结果如图7-106所示。

7.12 思考与练习

1. 思考题

（1）【修改】面板主要有哪些修改工具？如何展开【修改】面板并使其固定？

（2）如何使用移动工具完成图形的移动？完成图形移动的操作方法有哪几种，应分别如何操作？

（3）如何使用复制工具完成复制？

（4）如何使用旋转工具完成图形旋转？旋转时角度的正负和旋转结果关系如何？如何使用参照方式旋转图形？

（5）如何使用旋转工具完成旋转复制？

（6）使用拉伸工具时，应采用什么方式选择对象？如果选择全部图形进行拉伸，其结果如何？

（7）对于完全选中的图线和部分选中的图线，将执行何种操作？

（8）如何使用比例缩放和参照缩放完成图形的缩放？

（9）使用【镜像】工具时，源对象是否一定保留？如何确定镜像线？

（10）阵列有哪几种形式？怎么设置各种阵列的参数？

（11）【分解】工具主要应用于什么类型的图形对象？

（12）使用【拉长】工具修改图线长度有几种方式？各有什么含义？

2. 上机题

（1）利用如图 7-127 左侧所示的图形，使用【移动】工具完成右侧的图形。

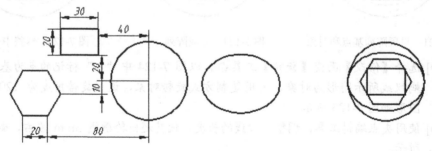

图 7-127　移动图形

（2）利用如图 7-128 左侧图形，使用【复制】工具及其他绘图工具，完成右侧图形。

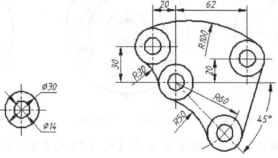

图 7-128　复制图形

（3）利用如图 7-129 左侧图形，使用【拉伸】工具，完成右侧图形。

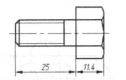 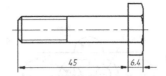

图 7-129　拉伸图形

（4）利用如图 7-130 左侧图形，使用【旋转】工具及其他绘图工具，完成右侧图形。

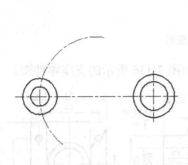 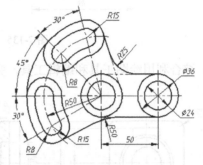

图 7-130　旋转图形

（5）使用【缩放】工具，完成如图 7-131 所示的图形。

（6）使用【阵列】工具，完成如图 7-132 所示的图形。

 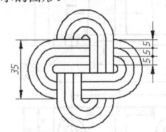

图 7-131　缩放图形　　　　　　　　　图 7-132　阵列

（7）使用【阵列】工具，完成如图 7-133 所示的环形阵列。

（8）使用【阵列】工具，完成如图 7-134 所示的矩形阵列。

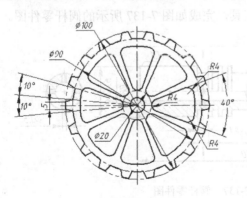 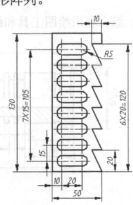

图 7-133　环形阵列　　　　　　　　　图 7-134　矩形阵列

（9）利用如图 7-135 所示的左侧图形，使用【拉长】工具，完成右侧图形，使中心线出头 3mm。

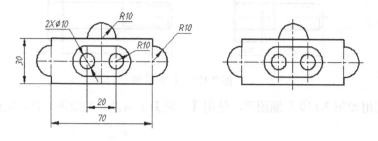

图 7-135　拉长图形

（10）综合利用绘图工具和编辑工具，完成如图 7-136 所示的支座零件图。

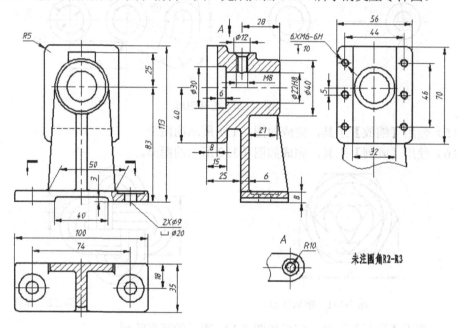

图 7-136　支座零件图

（10）综合利用绘图工具和编辑工具，完成如图 7-137 所示的阀杆零件图。

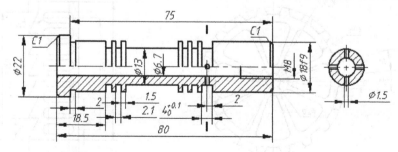

图 7-137　阀杆零件图

第8章 文字和表格

绘制好表达零部件的结构和形状的图形后，只能说完成了工程图的一半。绘图结束后，还需要填写标题栏，注写技术要求，对于装配图，还需要填写名细表，并给图形标注尺寸。本章主要讲授文字样式的设置及注写文字的方法、表格样式的设置和插入表格的方法。通过本章学习，读者可以按照国标要求填写标题栏、明细表及技术要求，并能插入符合国家标准的表格。

8.1 【注释】面板和【注释】面板组

注写文字的工作可以使用功能区【常用】面板组中的【注释】面板完成，【注释】面板如图 8-1 所示，单击【注释】面板下部的【注释】按钮，可以展开注释面板，显示更多的工具，如图 8-2 所示。

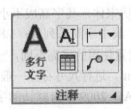

图 8-1 【注释】面板　　　　　图 8-2 展开的【注释】面板

面板中各工具的作用如下：

- A：【多行文字】工具，选择该工具，可以标注多行文字，该文字相对于给定的矩形区域对齐。

- Al：【单行文字】工具，选择该工具，可以标注单行文字，该文字相对于给定的点对齐。

- ▦：【表格】工具，选择该工具，弹出【插入表格】对话框，可以在该对话框中设置表格样式，并插入表格。

- A文字样式：【文字样式】工具，单击该工具，弹出【文字样式】对话框，设置和管理文字样式。

- Standard：【选择文字样式】工具，单击该工具，出现下拉列表，可从中选择已经设置好的文字样式，标注文字前应首先选择合适的文字样式。

187

- ![表格样式]：【表格样式】工具，单击该工具，弹出【表格样式】对话框，设置和管理表格样式。

- ![Standard]：【选择表格样式】工具，单击该工具，出现下拉列表，可从中选择已经设置好的表格样式，插入表格前应首先选择合适的表格样式。

除了使用【注释】面板进行图形注释，还可在功能区单击【注释】选项卡，弹出【注释】面板组，使用其中的【文字】面板可以设置文本样式或者注写文本，如图 8-3 所示。使用其中的【表格】面板，可以设置表格样式和插入表格，如图 8-4 所示。

图 8-3 【注释】面板组【文字】面板   图 8-4 【注释】面板组【表格】面板

📖 提醒：一般情况下，使用【常用】面板组的【注释】面板即可完成文字注写和表格插入。

8.2 设置文本样式

工程图中，文字标注处于及其重要的地位，标题栏的填写、技术要求的注写具有特殊要求的表面，都需要使用文字标注。AutoCAD 2009 提供了两种文字标注工具：多行文字和单行文字。

国家标准规定：工程图中使用的汉字应该写成长仿宋体，其字高应不小于 3.5mm，字宽是字高的 $\sqrt{2}/2$ 倍，也就是字宽是字高的 0.707 倍。其中字高系列为：1.8mm，2.5mm，3.5mm，5mm，7mm，10mm，14mm，20mm。不同位置使用的字高不同，一般情况尺寸标注的字高使用 3.5mm，而标题栏中的文字最小使用 5mm。进行尺寸标注一般使用斜体字。

国家标准规定汉字的字体是长仿宋体，而 AutoCAD 2009 本身默认的字体是宋体，并且其宽度和高度比为 1，所以需要设置符合国标的标注样式。

AutoCAD 2009 中，使用【文字样式】对话框设置和编辑文本样式，调用【文字样式】对话框的方法有以下几种：

- 工具面板：在【常用】面组中展开的【注释】面板中的选择【文字样式】工具 ![文字样式]，或者单击【注释】面板组中【文字】面板的【文字样式】工具 ![A]。
- 命令行：在命令行"命令："提示后输入 style 或者 st，空格或回车确认。

【文字样式】对话框如图 8-5 所示，其中有【样式】列表、【字体】选项组、【大小】选项组和【效果】选项组和几个控制按钮，用于设置文字样式。

设置文字样式时，首先单击【新建】按钮，弹出【新建文字样式】对话框，在【样式名】编辑框输入新文字样式的名称，然后单击【确定】按钮，回到【文字样式】对话框，此时，在【样式】列表中出现新文字样式名称。

然后在【字体名】列表中选择合适的字体，在【高度】编辑框输入文字的高度，在【宽度因子】编辑框输入新文字样式的宽度和高度比，在【倾斜角度】编辑框输入新文字样式相对竖直方向的倾斜角度，此时在对话框左下角的预览区会出现新文字样式的预览，合适后单击【应用】按钮即可完成新文字样式的设置。

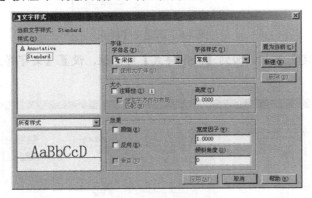

图 8-5 【文字样式】对话框

> 📖 提醒：如果所选的字库中没有合适的字体，可以使用 "load" 命令加载合适的字库以备使用。字库的扩展名为 ".shx"。

在【文字样式】对话框中左上角的【样式】列表中选定某文字样式，单击【置为当前】按钮，可将该文字样式设置为当前文字样式，此时注写文字时将默认使用该文字样式。

在【文字样式】对话框中左上角的【样式】列表中选定某文字样式，单击【删除】按钮，可将该文字样式删除。

勾选【注释性】单选项，使用该文字样式注写的文字将随注释比例的大小自动调整大小，勾选【颠倒】单选项，文字将字头朝下，勾选【反向】单选项，文字将由右朝左书写。

> 📖 提醒：一般情况下，不在【文字样式】对话框中修改文字高度，即【高度】编辑框使用默认的高度 "0.0000"，否则文字高度将不能修改，除非重新修改文字样式。

【例 8-1】设置文字样式实例。

设置名为 "汉字" 的文字样式，其字体使用 "仿宋_GB2312"，宽度和高度比为0.707，倾斜角度为 0；设置名为 "标注" 的文字样式，其字体使用 "gbetic"，大字体使用 "gbcbig"，宽度和高度比为 1，倾斜角度为 0。

🔧 **设计过程**

1. 设置"汉字"文字样式

[1] 单击展开的【注释】面板中的【文字样式】工具 A 文字样式，出现【文字样式】对话框，如图 8-5 所示。

[2] 单击【新建】按钮，弹出【新建文字样式】对话框，在【样式名】编辑框输入"汉字"，如图 8-6 所示。

图 8-6　新建文字样式

[3]　单击【确定】按钮，回到【文字样式】对话框，设置【文字样式】对话框如图 8-7
所示。

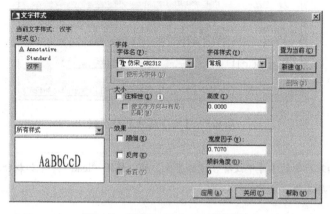

图 8-7　设置"汉字"文字样式

[4]　单击【应用】按钮，完成"汉字"文字样式的设置，在【样式】列表中出现"汉
字"样式。

2. 设置"标注"文字样式

[1]　在【文字样式】对话框中的【样式】列表中选择"standard"文字样式，单击
【新建】按钮，弹出【新建文字样式】对话框。

[2]　在【样式名】编辑框输入"标注"，单击【确定】按钮，回到【文字样式】对话框。

[3]　设置【文字样式】对话框如图 8-8 所示，注意应该在设置好"SHX 字体"后，
再勾选【使用大字体】选项，然后设置大字体。

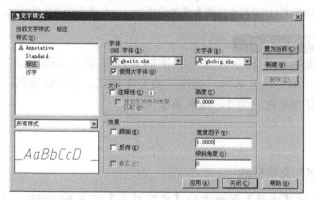

图 8-8　设置"标注"文字样式

[4]　单击【应用】按钮，完成"标注"文字样式的设置。

[5]　单击【关闭】按钮，关闭【文字样式】对话框，完成文字样式设置。

8.3 注写多行文字

【多行文字】工具是注写文字的最重要的工具，调用【多行文字】工具的方法有以下几种：

- 工具面板：单击【常用】面板组中【注释】面板的【多行文字】工具 **A**，或者单击【注释】面板组中【文字】面板的【多行文字】工具 **A**。
- 命令行：在命令行"命令:"提示后输入 mtext 或者 mt 或者 t，空格或回车确认。

调用【多行文字】工具后，命令行提示：

命令:_mtext　　 // 调用【多行文字】工具

当前文字样式: "形位公差" 文字高度: 2.5 注释性: 否

　　// 提示当前文字样式，文字高度和其注释性

指定第一角点: 　　// 指定文字对正边框的第一个角点

指定对角点或 [高度(H)/对正(J)/行距(L)/旋转(R)/样式(S)/宽度(W)/栏(C)]:

　　// 指定文字对正边框的对角点，或者使用"[ ]"内的选项进行文字的高度、对正样式、行距、旋转、宽度或者栏的设置

> 📖 提醒：一般情况下不使用"[ ]"内的选项进行设置，而是直接指定矩形边框的对角点，因为在随后出现的【文字编辑器】面板组中涵盖了"[ ]"内所有选项的设置内容。

此时，在功能区出现【多行文字】面板组，如图 8-9 所示。在图形区根据所指定的矩形大小出现文字编辑区，如图 8-10 所示。

【多行文字】面板组有【样式】面板、【设置格式】面板、【段落】面板、【插入点】面板、【选项】面板和【关闭】面板，用于设置文字的特性。一般情况下，先使用【样式】面板设定文字的样式、注释性和字高，然后在绘图区的文字编辑区输入或编辑文字，而后使用【段落】面板指定其对正样式。

图 8-9 【多行文字】面板组

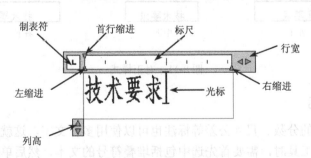

图 8-10 文字编辑区

尤其要指出的是，【插入点】面板的【符号】列表 **@** 在输入特殊符号时非常有用。需

要插入特殊符号时，只要单击【插入】面板的【符号】列表@，在出现的列表中选择相应符号选项，即可把符号插入绘图区的文字编辑区的光标位置。

在文字编辑区，可以通过拖动相应工具修改制表符、首行缩进、左缩进和右缩进的位置，也可以调整列高。

完成文字的输入和编辑后，单击【关闭】面板的【关闭文字编辑器】按钮，或者鼠标左键在绘图区的文字编辑区以外任意位置单击即可完成多行文字的输入。

对于多行文字，进行如下说明。

1. 文字样式和格式

为了使用合适的字体，可以先设置合适的文字样式，然后将其设置为当前文字样式，再输入文字。也可以在输入文字前，在【文字编辑器】面板组的【格式】面板中设置字体格式，还可以先输入文字，再选中文字，在面板区修改文字的样式或格式。文字的颜色一般选择"bylayer"。

事实上，一般在输入文字之前把所需文字样式设置为当前文字样式，这样将会减少工作量。设置某种文字样式作为当前文字样式的方法有以下几种：

- 新创建的文字样式，如果单击【文字样式】对话框中的【应用】按钮，自动设置为当前文字样式。
- 在【文字】面板的【文字样式】列表中选择合适的文字样式将其置顶。
- 在【文字样式】对话框中左上角的【样式】列表中选择某文字样式，单击【置为当前】按钮。

2. 文字的对正

标题栏中经常使用文字的对正，用户可以先输入文字后设置对正样式，也可先设置对正样式，后输入文字。设置时，只需要单击【段落】面板的【对正】列表，在出现的列表中选择合适的对正方式即可，各对正效果如图8-11所示。

图 8-11　对正样式

3. 堆叠的使用

工程图中使用的分数、尺寸公差等标注也可以使用多行文字，这就要用到【堆叠】工具。使用【堆叠】工具时，需要首先选中包括堆叠符号的文本，然后单击鼠标右键，在出现的快捷菜单中选取【堆叠】命令。

使用不同的堆叠符号将需要堆叠的文字隔开，使用【堆叠】工具会出现不同的堆叠效果，分隔符号有"^"、"/"和"#" 三种。例如输入"+0.025^-0.012"，使用堆叠工具后，其结果为"$^{+0.025}_{-0.012}$"，为尺寸公差模式；如果输入"H7/f6"，使用堆叠工具后，其结果为"$^{H7}_{f6}$"，为装配公差模式；如果输入"8#21"， 使用堆叠工具后，其结果为"$^8/_{21}$"，为分数模式。

4．特殊符号的输入

除了可以使用【插入点】面板的【符号】列表⓪输入特殊符号，用户也可以记住特殊符号的快捷键，需要使用时，直接使用快捷键输入即可，用户一定要牢记这些快捷键。

常用符号的快捷键有：

- ϕ：%%c。
- ±：%%p。
- °：%%d。

【例8-2】多行文字实例。

利用"汉字"文字样式，注写技术要求如下，其中"技术要求"四个字的高度为"7"，技术要求的具体内容字高为"5"，具体内容如图8-12所示。

设计过程

[1] 单击快速访问工具栏【打开】工具📂，打开"……第 8 章\例题\例题源文件\例8-2.dwg"。

[2] 在展开的【注释】面板的【文字样式】列表 汉字 中选择"汉字"，将"汉字"标注样式设置为当前文字样式。

[3] 单击【注释】面板【多行文字】工具A，根据提示在图形区指定矩形框的两个对角点，出现【多行文字】面板组，并且在图形区出现文字编辑区。

[4] 在【样式】面板中的【文字高度】组合框输入字高为"7"，按回车键确认，【样式】面板如图8-13所示。

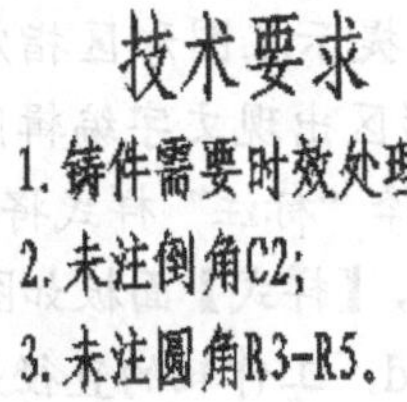

技术要求
1.铸件需要时效处理；
2.未注倒角C2；
3.未注圆角R3-R5.

图8-12 多行文字

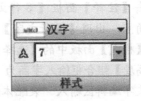

图8-13 设置文字高度

[5] 在图形区的文字编辑区输入"技术要求"四个字，前面可用空格填充，完成第一行文字的输入。

[6] 按回车键，在【样式】面板的【文字高度】组合框输入字高为"5"，按回车键确认，此时【样式】面板如图8-14所示。

[7] 在图形区的文字编辑区输入技术要求的内容，完成第二、三、四行文字的输入，其字高为5mm，此时文字编辑区如图8-15所示。

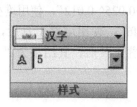

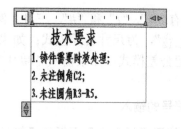

图 8-14　设置文字高度　　　　　　　　图 8-15　输入文字

[8] 鼠标左键在绘图区的文字编辑区以外任意位置单击完成多行文字的输入，如图 8-12 所示。

> 📖 提醒：使用多行文字时，可以先设置文字样式和高度，再输入文字，也可以先输入文字，然后选中文字，再修改文字的样式和高度。

> 📖 提醒：一般情况下，多使用【多行文字】工具输入文字。

【例 8-3】特殊字符及堆叠实例。

利用"尺寸"文字样式，注写文字如图 8-16 所示，字高为 10。

装配体的工作温度为30°,工作轴的直径是
⌀50,所有孔和轴的配合公差都是$\frac{H9}{f9}$, 其出口
的公称尺寸为2½″。

图 8-16　多行文字

🐴 **设计过程**

[1] 单击快速访问工具栏【打开】工具 📂，打开"……第 8 章\例题\例题源文件\例 8-3.dwg"。

[2] 单击【注释】面板【多行文字】工具 A，根据提示在图形区指定矩形框的两个对角点，出现【多行文字】面板组，并且在图形区出现文字编辑区。

[3] 在【样式】面板中的【选择文字样式】列表中选择"标注"样式将其置顶，在【文字高度】组合框输入字高为"10"，按回车键确认，【样式】面板如图 8-17 所示。

[4] 在文字编辑区输入"装配体的工作温度是 30%%d，工作轴的直径是%%c50，所有孔和轴的配合公差都是 H9/f9，出口的公称尺寸为 2 1#2""出现的文字如图 8-18 所示。

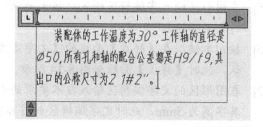

图 8-17　设置【样式】面板　　　　　　图 8-18　输入文字

[5] 在文字编辑区选中 "H9/f9"，单击鼠标右键，在出现的快捷菜单选择【堆叠】命令，"H9/f9" 变为 "H9/f9"。

[6] 在文字编辑区选中 "1#2"，单击鼠标右键，在出现的快捷菜单选择【堆叠】命令，"1#2" 变为 "½"。

[7] 鼠标左键在绘图区的文字编辑区以外任意位置单击完成多行文字的输入，最后结果如图 8-16 所示。

8.4 注写单行文字

调用【单行文字】工具的方法有以下几种：

- 工具面板：单击【常用】面板组中【注释】面板的【单行文字】工具 A，或者单击【注释】面板组中【文字】面板的【单行文字】工具 A。

- 命令行：在命令行 "命令:" 提示后输入 text 或者 dt，空格或回车确认。

调用【单行文字】工具后，命令行提示：

```
命令: _text      // 调用【单行文字】命令
当前文字样式: "形位公差"  文字高度: 2.5000  注释性: 否      // 提示当前的文字样
    式和文字高度及注释性
指定文字的起点或 [对正(J)/样式(S)]:
    // 指定文字的起点，或者输入 "[  ]" 内的选项设置文字的对正样式或文字样式
指定高度 <2.5000>:     // 输入文字的高度值，空格或回车确认
指定文字的旋转角度 <0>:     // 输入文字的旋转角度值，空格或回车确认，
```

指定文字的旋转角度后，可在图形区指定文字的起点位置输入文字，完成第一行后，可移动鼠标在适当位置单击指定文字的起点输入第二行文字，完成输入后按两次回车键确认文字输入。

单行文字的对正不是指相对于矩形框的对正，而是指文字相对于指定的文字起点的对正，输入单行文字前，应首先设置合适的文字样式为当前的文字样式。

8.5 文字编辑

对于已经完成的文字，如果发现有错误，需要对其进行编辑，编辑文字的命令有以下几个：

- 双击多行文字，出现【多行文字】面板组和文字编辑区，可对多行文字的内容和特性进行编辑。

- 双击单行文字，出现文字编辑区，可对单行文字的内容进行编辑。

- 在命令行 "命令:" 提示状态下输入 "mtedit"，根据系统提示选择需要编辑的多行文字，出现【多行文字】面板组和文本编辑区，可对多行文字进行编辑。

- 在命令行 "命令:" 提示状态下输入 "ddedit"，根据系统提示选择需要编辑的多行文字或单行文字对其编辑。

📖 提醒：如果想改变多行文字的文字样式，只需选中文字使其处于夹点编辑状态，在【文字】

面板的【选择文字样式】列表中选择合适的文字样式即可。要想取消文字的夹点状态，按键盘 Esc 键即可。

8.6 表格

表格在工程图中广泛存在，如齿轮的参数表，化工图中的法兰连接表等。插入表格之前需要首先设置表格样式。

8.6.1 定义表格样式

表格样式用来控制表格的外观，通过【表格样式】对话框可以对表格的字体、颜色、文字、高度和行距等内容进行设置。

打开【表格样式】对话框的方法有以下几种：

- 工具面板：在【常用】面板组中展开的【注释】面板选择【表格样式】工具 ，或者在【注释】面板组的【表格】面板中选择【表格样式】工具 。
- 命令行：在命令行"命令:"提示后输入 tablestyle，空格或回车确认。

下面通过实例讲解如何设置表格样式。

【例 8-4】设置表格样式。

设置名为"标准表格"的表格样式，使插入的表格符合国标。

🐎 设计过程

[1] 在【常用】面板组中展开的【注释】面板选择【表格样式】工具 ，弹出【表格样式】对话框，如图 8-19 所示。【表格样式】对话框中各按钮功能和【文字样式】对话框中类似。

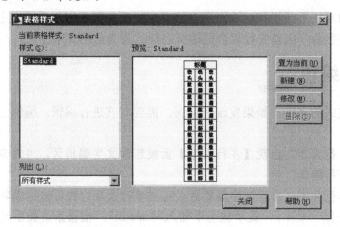

图 8-19 【表格样式】对话框

[2] 在【样式】列表中选择"standard"，单击【新建】按钮，弹出【创建新的表格样式】对话框。

[3] 设置各选项如图 8-20 所示，单击【继续】按钮，弹出【新建表格样式】对话框。

图8-20　创建新的表格样式

[4] 在【单元样式】列表中选择"标题",选择【常规】选项卡,设置对话框各选项如图8-21所示。

[5] 选择【文字】选项卡,设置对话框各选项如图8-22所示。

📖 提醒:设置【格式】选项时,可单击其后的 [　] 按钮,在出现的【表格单元格式】对话框的【数据类型】列表中选取,然后单击【确定】按钮完成设置。

[6] 选择【边框】选项卡,对话框中各选项使用默认值。

[7] 在【单元样式】列表中选择"表头",选择【常规】选项卡,设置对话框各选项如图8-23所示。

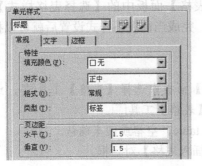

图8-21　设置【常规】选项卡　　　　　图8-22　设置【文字】选项卡

[8] 选择【文字】选项卡,设置对话框各选项如图8-24所示。

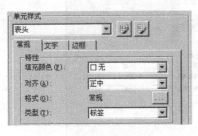

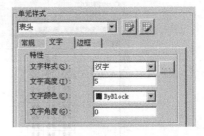

图8-23　设置【常规】选项卡　　　　　图8-24　设置【文字】选项卡

[9] 在【单元样式】列表中选择"数据",选择【常规】选项卡,设置对话框各选项如图8-25所示。

[10] 选择【文字】选项卡,设置对话框各选项如图8-26所示。

图 8-25　设置【常规】选项卡　　　　　　图 8-26　设置【文字】选项卡

[11] 单击【确定】按钮，回到【表格样式】对话框，在【样式】列表中出现新表格样式"标准表格"，用于创建表格。

[12] 在【样式】列表中选择"标准表格"，单击【置为当前】按钮，将"标准表格"表格样式设置为当前表格样式。

[13] 单击【关闭】按钮，关闭【表格样式】对话框，完成表格样式的设置。

8.6.2　插入表格

插入表格之前，首先设置合适的表格样式作为当前表格样式，其方法为：在【常用】面板组中展开的【注释】面板【选择表格样式】列表中 标准表格 选择合适的表格样式将其置顶，或者在【注释】面板组【表格】面板中的【选择表格样式】列表 标准表格 中选择合适的表格样式将其置顶。完成当前表格样式设置后就可以插入表格并编辑了。

执行插入表格命令的方法有以下几种：

● 工具面板：在【常用】面板组的【注释】面板中选择【表格】工具 ，或者在【注释】面板组的【表格】面板中选择【表格】工具 。

● 命令行：在命令行"命令:"提示后输入 table，空格或回车确认。

执行上述命令后，会弹出如图 8-27 所示的【插入表格】对话框。

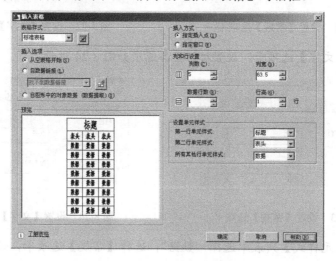

图 8-27　【插入表格】对话框

在【表格样式】选区，单击下拉列表，列表中提供了所有设置好的的表格样式，同时，在该选区的预览区中可以看到当前表格样式的图样。

在【插入选项】区中，选择"从空表格开始"可以创建一个空的表格。选择"自数据链接"可以从外部导入数据来创建表格；选择"自图形中的对象数据"选项，可以从可输出的表格或外部文件的图形中提取数据来创建表格。

【插入方式】选区，可以选【指定插入点】按钮，可以在绘图窗口中的某点插入固定大小的表格；选【指定窗口】按钮，可以在绘图窗口中通过拖动表格边框来创建任意大小的表格。

在【列和行设置】选项中，可以改变列数、列宽、行数、行高等。

设置好插入表格对话框后单击【确定】按钮，即可按照选定插入方式插入表格。

【例 8-5】绘制管口表。

使用创建好的"标准表格"样式，完成如图 8-28 所示的管口表。

管口表							
符号	公称尺寸	公称压力	连接标准	法兰型式	连接面型式	用途或名称	中心线距离
A	250	2	HG 20615	WN	RF	气体入口	660
B	600	2	HG 20615	/	/	人孔	见图
C	150	2	HG 20615	WN	RF	液体入口	660

图 8-28 管口表

设计过程

1. 插入表格

[1] 单击快速访问工具栏【打开】工具，打开"……第 8 章\例题\例 8-5.dwg"。

[2] 在【常用】面板组展开的【表格】面板中的【表格样式】列表 中选取"标准表格"表格样式将其置顶，设置为当前表格样式。

[3] 在【常用】面板组的【注释】面板中选择【表格】工具，弹出【插入表格】对话框，设置其中各选项如图 8-29 所示。

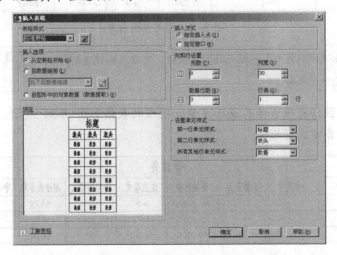

图 8-29 设置插入表格的样式

[4] 单击【确定】按钮，根据命令行提示在图形区指定插入点，出现表格如图 8-30 所示。

[5] 光标在标题位置闪烁，并且功能区出现【文字编辑器】面板组，在光标闪烁位置输入“管口表”，回车确认，此时光标跳到 2 行 A 列位置，如图 8-31 所示。

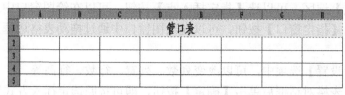

图 8-30　输入标题

[6] 在光标闪烁位置输入“符号”，按键盘右方向键→，将光标移动到第 2 行 B 列位置位置，如图 8-32 所示。

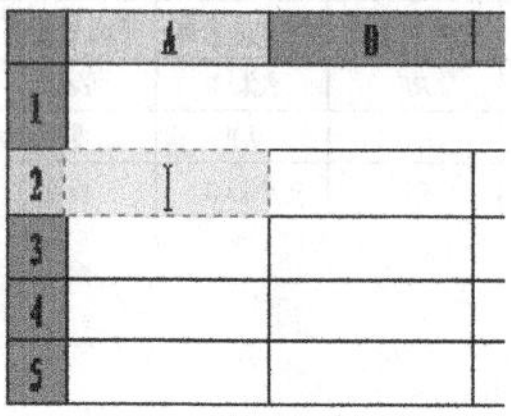

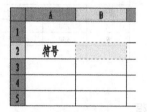

图 8-31　光标跳转

图 8-32　输入表头

[7] 输入“公称尺寸”，按键盘各个方向键，将光标移动到合适的位置，输入其他内容，完成各单元格输入，最后如图 8-33 所示。

	A	B	C	D	E	F	G	H
1	管口表							
2	符号	公称尺寸	公称压力	连接标准	法兰型式	连接面型式	用途或名称	中心线距离
3	A	250	2	HG 20615	WN	RF	气体入口	660
4	B	600	2	HG 20615	/	/	人孔	见图
5	C	150	2	HG 20615	WN	RF	液体入口	660

图 8-33　输入表格内容

提醒：如果不想在连续的单元格输入数据，可以在按键盘的←、↑、→、↓键移动激活文本输入状态的单元格。

[8] 在绘图区任意位置单击鼠标左键，完成的表格如图 8-34 所示，发现其中有些数据的对齐方式有错误。

管口表							
符号	公称尺寸	公称压力	连接标准	法兰型式	连接面型式	用途或名称	中心线距离
A	250	2	HG 20615	WN	RF	气体入口	660
B	600	2	HG 20615	/	/	人孔	见图
C	150	2	HG 20615	WN	RF	液体入口	660

图 8-34　完成的表格

2. 编辑表格

[1] 在需要修改对齐方式的单元格上单击左键，该单元格被选中，处于"夹点"状态，出现【表格】面板组，如图8-35所示。

图8-35 【表格】面板组

📖 提醒：对于已经完成的表格，可以单击某单元格将其激活，此时功能区出现【表格单元】面板组，进行表格操作，表格面板操作类似于 word 中的表格操作，不再赘述。

📖 提醒：双击激活的单元格可以激活单元格的输入状态，修改已经输入的文字。

[2] 按住 Shift 键选取第3、4、5行，在【单元样式】面板中单击 📇▾ 工具后半部分的下箭头，在出现的对齐方式列表中选择【正中】对齐工具 📇，此时表格如图8-36所示。

	A	B	C	D	E	F	G	H
1	管口表							
2	符号	公称尺寸	公称压力	连接标准	法兰型式	连接面型式	用途或名称	中心线距离
3	A	250	2	HG 20615	WN	RF	气体入口	660
4	B	600	2	HG 20615	/	/	人孔	见图
5	C	150	2	HG 20615	WN	RF	液体入口	660

图8-36 完成单元格对齐设置

[3] 按键盘 Esc 键或者在表格外区域单击鼠标左键完成表格，最后结果如图8-28所示。

8.7 综合实例——完善 A3 样板图

使用样板图绘制图形能使绘图过程简单快捷，下面通过实例继续完善 A3 样板图。

【例8-6】完善 A3 样板图。

完善 A3 样板图，使其文字样式、表格样式符合国家标准，以备调用。

🏆 设计过程

1. 打开文件

[1] 单击快速访问工具栏【打开】工具 📂，打开【选择文件】对话框，在【文件类型】列表中选择"AutoCAD 图形样板（.dwt）"。

[2] 在【查找范围】列表中选择查找范围为"……\第8章\例题"，在【名称】列表中选择"A3 样板 old.dwt"，单击【打开】按钮，打开图形。

2. 设置文字样式和表格样式

[1] 按照【例8-1】的步骤设置两种文字样式："汉字"和"标注"。

[2] 按照【例 8-4】的步骤设置一种名为"标准表格"的表格样式。

3. 填写标题栏

[1] 在功能区单击【注释】选项卡，出现【注释】面板组，在【文字】面板中的【文字样式】列表中选择"汉字"样式，将其设置为当前文字样式。

[2] 选择【文字】面板中的【多行文字】工具 A，根据提示指定如图 8-37 所示的 1 点和 2 点。

[3] 在功能区出现【多行文字】面板组，在图形区已经指定的边框位置出现文字编辑区。在【样式】面板的【文字高度】组合框输入 3.5，回车确认。

[4] 在【段落】面板的【对正】列表中选择"正中（MC）"对正样式，在文字编辑区输入"设计"如图 8-38 所示。

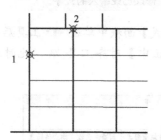

图 8-37　指定文字对齐边框

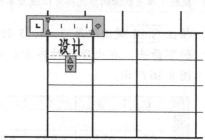

图 8-38　输入文字

[5] 在文字编辑区外部任意位置单击鼠标左键完成文字输入。

[6] 选择刚才创建的文本"设计"使其处于夹点状态，然后选择【常用】面板组中【修改】面板的【复制】工具，根据提示拾取 3 点作为基点，分别选择 4、5、6、7、8、9、10 点为目标点复制出文字，如图 8-39 所示。

[7] 分别双击各文字，在出现的文字编辑区修改文字内容为设计要求的文字，完成修改后如图 8-40 所示。

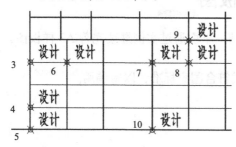

图 8-39　复制文字

图 8-40　修改文字

> 📖 提醒：对于大小相同的表格，可以使用复制工具将文字复制到对应位置，然后修改文本内容，使其符合设计要求，这样要比在每个表格输入文字简单。

[8] 使用【多行文字】工具、【复制】工具和文字编辑工具完成标题栏中其他文字的输入，结果如图 8-41 所示。

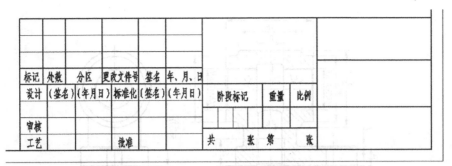

图 8-41　完成的标题栏

📖 提醒：使用【多行文字】工具可以填写标题栏中不变的文字，对于有变化的文字，将使用属性块设计，可以根据提示输入相应文字，将在第8章讲解。

4. 书写技术要求模板

按照【例 8-2】的步骤输入技术要求，使用时可以直接双击修改其内容。

5. 保存样板文件

[1] 按住键盘 Ctrl+Shift+S 组合键，打开【图形另存为】对话框，在【文件类型】列表中选择 "AutoCAD 图形样板（.dwt）"。

[2] 在【保存于】列表中选择文件路径为 "……\第 8 章\例题答案"，在【文件名】编辑框输入 "A3 样板"，单击【保存】按钮，出现【样板选项】对话框。

[3] 单击【确定】按钮，完成 A3 样板的设置和保存，以备使用。

8.8　思考与练习

1. 思考题

（1）如何打开【注释】面板组，其中有哪几个面板？分别能完成何种功能？

（2）如何设置文字样式？

（3）如何标注文字？简述标注文字的步骤。

（4）如何输入特殊字符，如何使用堆叠工具？

（5）如何设置表格样式？

（6）如何插入表格并在表格中注写文字？

2. 上机题

（1）使用【例 8-6】创建的 A3 样板，完成如图 8-42 所示的阀体零件图并注写技术要求。

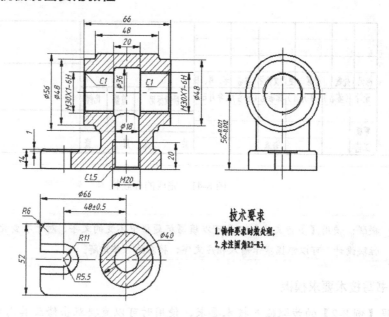

图 8-42　阀体零件图

（2）使用【例 8-7】创建的 A3 样板，完成如图 8-43 所示的齿轮零件图，注写技术要求，使用表格完成如图 8-44 所示的其啮合特性表，表中单元格长度为 40。

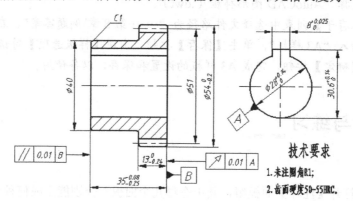

图 8-43　齿轮零件图

啮合参数	
模数　m	1.5
齿数　Z	34
齿形角　α	20°
精度等级	8-7-7HK
齿圈径向跳动	0.063
公法线长度公差	0.028
基节极限偏差	0.013

图 8-44　齿轮参数表和基准符号尺寸

第9章 尺寸标注

完成图形绘制后，只能表达清楚零部件的结构和形状，只能说完成了工程图的一半。在绘图结束后还需要对图形进行符合国标的尺寸标注，对于装配图，还要标注零件序号并填写名细表。本章主要讲授尺寸标注样式的设置及标注尺寸的方法、尺寸公差的标注方法、形位公差的标注方法和零件序号的使用方法等。通过本章学习，读者可以按照国标要求独立进行尺寸标注，完成符合国标的工程图样。

9.1 标注样式

简单的尺寸标注可以在【常用】选项组的【注释】面板完成，复杂的尺寸标注工具整合在【注释】选项组的【标注】面板。

9.1.1 标注面板

单击【注释】选项卡，打开【注释】面板组，其中【标注】面板如图 9-1 所示。对于简单的尺寸标注，通常情况下使用【常用】面板组的【注释】面板完成，如图 9-2 所示。

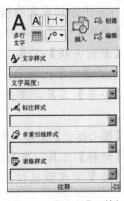

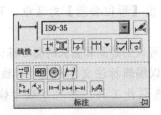

图 9-1 【标注】面板　　　　　图 9-2 【注释】面板

- □：标注工具，根据在【标注工具】列表中设置的当前标注工具不同，显示不同的图标，使用时，单击图标按钮选取该工具，根据命令行提示操作即可，对于简单尺寸标注，一般使用【常用】面板组的标注工具。
- 线性▾或 ├┤▾：【标注工具】列表，单击【标注】面板中 线性▾或者单击【注释】面板中 ├┤▾后半部的 ▾，打开【标注工具】列表，可以从中选取合适的尺寸标注工具将其置顶显示。
- ISO-35 ▾：【标注样式】列表，单击该列表工具，出现下拉列表，显示已经设置的尺寸标注样式，选择某列表项将其置顶，作为当前标注样式；在命令行"命令："提示状态下选中尺寸，在该列表中选中某尺寸样式，可将所选尺寸的尺寸属性修改为选中的尺寸样式。

- ▲标注样式 或 ▲：【标注样式管理器】工具，单击选取展开的【注释】面板中的 ▲标注样式 或者单击选取【标注】面板中 ▲ 选取该工具，出现【标注样式管理器】对话框，在其中设置和管理尺寸标注样式。

- ▟：【打断】工具，单击选取该工具，可以在标注和尺寸界线与其他对象的相交处打断或恢复标注和尺寸界线。

- ▤：【调整间距】工具，单击选取此工具，可以调整线性标注或角度标注之间的间距。间距仅适用于平行的线性标注或共用一个顶点的角度标注。间距的大小可根据提示设置。

- ▨：【快速标注】工具，单击选取此工具，可为选定对象快速创建一系列标注，当创建系列基线或连续标注，或者为一系列圆或圆弧创建标注时，此命令特别有用。

- ▥：【连续标注】工具及列表，单击选取此工具，可以创建从先前创建的标注的尺寸界线开始的标注，此时各标注的尺寸线对齐。单击其后部的 ▾，可以选择工具是基线标注还是连续标注。

- ▥：【基线标注】工具及列表，单击选取此工具，可以从上一个标注或选定标注的基线处创建线性标注、角度标注或坐标标注，此时所标注的尺寸共用同一基准。单击其后部的 ▾，可以选择工具是基线标注还是连续标注。

- ▨：【检验】工具，单击选取此工具，弹出【检验标注】对话框，可让用户在选定的标注中添加或删除检验标注。

- ▣：【更新】工具，单击选取此工具，可用当前标注样式更新选中的尺寸对象。

- ▦：【重新关联】工具，单击选取此工具，可将选定的标注关联或重新关联至某个对象或该对象上的点。

- ▣：【公差】工具，单击选取此工具，弹出【形位公差】对话框，可以标注形位公差。

- ⊙：【圆心标记】工具，单击选取此工具，可以创建圆和圆弧的圆心标记或中心线。

- ╱：【倾斜】工具，单击选取此工具，可以编辑标注文字和尺寸界线。

- ▨：【恢复文字默认位置】工具，单击选取此工具，将尺寸数字恢复到默认的位置。

- ▨：【文字角度】工具，单击选取此工具，可以移动和旋转标注文字并重新定位尺寸线。

- ▨：【左对正】工具，单击选取此工具，可以使标注文字与左侧尺寸界线对齐。

- ▨：【居中对正】工具，单击选取此工具，可以使标注文字标注于尺寸线中间位置。

- ▨：【右对正】工具，单击选取此工具，可以使标注文字与右侧尺寸界线对齐。

- ▨：【替代】工具，单击选取此工具，可以控制选定标注中使用的系统变量的替代值。

9.1.2 设置标注样式

默认的标注样式有"Annotative"、"Standard"和"ISO-25"，这三种标注样式不符合国家标准的规定，欲使所标尺寸的参数符合国家标准的规定，必须设置符合国标的标注样式。

设置或编辑标注样式，需要在【标注样式管理器】对话框中进行，打开【标注样式管理器】对话框的方法有以下几种：

* 工具面板：单击选取展开的【注释】面板中的 标注样式 或者单击选取【标注】面板中 选取该工具，出现【标注样式管理器】对话框。
* 命令行：在命令行"命令:"提示后输入 dimstyle，空格或回车确认。

【标注样式管理器】对话框如图 9-3 所示，对话框中有【样式】列表、【列出】下拉列表、【预览】区、【说明】区和按钮组。在【样式】列表中根据使用【列出】下拉列表中选择的过滤方式显示全部或者正在使用的尺寸样式；在【预览】区显示当前尺寸样式的预览。

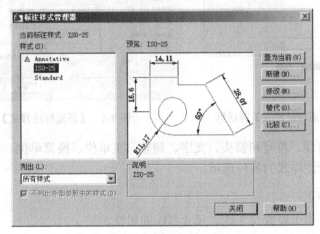

图 9-2　标注样式管理器

在【样式】列表中选中某尺寸样式，单击【置为当前】按钮，将把选中的尺寸样式设置为当前标注样式。

单击【新建】按钮，可以创建新的标注样式。

在【样式】列表中选中某尺寸样式，单击【修改】按钮，出现【修改标注样式】对话框，可修改选中的尺寸样式。

在【样式】列表中选中某尺寸样式，单击【替代】按钮，出现【替代当前样式】对话框，从中可以设定标注样式的临时替代值。对话框选项与【新建标注样式】对话框中的选项相同。替代将作为未保存的更改结果显示在"样式"列表中的标注样式下。

在【样式】列表中选中某尺寸样式，单击【比较】按钮，出现【比较标注样式】对话框，从中可以比较两个标注样式或列出一个标注样式的所有特性。

下面着重讲解新建和修改尺寸样式时，各选项卡的含义及设置方法。

单击【标注样式管理器】对话框中的【新建】按钮，弹出【创建新标注样式】对话框，如图 9-3 所示。

在【新样式名】编辑框输入新标注样式的名称，在【基础样式】列表中选择已存在的标注样式作为新标注样式的基础样式，在【应用于】下拉列表中可选新标注样式的具体应用范围。勾选【注释性】选项将使标注特征的比例随注释比例的变化自动变化。

完成新标注样式名称、基础样式、注释性及应用范围设置后，单击【继续】按钮，弹出【新建标注样式】对话框，如图9-4所示。

图9-3 【创建新标注样式】对话框

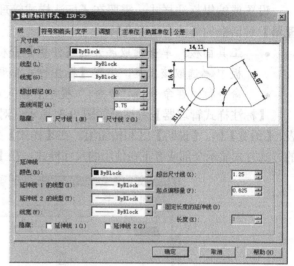

图9-4 【新建标注样式】对话框

在对话框中有线、符号和箭头、文字、调整、主单位、换算单位、公差七个选项卡，分别用于设置新标注样式的各种选项。

1.【线】选项卡

【线】选项卡用于设置尺寸线、尺寸界线的属性。

在【尺寸线】选项组，可以在对应下拉列表设置尺寸线的颜色、线型和线宽，一般情况下，这三项都使用"ByBlock"，即由尺寸整体决定其颜色、线型和线宽。

【超出标记】是指定当箭头使用倾斜、建筑标记、积分和无标记时尺寸线超过尺寸界线的距离，机械图样上一般不进行设置。

【基线间距】是指使用基线标注时，相邻尺寸线之间的距离，如图9-5所示。

【隐藏】是指是否显示尺寸线，可通过勾选/不勾选相应选项设置。勾选【尺寸线1】选项时，不显示第一条尺寸界线旁边的尺寸线，如图 9-6 所示；勾选【尺寸线 2】选项时，不显示第二条尺寸界线旁边的尺寸线，如图9-7所示。这里的第一、第二和标注尺寸时选择的尺寸引出点相关。

图9-5 基线间距　　　　图9-6 隐藏尺寸线1　　　　图9-7 隐藏尺寸线2

在【延伸线】选项组，可以在对应下拉列表设置各尺寸界线的颜色、线型和线宽，一般情况下，这三项都使用"ByBlock"。

【隐藏】是指是否显示尺寸界线，可通过勾选/不勾选相应选项设置。勾选【延伸线1】选项时，不显示第一条尺寸界线，如图9-8所示；勾选【延伸线2】选项时，不显示第二条尺寸界线，如图9-9所示。这里的第一、第二和标注尺寸时选择的尺寸引出点相关。

【超出尺寸线】是指尺寸界线超出尺寸箭头的长度，一般设置为"2～3"；【起点偏移量】是指尺寸界线引出点距离尺寸界线起点的距离，一般设置为"0"，各项含义如图9-10所示。

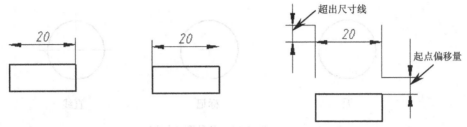

图9-8　隐藏延伸线1　　　　图9-9　隐藏延伸线2　　　　图9-10　尺寸界线设置效果

勾选【固定长度的延伸线】选项，并在【长度】编辑框设置延伸线长度，所有的尺寸界线长度相等，一般不勾选此项。

📖 **提醒**：设置每个选项时，在对话框的预览区显示样例标注图样，它可显示对标注样式设置所做更改的效果。

2.【符号和箭头】选项卡

单击【符号和箭头】选项卡，对话框如图 9-11 所示。在该选项卡可以完成对新标注样式的箭头、圆心标记、弧长符号和折弯半径标注的格式和位置的设置。

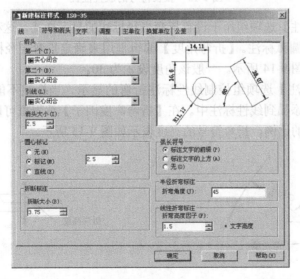

图9-11　设置符号和箭头

在【箭头】选项组的对应列表中可以设置各箭头的样式，一般使用"实心闭合"，小尺寸标注时也使用"小点"。【引线】列表用于设置使用快速引线标注时，引出点位置的标志，大多数情况下使用"实心闭合"，有时使用"小点"和"无"。在【箭头大小】组合框可以设置箭头的大小，一般设置为"3.5"。

【圆心标记】选项组用于设置使用【圆心标记】工具标记圆或圆弧时的标记形式。"无"是指不标记；"标记"是指以在其后编辑框中设置的数值大小在圆心处绘制十字标记；"直线"是指直接绘制圆的十字中心线。一般情况下，使用"标记"形式，标记大小和文字大小一致。图 9-12 为使用不同圆心标记样式标记圆的效果。

图 9-12　各种圆心标记

在【折断标注】选项组的【折断大小】组合框可以设置使用折断标注时折断距离的大小。

在【弧长符号】选项组通过单选相应选项设置弧长符号的放置位置或有无弧长符号，效果如图 9-13 所示。一般选取【标注文字的上方】选项。

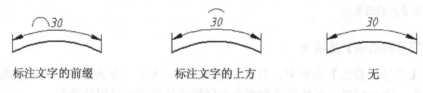

图 9-13　弧长符号的放置位置

【半径折弯标注】选项组用于设置折弯半径标注的显示样式，这种标注一般用于圆心在纸外的大圆或大圆弧标注。【折弯角度】编辑框用来确定折弯半径标注中，尺寸线的横向线段的角度，如图 9-14 所示。一般该角度设置为 30。

【线性折弯标注】选项组控制线性标注折弯的显示。当标注不能精确表示实际尺寸时，通常将折弯线添加到线性标注中。在【折弯高度因子】编辑框可以设置折弯符号的高度和标注文字高度的比例，折弯符号的高度表示如图 9-15 所示。

图 9-14　折弯角度　　　　　　　　图 9-15　折弯高度

3.【文字】选项卡

单击【文字】选项卡，对话框如图 9-16 所示。在该选项卡中可以设定标注文字的格式、放置和对齐。

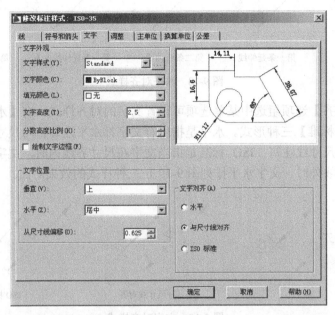

图 9-16 【文字】选项卡

在【文字外观】选项组，可以从【文字样式】列表中选择已经设置好的文字样式作为尺寸文字的"文字样式"，也可以单击 ┅ 按钮打开【文字样式】对话框设置新的文字样式并添加到【文字样式】列表中以备选择。使用相应下拉列表可设置文字的颜色和填充颜色，在【文字高度】组合框可以设置文字的高度。当选择主单位的显示模式为"分数"时，可以使用【分数高度比例】组合框设置分数数字的高度比例。如果勾选【绘制文字边框】选项将在尺寸数字周围添加矩形边框。

在【文字位置】选项组中，使用【垂直】列表设置文字相对尺寸线的对齐样式，有居中、上、外部、JIS 和下垂直对齐样式可选，其效果如图 9-17 所示，一般垂直对齐样式选择"上"。使用【水平】下拉列表设置文字相对尺寸界线的对齐样式，有居中、第一条延伸线、第二条延伸线、第一条延伸线上方和第二条延伸线上方五种水平对齐样式可选，其效果如图 9-18 所示，一般水平对齐样式选择"居中"。【从尺寸线偏移】是指尺寸数字距离尺寸线的距离，一般设置为"1"。

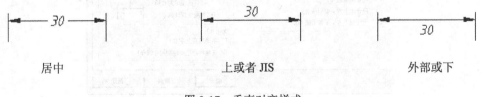

图 9-17 垂直对齐样式

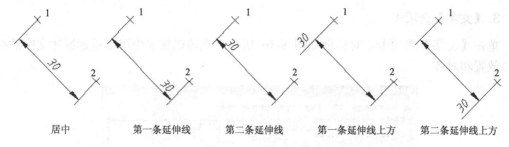

居中　　　第一条延伸线　　　第二条延伸线　　　第一条延伸线上方　　　第二条延伸线上方

图 9-18　水平对齐样式

在【文字对齐】选项组选中某单选项可设置文字的对齐样式，有【水平】、【与尺寸线对齐】和【ISO 标准】三种形式。水平是指所有文字都水平注写；与尺寸线对齐是指所有尺寸数字平行于尺寸线注写；ISO 标准是指当文字在尺寸界线内时，文字与尺寸线对齐，当文字在尺寸界线外时，文字水平排列图 9-19 是三种样式的效果对比。

水平　　　　　　　　与尺寸线对齐　　　　　　　ISO 标准

图 9-19　文字对齐样式

4.【调整】选项卡

单击【调整】选项卡，对话框如图 9-20 所示。使用该选项卡可以控制标注文字、箭头、引线和尺寸线的放置。

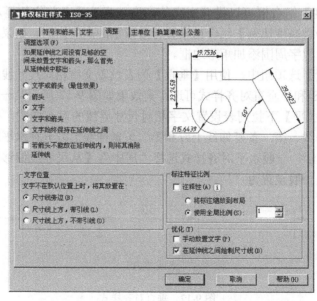

图 9-20　【调整】选项卡

使用【调整选项】选项组，可根据尺寸界线之间的可用空间调整文字和箭头放置位置。如果有足够大的空间，文字和箭头都将放在尺寸界线内。否则，将按照"调整"选项放置文字和箭头。该选项组一般选择"文字"选项，即当尺寸界线间的距离足够放置文字和箭头时，文字和箭头都放在尺寸界线内；当尺寸界线间的距离仅能容纳文字时，将文字放在尺寸界线内，而箭头放在尺寸界线外；当尺寸界线间距离不足以放下文字时，文字和箭头都放在尺寸界线外。

使用【文字位置】选项组设定标注文字从默认位置移出时标注文字的位置，三种位置的效果如图 9-21 所示。

图 9-21　不同文字位置的效果

使用【标注特征比例】选项组设定全局标注比例值或图纸空间比例。勾选【注释性】选项，将使标注特征的比例随注释比例的变化自动变化，【标注特征比例】选项组的其他选项不可用。选取【将标注缩放到布局】选项，可根据当前模型空间视口和图纸空间之间的比例确定比例因子。选取【使用全局比例】选项，可以使用其后的组合框为所有标注设置设定一个比例，这些设置指定了大小、距离和间距，包括文字和箭头大小，该缩放比例并不更改标注的测量值，效果如图 9-22 所示。

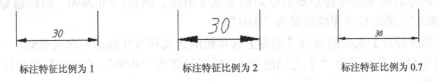

图 9-22　标注特征比例不同的标注效果

使用【优化】选项组可以调整文字放置的其他选项。勾选【手动放置文字】选项，可根据提示指定尺寸数字的放置位置而不将其放在默认位置，如果勾选【在延伸线之间绘制尺寸线】选项，当尺寸文字不放置在尺寸界线内时，在尺寸界线之间仍然绘制尺寸线，否则在尺寸界线之间不再绘制尺寸线。

5.【主单位】选项卡

单击【主单位】选项卡，对话框如图 9-23 所示。使用该选项卡可以设定主标注单位的格式和精度，并设定标注文字的前缀和后缀。

在【线性标注】选项组，可以使用相应下拉列表设置线性尺寸的单位格式、精度及小数分隔符。一般情况单位格式使用"小数"，精度设置为"0.0000"，小数分隔符设置为"句点"。在【前缀】编辑框输入文本，将在标注的所有尺寸数字前加上该前缀，在【后缀】编辑框输入文本，将在标注的所有尺寸数字后加上该后缀。例如，在使用线性尺寸工具标注直径时，可在其标注样式前加字母"Φ"，此时设置前缀为"%%c"即可。

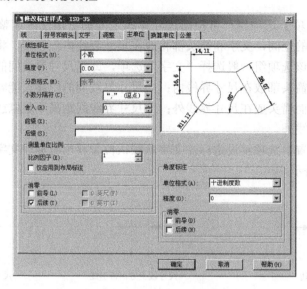

图 9-23 【主单位】选项卡

在【测量单位比例】选项组的【比例因子】组合框可以设置测量单位的比例因子，这样在不使用 1:1 比例绘制的图样可以标注出合适的尺寸数字。例如，绘图比例为 1:2，要标注出满足要求的尺寸，则需要将比例因子设置为 2。勾选【仅应用到布局标注】选项，则仅将测量单位比例因子应用于布局视口中创建的标注。

在【消零】选项组，通过勾选/不勾选相应选项可以设置是否消除尺寸数字的前导零和后续零，一般情况下，需要勾选【后续】选项。消除前导零是指将小数点以前的无效零消除，消除后续零是指将小数点以后的无效零消除。例如："0.0800"消除前导零的结果为".0800"，消除后续零的结果为"0.08"。

【角度标注】选项组及其【消零】选项组的含义和线性标注的含义类似，一般将角度标注的单位格式设置为"十进制度数"，精度设置为"0.00"，【消零】选项组勾选【后续】选项。

6.【换算单位】选项卡

单击【换算单位】选项卡。使用该选项卡可以指定标注测量值中换算单位的显示并设定其格式和精度，一般情况对此选项卡不进行设置。

7.【公差】选项卡

单击【公差】选项卡，对话框如图 9-24 所示。使用该选项卡可以指定尺寸公差的显示及格式。

在【公差格式】选项组设置公差的格式。使用【方式】列表设置尺寸公差的显示方式，有无、对称、极限偏差、极限尺寸和基本尺寸五种显示方式。其中无和基本尺寸方式相同，将不显示尺寸公差，如果上、下偏差数值相同但正、负相反时，可以使用对称方式。各种方式下标注的带公差的尺寸如图 9-25 所示。

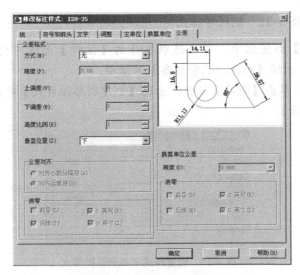

图 9-24 【公差】选项卡

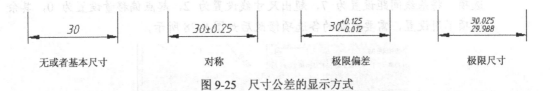

| 无或者基本尺寸 | 对称 | 极限偏差 | 极限尺寸 |

图 9-25 尺寸公差的显示方式

一般将其设置为"极限偏差"的显示模式。在【精度】列表框设置尺寸公差的显示精度，一般选择"0.0000"。在【上偏差】组合框指定上偏差的数值，在【下偏差】组合框指定下偏差的数值。输入的偏差值为正时，上偏差的数值默认为正，下偏差的数值默认为负。故如果上偏差为负，应该在【上偏差】组合框输入负值，如果下偏差为正，应该在【下偏差】组合框输入负值才行。需要在【高度比例】组合框设置公差数字和尺寸文字的高度比，一般设置为 0.7。在【垂直位置】列表中选择公差数字和尺寸数字的对齐方式，有下、中、上三种，其效果对比如图 9-26 所示，一般垂直位置使用"中"对齐。

| 下对齐 | 中对齐 | 上对齐 |

图 9-26 尺寸公差对齐方式

【消零】选项组各选项含义和【主单位】选项卡中相同，一般勾选【后续】选项。

【例 9-1】使用已经创建的文字样式，设置符合国标的几种尺寸标注样式，名称分别为"ISO-35"、"线性直径"、"半标注"。

设计过程

1. 打开文件

单击快速访问工具栏【打开】按钮，打开"……第 9 章\例题\例 9-1.dwg"。

2. 创建名为"ISO-35"的尺寸样式

[1] 在【常用】面板组中，单击选取展开的【注释】面板中的【标注样式】工具 标注样式，出现【标注样式管理器】对话框。

[2] 在对话框中单击【新建】按钮，出现【创建新标注样式】对话框，设置对话框如图 9-27 所示。

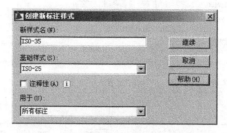

图 9-27　设置样式名称和基础样式

[3] 单击【继续】按钮，出现【新建标注样式】对话框，选择【线】选项卡，设置各选项，将基线间距设置为 7，超出尺寸线设置为 2，起点偏移量设置为 0，其余选项不用设置，需要改变的各选项修改后如图 9-28 所示。

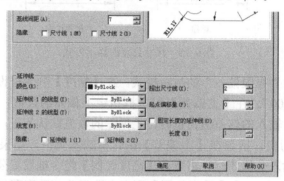

图 9-28　设置【线】选项卡

[4] 选择【符号和箭头】选项卡，设置各选项，需要改变的各选项修改后如图 9-29 所示。

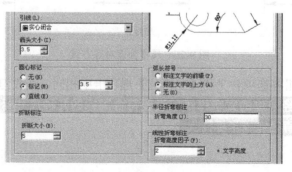

图 9-29　设置【符号和箭头】选项卡

[5] 选择【文字】选项卡，设置各选项，需要改变的各选项修改后如图 9-30 所示。

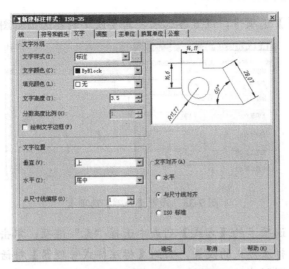

图 9-30　设置【文字】选项卡

[6]　选择【调整】选项卡，设置各选项，需要改变的各选项修改后如图 9-31 所示。

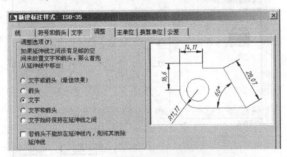

图 9-31　设置【调整】选项卡

[7]　选择【主单位】选项卡，设置各选项，需要改变的各选项如图 9-32 所示。

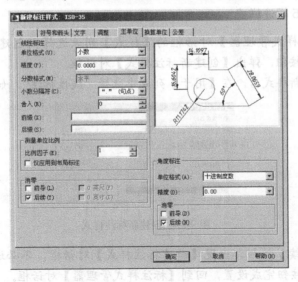

图 9-32　设置【主单位】选项卡

[8] 选择【公差】选项卡，设置各选项，需要改变的各选项如图9-33所示。

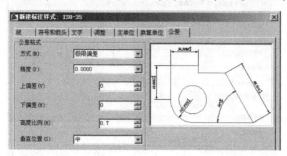

图9-33 设置【公差】选项卡

[9] 在【公差】选项卡的【方式】列表中选择"无"选项，单击【确定】按钮，完成 "ISO-35"标注样式的设置，回到【标注样式管理器】对话框，此时其【样式】列表中显示刚创建的"ISO-35"，如图9-34所示。

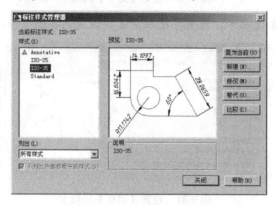

图9-34 标注样式管理器

3. 细化 ISO-35 标注样式

[1] 在【标注样式管理器】对话框的【样式】列表选择刚创建的"ISO-35"，单击【新建】按钮，弹出【创建新标注样式】对话框。

[2] 不必输入新样式名，在【用于】列表中选择"线性标注"，如图9-35所示。

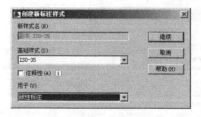

图9-35 创建新标注样式

[3] 单击【继续】按钮，出现【新建标注样式】对话框，不必进行任何设置，单击【确定】按钮完成设置，回到【标注样式管理器】对话框。

[4] 在【标注样式管理器】对话框的【样式】列表选择 "ISO-35"，单击【新建】按

钮，弹出【创建新标注样式】对话框。

[5] 不必输入新样式名，在【用于】列表中选择"角度标注"，单击【继续】按钮，出现【新建标注样式】对话框，选择【文字】选项卡，勾选【文字对齐】选项组的【水平】选项，设置角度尺寸数字为水平注写。

[6] 单击【确定】按钮完成设置，回到【标注样式管理器】对话框。

[7] 在【标注样式管理器】对话框的【样式】列表选择 "ISO-35"，单击【新建】按钮，弹出【创建新标注样式】对话框。

[8] 不必输入新样式名，在【用于】列表中选择"半径标注"，单击【继续】按钮，出现【新建标注样式】对话框，选择【文字】选项卡，勾选【文字对齐】选项组的【ISO 标准】选项，设置角度尺寸数字为 ISO 标准。

[9] 选择【调整】选项卡，勾选【优化】选项组的【手动放置文字】选项。单击【确定】按钮完成设置，回到【标注样式管理器】对话框。

[10] 按照步骤[7]～[9]相同的设置方式和内容设置"直径标注"，完成设置后【标注样式管理器】对话框如图 9-36 所示。此时 ISO-35 样式下有四种子样式。

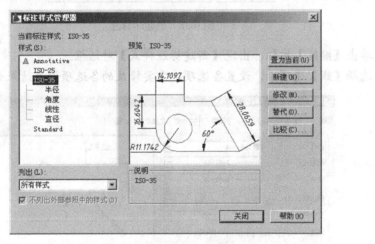

图 9-36　完成 ISO-35 的细化

4. 创建名为"线性直径"的尺寸样式

[1] 在【标注样式管理器】对话框的【样式】列表选择 "ISO-35"，单击【新建】按钮，弹出【创建新标注样式】对话框。

[2] 在【新样式名】编辑框输入"线性直径"，设置对话框如图 9-37 所示。

图 9-37　创建线性直径

[3] 单击【继续】按钮，出现【新建标注样式】对话框。选择【主单位】选项卡，在【前缀】编辑框输入"%%c"，单击【确定】按钮完成设置，回到【标注样式管理器】对话框。

5. 创建名为"半标注"的尺寸样式

[1] 在【标注样式管理器】对话框的【样式】列表选择刚创建的"线性直径"，单击【新建】按钮，弹出【创建新标注样式】对话框。

[2] 在【新样式名】编辑框输入"半标注"，设置对话框如图 9-38 所示。

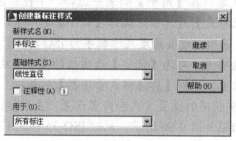

图 9-38　创建半标注

[3] 单击【继续】按钮，出现【新建标注样式】对话框。

[4] 选择【线】选项卡，设置各选项，需要修改的各选项设置结果如图 9-39 所示。

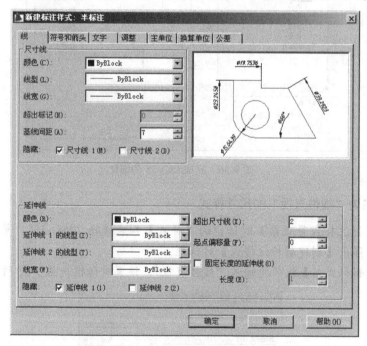

图 9-39　设置【线】选项卡

[5] 选择【调整】选项卡，勾选【优化】选项组的【手动放置文字】选项。

[6] 选择【主单位】选项卡，在【测量单位比例】选项组的【比例因子】编辑框设置

比例因子为"2"。

[7] 单击【确定】按钮完成设置，回到【标注样式管理器】对话框，此时对话框如图 9-40 所示，【样式】列表中显示刚设置的各标注样式。

[8] 在【标注样式管理器】对话框的【样式】列表选择"ISO-35"，单击【置为当前】按钮，将"ISO-35"设置为当前标注样式。

[9] 单击【关闭】按钮，将【标注样式管理器】对话框关闭。

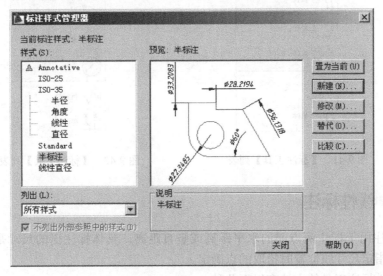

图 9-40　完成标注样式设置

6. 保存文件

单击快速访问工具栏【保存】工具 ，将其保存。

9.2　尺寸标注

完成标注样式的设置后，就可以使用各种尺寸标注工具进行尺寸标注了。在标注尺寸前，先把设置好所需使用的标注样式，并将其设置为当前标注样式，方法是在【标注】面板的【标注样式】列表中选择该样式，使其置顶，也可以在展开的【注释】面板中的【标注样式】列表中选择该样式，使其置顶。

常用的尺寸标注工具可在【常用】面板组的【注释】面板的【标注工具】列表 中选取。【标注工具】列表包括两部分，左侧的尺寸标注工具和右侧的下箭头 ，单击右侧的下箭头 可以在出现的下拉列表中选择合适的尺寸标注工具，此时左侧显示该工具。单击左侧的工具即可进行当前类型的尺寸标注，【注释】面板的【标注工具】列表如图 9-41 所示。也可以使用【注释】面板组的【标注】面板中的【标注工具】及列表 选取各种尺寸标注工具进行尺寸标注，【标注】面板的【标注工具】列表如图 9-42 所示。还可在命令行输入相应命令调用各种标注工具。

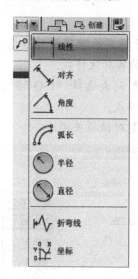

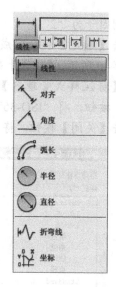

图 9-41 【标注工具】列表   图 9-42 【标注工具】列表

9.2.1 线性标注

线性标注用于标注两点间的水平距离或竖直距离，具体标注出的尺寸是水平还是竖直，要根据指定尺寸线位置时拾取的点确定。

调用线性标注工具的方法有以下几种：

- 工具面板：在【常用】面板组的【注释】面板中选择【线性】工具 ，或者在【注释】面板组的【标注】面板中选择【线性】工具 。
- 命令行：在命令行"命令："提示后输入 dimlinear，空格或回车确认。

调用线性标注后，根据命令行提示进行操作可标注线性尺寸。

> 命令: _dimlinear   // 调用线性标注工具
>
> 指定第一条延伸线原点或 <选择对象>:   // 指定第一条尺寸界线的引出点，也可空格或回车
>   使用"< >"内的缺省选项，然后根据提示选择直线、圆或者圆弧进行标注
>
> 指定第二条延伸线原点: // 指定第二条尺寸界线的引出点
>
> 指定尺寸线位置或[多行文字(M)/文字(T)/角度(A)/水平(H)/垂直(V)/旋转(R)]:
>   // 指定点确定尺寸线的位置，标注出尺寸，或者使用"[ ]"内的选项进行设置

[ ]内各选项的含义如下：

- 多行文字（M）：输入 m，空格或回车确认，出现多行文字编辑器，可在其中编辑文字代替自动测量的尺寸数值。
- 文字（T）：输入 t，空格或回车确认，根据命令行提示输入文字代替自动测量的尺寸数值。
- 角度（A）：输入 a，空格或回车确认，根据提示输入角度，尺寸数字将旋转输入的角度。
- 水平（H）：输入 h，空格或回车确认，只能标注水平线性尺寸。
- 垂直（V）：输入 v，空格或回车确认，只能标注竖直线性尺寸。

● 旋转（R）：输入 r，空格或回车确认，根据提示输入角度，尺寸线按旋转的角度旋转。

> 📖 提醒：使用"选择对象"方式进行线性标注时，如果选择的对象是直线或圆弧，则标注的是直线或圆弧两端点的水平距离或竖直距离，如果选择的对象是圆，则标注两端点水平或竖直距离。

【例 9-2】线性标注实例。

标注如图 9-43 所示图形的尺寸，结果如图 9-44 所示。

🎩 设计过程

[1] 单击快速访问工具栏【打开】按钮📂，打开"……第 9 章\例题\例 9-2.dwg"。

[2] 在【常用】面板组，单击展开的【注释】面板中的【标注样式】列表，从中选取 "ISO-35" 样式，将其置顶设置为当前标注样式。

[3] 单击【注释】面板中的【线性】工具╟，根据命令行提示，操作如下：

命令: _dimlinear   // 调用线性标注工具

指定第一条延伸线原点或 <选择对象>:   // 使用自动对象捕捉工具，鼠标左键单击拾取 1 点（"✕"标志处），如图 9-45 所示

指定第二条延伸线原点: // 使用自动对象捕捉工具，鼠标左键单击拾取 2 点（"✕"标志处），如图 9-45 所示

指定尺寸线位置或[多行文字(M)/文字(T)/角度(A)/水平(H)/垂直(V)/旋转(R)]:   // 鼠标左键单击拾取 3 点（"✕"标志处），如图 9-45 所示，完成尺寸 30 的标注，如图 9-46 所示

[4] 单击【注释】面板中的【线性】工具╟，根据命令行提示，操作如下：

命令: _dimlinear   // 调用线性标注工具

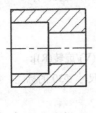

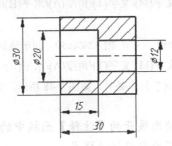

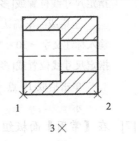

图 9-43 原图　　　　　图 9-44 结果　　　　　图 9-45 指定点

指定第一条延伸线原点或 <选择对象>:   // 空格或回车，使用选取对象方式标注尺寸

选择对象: // 在 4 点（"□"标志处）位置拾取直线，如图 9-46 所示

指定尺寸线位置或[多行文字(M)/文字(T)/角度(A)/水平(H)/垂直(V)/旋转(R)]:   // 鼠标左键单击拾取 5 点（"✕"标志处），如图 9-46 所示，完成尺寸 15 的标注，如图 9-47 所示

[5] 单击【注释】面板中的【线性】工具╟，根据命令行提示，操作如下：

命令: _dimlinear　　// 调用线性标注工具

指定第一条延伸线原点或 <选择对象>:　　　// 使用自动捕捉工具，鼠标左键单击拾取 6 点
　　（"×"标志处），如图 9-47 所示

指定第二条延伸线原点:　　　// 使用自动捕捉工具，鼠标左键单击拾取 7 点（"×"标志
　　处），如图 9-47 所示

指定尺寸线位置或[多行文字(M)/文字(T)/角度(A)/水平(H)/垂直(V)/旋转(R)]:m
　　// 输入 m，空格或回车确认，出现多行文字编辑区，在编辑区中出现的数字前添加
　　"%%c"，则在文字前添加了 Φ，在编辑区外部任何位置单击鼠标左键，完成文字修改

指定尺寸线位置或[多行文字(M)/文字(T)/角度(A)/水平(H)/垂直(V)/旋转(R)]:　　// 鼠标左键
　　单击拾取 8 点（"×"标志处），如图 9-47 所示，完成尺寸 Φ20 的标注，如图 9-48 所示

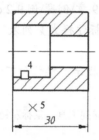
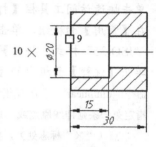

图 9-46　指定对象　　　　　　　图 9-47　指定点　　　　　　　图 9-48　指定对象

[6] 单击【注释】面板中的【线性】工具▯，根据命令行提示，操作如下：

命令: _dimlinear　　// 调用线性标注工具

指定第一条延伸线原点或 <选择对象>:　　　// 空格或回车，使用选取对象方式标注尺寸

选择对象:　　// 在 9 点（"▯"标志处）位置拾取直线，如图 9-48 所示

指定尺寸线位置或[多行文字(M)/文字(T)/角度(A)/水平(H)/垂直(V)/旋转(R)]:t　　　// 输入 t，
　　空格或回车确认

输入标注文字 <30>: %%c30　　// 输入%%c30，回车确认

指定尺寸线位置或[多行文字(M)/文字(T)/角度(A)/水平(H)/垂直(V)/旋转(R)]:　　　// 鼠标左键
　　单击拾取 10 点（"×"标志处），如图 9-48 所示，完成尺寸 Φ30 的标注，如图 9-49 所
　　示

[7] 在【常用】面板组，使用展开的【注释】面板中的【标注样式】列表选择"线性
直径"样式，将其设置为当前标注样式。

[8] 单击【注释】面板中的【线性】工具▯，根据命令行提示，操作如下：

命令: _dimlinear　　// 调用线性标注工具

指定第一条延伸线原点或 <选择对象>:　　　// 使用自动捕捉工具，鼠标左键单击拾取 11 点
·　（"×"标志处），如图 9-49 所示

指定第二条延伸线原点:
　　// 使用自动捕捉工具，鼠标左键单击拾取 12 点（"×"标志处），如图 9-49 所示

指定尺寸线位置或[多行文字(M)/文字(T)/角度(A)/水平(H)/垂直(V)/旋转(R)]:
　　// 鼠标左键单击拾取 13 点（"×"标志处），如图 9-49 所示，完成尺寸 Φ12 的标注，

如图 9-50 所示

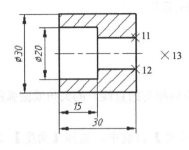

图 9-49　指定点

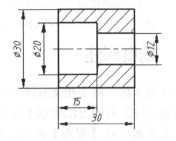

图 9-50　完成标注

> 📖 **提醒：** 使用合适的标注样式，能提高标注尺寸的速度，在标注尺寸前，应先将合适的标注样
> 式设置为当前标注样式，并且将当前图层设置为"尺寸线"层。

9.2.2　对齐标注

对齐标注用于标注两点间的距离，尺寸线平行于两点连线。使用"选择对象"方式进行对齐标注时，如果选择的对象是直线或圆弧，则标注的是直线或圆弧两端点的距离，如果选择的是圆，则标注的是通过选取位置的直径的两端点距离，如图 9-51 所示。

调用对齐标注工具的方法有以下几种：

- 工具面板：在【常用】面板组的【注释】面板中，单击【线性】工具 ┡▾ 右侧的下箭头 ▾，在出现的下拉列表中选择【对齐】工具 ╲，此时【注释】面板中的标注工具显示为【对齐】工具 ╲。或者在【注释】面板组的【标注】面板中选择 线性▾ 列表工具，在出现的下拉列表中选择【对齐】工具 ╲，此时标注工具显示为【对齐】工具 ╲。
- 命令行：在命令行"命令:"提示后输入 dimaligned，空格或回车确认。

对象为直线

对象为圆弧

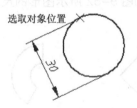
对象为圆

图 9-51　选取不同对象进行对齐标注的结果

调用对齐标注工具后，根据命令行提示进行操作可进行对齐标注。

命令:_dimaligned　　// 调用对齐标注工具
指定第一条延伸线原点或 <选择对象>:　　// 指定第一条尺寸界线的引出点，也可空格或回
　　　车使用"< >"内的缺省选项，然后根据提示选择直线、圆或者圆弧进行对齐标注
指定第二条延伸线原点:　　// 指定第二条尺寸界线的引出点

指定尺寸线位置或[多行文字(M)/文字(T)/角度(A)]:   // 指定点确定尺寸线的位置，标注出

     尺寸，或者使用"[ ]"内的选项进行设置

"[ ]"各选项的含义同线性标注。

9.2.3 角度标注

角度标注用来标注两条相交直线（或延伸后相交的直线）的夹角或圆弧的圆心角。

调用角度标注工具的方法有以下几种：

- 工具面板：在【常用】面板组的【注释】面板中，选择【角度】工具 △，或者在【注释】面板组的【标注】面板中选【角度】工具 △，使用方法和对齐标注工具一样。

- 命令行：在命令行"命令:"提示后输入 dimangular，空格或回车确认。

调用角度标注工具后，根据命令行提示进行操作可进行角度标注。

命令:_dimangular   // 调用角度标注工具

选择圆弧、圆、直线或 <指定顶点>:   // 直接选择圆弧标注其圆心角，或选择直线然后根

     据提示选择第二条直线标注两直线夹角，或者空格回车使用指定顶点和角的两边上的点

     标注角度，此时提示如下

指定角的顶点: // 指定角的顶点

指定角的第一个端点: // 在角的一条边上指定点

指定角的第二个端点: // 在角的另一条边上指定点

指定标注弧线位置或 [多行文字(M)/文字(T)/角度(A)/象限点(Q)]:   // 指定点确定尺寸线的

     位置，标注出角度，或者使用"[ ]"内的选项进行设置

"[ ]"各选项的含义同线性标注。其中使用"象限点（Q）"选项时，根据提示指定标注应锁定到的象限。使用"象限"选项将标注文字放置在角度标注外时，尺寸线会延伸超过尺寸界线。

【例 9-3】角度标注实例。

标注如图 9-52 所示图形的尺寸，结果如图 9-53 所示。

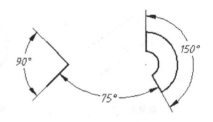

图 9-52   原图   图 9-53   结果

设计过程

[1] 单击快速访问工具栏【打开】按钮，打开 "……第 9 章\例题\例 9-3.dwg"。

[2] 在【常用】面板组，使用展开的【注释】面板中的【标注样式】列表选择 "ISO-35"，将其设置为当前标注样式。

[3] 在【常用】面板组的【图层】面板中，单击【图层】列表，在其中选择"尺寸线"层，将其设置为当前图层。

[4] 在【常用】面板组的【注释】面板中，选择【角度】工具△，根据命令行提示操作。

> 命令:_dimangular　　// 调用角度标注工具
>
> 选择圆弧、圆、直线或 <指定顶点>:
>
> 　　// 在1点（"□"标志处）位置处选择圆弧，如图9-54所示
>
> 指定标注弧线位置或 [多行文字(M)/文字(T)/角度(A)/象限点(Q)]:
>
> 　　// 在2点（"×"标志处）位置处单击鼠标左键指定尺寸线位置，如图9-54所示，结果如图9-55所示

[5] 在【常用】面板组的【注释】面板中，选择【角度】工具△，根据命令行提示操作。

> 命令:_dimangular　　// 调用角度标注工具
>
> 选择圆弧、圆、直线或 <指定顶点>:
>
> 　　// 在3点（"□"标志处）位置处选择第一条直线，如图9-55所示
>
> 选择第二条直线:
>
> 　　// 在4点（"□"标志处）位置处选择第二条直线，如图9-55所示
>
> 指定标注弧线位置或 [多行文字(M)/文字(T)/角度(A)/象限点(Q)]:　　// 在5点（"×"标志处）位置处单击鼠标左键指定尺寸线位置，如图9-55所示，结果如图9-56所示

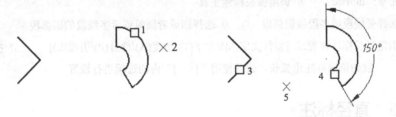

图 9-54　标注圆弧　　　　　　　　图 9-55　标注两直线

[6] 在【常用】面板组的【注释】面板中，选择【角度】工具△，根据命令行提示操作。

> 命令:_dimangular　　// 调用角度标注工具
>
> 选择圆弧、圆、直线或 <指定顶点>:　　// 空格或回车，确认使用"指定顶点"方式
>
> 指定角的顶点:　　// 使用自动捕捉工具，拾取6点（"×"标志处）作为顶点，如图9-56所示
>
> 指定角的第一个端点:　　// 使用自动捕捉工具，拾取7点（"×"标志处）作为角一边上的点，如图9-56所示
>
> 指定角的第二个端点:　　// 使用自动捕捉工具，拾取8点（"×"标志处）作为角另一边上的点，如图9-56所示
>
> 指定标注弧线位置或 [多行文字(M)/文字(T)/角度(A)/象限点(Q)]:　　// 在9点（"×"标志

处）位置处单击鼠标左键指定尺寸线位置，如图 9-56 所示，结果如图 9-57 所示

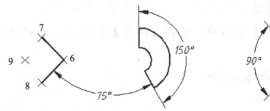

图 9-56　指定顶点标注

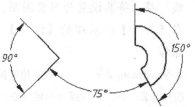

图 9-57　完成角度标注

9.2.4　弧长标注

弧长标注用来标注选定圆弧的弧长，标注时先根据提示选择圆弧，然后指定点确定尺寸线所在位置，如图 9-58 所示。其中"□"标志处为选取对象的位置，"×"标志处为指定尺寸线的位置。

调用弧长标注工具的方法有以下几种：

- 工具面板：在【常用】面板组的【注释】面板中，选择【弧长】工具，或者在【注释】面板组的【标注】面板中选【弧长】工具。
- 命令行：在命令行"命令："提示后输入 dimarc，空格或回车确认。

调用弧长标注工具后，根据命令行提示进行操作可进行弧长标注。

> 命令: _dimarc　　// 调用弧长标注工具
>
> 选择弧线段或多段线圆弧段:　　// 选择圆或者圆弧或者多段线的圆弧段
>
> 指定弧长标注位置或 [多行文字(M)/文字(T)/角度(A)/部分(P)/引线(L)]:　　// 指定点确定尺寸
> 　　线的位置标注出弧长，或者使用"[　　]"内的选项进行设置

9.2.5　直径标注

直径标注用来标注选定圆或者圆弧的直径，标注时先根据提示选择圆或圆弧，然后指定点确定尺寸线所在位置，如图 9-59 所示，其中"□"标志处为选取对象的位置，"×"标志处为指定尺寸线的位置。

调用直径标注工具的方法有以下几种：

- 工具面板：在【常用】面板组的【注释】面板中，选择【直径】工具，或者在【注释】面板组的【标注】面板中选【直径】工具。
- 命令行：在命令行"命令："提示后输入 dimdiameter，空格或回车确认。

调用直径标注工具后，根据命令行提示进行操作可进行直径标注。

> 命令: _dimdiameter　　// 调用直径标注工具
>
> 选择圆弧或圆:　　// 选择圆或者圆弧
>
> 指定尺寸线位置或 [多行文字(M)/文字(T)/角度(A)]:　　// 指定点确定尺寸线的位置标注直

径，或者使用"[　]"内的选项进行设置

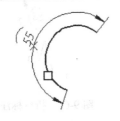

图 9-58　标注弧长　　　　　　　　　图 9-59　标注直径

9.2.6　半径标注

半径标注用来标注选定圆或者圆弧的半径，标注时先根据提示选择圆或圆弧，然后指定点确定尺寸线所在位置，如图 9-60 所示，其中"□"标志处为选取对象的位置，"×"标志处为指定尺寸线的位置。

调用半径标注工具的方法有以下几种：

- 工具面板：在【常用】面板组的【注释】面板中，选择【半径】工具🔘，或者在【注释】面板组的【标注】面板中选【半径】工具🔘。
- 命令行：在命令行"命令:"提示后输入 dimradius，空格或回车确认。

调用半径标注工具后，根据命令行提示进行操作可进行半径标注。

> 命令: _dimradius　　// 调用半径标注工具
>
> 选择圆弧或圆:　　// 选择圆或者圆弧
>
> 指定尺寸线位置或 [多行文字(M)/文字(T)/角度(A)]:　　// 指定点确定尺寸线的位置标注半径，或者使用"[　]"内的选项进行设置

9.2.7　折弯标注

折弯标注用于大圆弧的标注。标注时，先选取圆或圆弧，再拾取点指定虚拟的圆心，然后根据提示指定点确定尺寸线位置，最后指定折弯位置即可。

在命令行"命令:"提示后输入 dimjogged，空格或回车确认，调用折弯标注工具。调用折弯标注工具后，根据命令行提示进行操作可进行折弯标注。

> 命令: _dimjogged　　// 调用折弯标注工具
>
> 选择圆弧或圆:　　// 选择圆或圆弧
>
> 指定图示中心位置:　　// 指定点确定虚拟圆心的位置，如图 9-61 中所示的 1 点（"×"标志）
>
> 指定尺寸线位置或 [多行文字(M)/文字(T)/角度(A)]:　　// 指定点确定尺寸线的位置，如图 9-61 中所示的 2 点（"×"标志）
>
> 指定折弯位置:　　// 指定点确定折弯的位置，如图 9-61 中所示的 3 点（"×"标志）

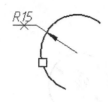

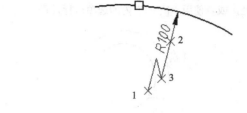

图 9-60　标注半径　　　　　　　图 9-61　折弯标注

9.2.8　连续标注

使用连续标注工具可以创建首尾相连的尺寸标注，各尺寸的尺寸线对齐。

调用连续标注工具的方法有以下几种：

- 工具面板：在【注释】面板组的【标注】面板中选【连续】工具 ᚻ 。
- 命令行：在命令行"命令:"提示后输入 dimcontinue，空格或回车确认。

调用连续标注工具后，根据命令行提示进行操作可进行连续标注。

【例 9-4】连续标注实例。

标注如图 9-62 所示图形的尺寸，结果如图 9-63 所示。

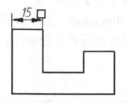

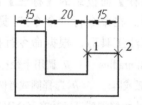

图 9-62　原图　　　　　　　　图 9-63　结果

🐢 设计过程

在【注释】面板组的【标注】面板中选【连续】工具 ᚻ ，根据命令行提示操作：

```
命令: _dimcontinue    // 调用连续标注命令
指定第二条延伸线原点或 [放弃(U)/选择(S)] <选择>:    // 空格或回车确认< >内选项，使用
    选择方式定义连续标注的引出位置
选择连续标注:    // 在如图 9-62 中"□"标记处选择尺寸界线，定义和连续标注对齐的标
    注及引出点位置
指定第二条延伸线原点或 [放弃(U)/选择(S)] <选择>:    // 指定 1 点（"×" 标志）作为尺
    寸界线的引出点，如图 9-63 所示
指定第二条延伸线原点或 [放弃(U)/选择(S)] <选择>:    // 指定 2 点（"×" 标志）作为尺
    寸界线的引出点，如图 9-63 所示
指定第二条延伸线原点或 [放弃(U)/选择(S)] <选择>:    // 空格或回车结束连续标注，结果
    如图 9-63 中尺寸所示
选择连续标注:    // 空格或回车退出命令
```

9.2.9 基线标注

使用基线标注工具可以创建共用同一基准的多个尺寸，尺寸线间的距离由标注样式管理器中的基线间距控制。

调用基线标注工具的方法有以下几种：

- 工具面板：在【注释】面板组的【标注】面板中选【基线】工具 ⊢。
- 命令行：在命令行"命令:"提示后输入 dimbaseline，空格或回车确认。

调用基线标注工具后，根据命令行提示进行操作可进行基线标注。

【例 9-5】基线标注实例。

标注如图 9-64 所示图形的尺寸，结果如图 9-65 所示。

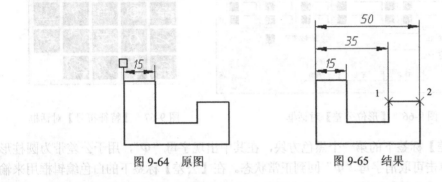

图 9-64　原图　　　　　　图 9-65　结果

设计过程

在【注释】面板组的【标注】面板中选【基线】工具 ⊢，根据提示操作如下：

```
命令:_dimbaseline        // 调用基线标注工具

指定第二条延伸线原点或 [放弃(U)/选择(S)] <选择>:        // 空格或回车选择确认< >内选
    项，使用选择方式定义连续标注的基准位置

选择基准标注:     // 在如图 9-64 中"□"标记处选择尺寸界线，定义基线标注的引出点位置

指定第二条延伸线原点或 [放弃(U)/选择(S)] <选择>:        // 指定 1 点作为尺寸界线的引出
    点，如图 9-65 所示

指定第二条延伸线原点或 [放弃(U)/选择(S)] <选择>:        // 指定 2 点作为尺寸界线的引出
    点，如图 9-65 所示

指定第二条延伸线原点或 [放弃(U)/选择(S)] <选择>:        // 空格或回车结束基线标注，结果
    如图 9-65 所示

选择基准标注:     // 空格或回车退出命令
```

　📖 提醒：提示选择连续标注或者基准标注时，要在作为基准的尺寸界线处选取标注。

9.2.10 形位公差标注

形位公差标注工具用来标注形状公差和位置公差，调用形位公差标注工具的方法有以下几种：

- 工具面板：在【注释】面板组展开的【标注】面板中选【公差】工具 ⊞ 。
- 命令行：在命令行"命令:"提示后输入 tolerance，空格或回车确认。

调用形位公差标注工具后，弹出【形位公差】对话框，如图 9-66 所示。在其中可以设置形位公差的各项内容。

单击【符号】标签下的黑色方块，弹出【特征符号】对话框，如图 9-67 所示从中选取形位公差的符号。其中共有 8 种位置公差符号和 6 种形状公差符号。对话框中有公差1，公差 2、基准 1、基准 2 和基准 3 标签，适用于多公差多基准的情况，当只有单个公差基准时，只设置公差 1 和基准 1 即可。

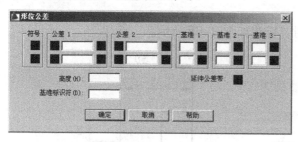

图 9-66　【形位公差】对话框　　　　　　　图 9-67　【特征符号】对话框

单击【公差】标签下的第一个黑色方块，在其中出现字母"Φ"，用于公差带为圆柱形的情况，再次单击可取消字母"Φ"回到正常状态。在【公差】标签下的白色编辑框用来输入公差值。单击【公差】标签下的第 2 个黑色方块出现【附加符号】对话框，如图 9-68 所示。可从中选择包容条件，如果不需要包容条件，单击【附加符号】对话框中的白色方块即可。

在【基准】标签下的白色编辑框可以输入基准代号，要使用相应的大写字母，如"A"、"B"等，单击【基准】标签下的黑色方块也会出现【附加符号】对话框，可从中选择基准的包容条件。完成设置后单击【确定】按钮，根据提示在绘图区指定公差放置的点即可。

使用【公差】工具不能自动画出引线，故一般使用快速引线直接标注公差，将在下面章节详细讲解。

图 9-68　【附加符号】对话框

9.3　编辑标注

标注的编辑是指对标注的文字内容的修改、标注样式的改变、标注的文字和引出点及其箭头位置的变化等。

1. 修改文字内容

对于已经完成标注的尺寸，常用 ddedit 命令修改尺寸文字的内容，具体步骤下：

[1] 在命令行"命令:"提示状态下输入 ddedit，空格或回车确认。

[2] 命令行提示："选择注释对象或 [放弃(U)]:"，此时在图形区选择已经标注的尺寸，在原尺寸文字位置出现文字编辑区。

[3] 在文字编辑区编辑文字，完成后在文字编辑区以外的位置单击鼠标左键完成修改。

[4] 命令行提示："选择注释对象或 [放弃(U)]:"，此时可继续选择要编辑的尺寸，或者直接空格或回车退出命令。

【例9-6】修改尺寸文字内容。

将如图 9-69 所示的尺寸修改为带尺寸公差的形式，结果如图 9-70 所示。

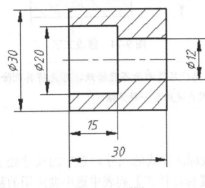

图 9-69　原图

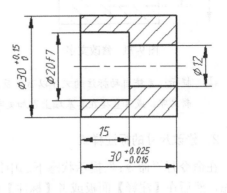

图 9-70　修改后

🖐 设计过程

在命令行"命令:"提示状态下输入 ddedit，空格或回车确认，根据提示操作如下：

ddedit　　// 输入 ddedit，空格或回车结束

选择注释对象或 [放弃(U)]:　　// 选择尺寸 30，图形区出现文字编辑区，如图 9-71 所示，在其中输入"30 +0.025^-0.016"，自动变为"30 +0.025^-0.016"，选中其中的"+0.025^-0.016"，单击鼠标右键，在出现的快捷菜单选择【堆叠】命令，结果如图 9-72 所示，然后在文字编辑区以外单击鼠标左键完成修改

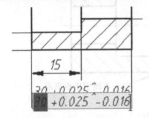

图 9-71　文字编辑区

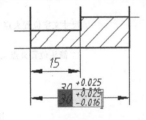

图 9-72　修改文字

选择注释对象或 [放弃(U)]:　　// 选择尺寸 Φ20，图形区出现文字编辑区，按键盘"→"，跳过原文字，在其后输入 f7，文字变为 Φ20f7，如图 9-73 所示，然后在文字编辑区以外单击鼠标左键完成修改

选择注释对象或 [放弃(U)]:　　// 选择尺寸 Φ30，图形区出现文字编辑区，按键盘"→"，跳过原文字，在其后输入" +0.15^ 0"，自动变为"Φ30 +0.15^ 0"，选中其中的" +0.15^ 0"，单击鼠标右键，在出现的快捷菜单选择【堆叠】命令，结果如图 9-74 所示，然后在文字编辑区以外单击鼠标左键完成修改（输入文字时，注意空格）

选择注释对象或 [放弃(U)]:　　// 空格或回车完成修改，如图 9-70 所示

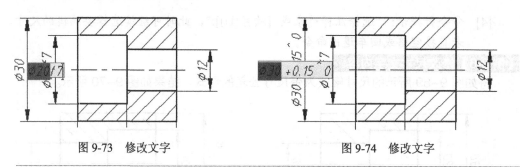

图 9-73　修改文字　　　　　　　　　　图 9-74　修改文字

📖 提示: 系统自动标注的文字以蓝色反显形式出现, 只能删除不能修改, 可先将其删除再输入新文字, 或者直接在其基础上添加文字, 建议用户使用后一种方法。

2. 修改尺寸的标注样式

在命令行"命令:"提示状态下选中需要修改标注样式的尺寸, 选中的尺寸处于夹点状态, 然后在【注释】面板或者【标注】面板的【标注样式】列表中选中要应用的新标注样式即可。修改完成后, 按键盘 Esc 键取消夹点状态。

3. 尺寸要素位置的修改

在命令行"命令:"提示状态下选中需要修改的尺寸, 此时尺寸处于夹点编辑状态, 其中有文字位置夹点、尺寸界线引出点夹点、尺寸箭头位置夹点等, 如图 9-75 所示。当需要修改这些要素的位置时, 鼠标单击选中对应夹点, 移动到合适的位置单击鼠标左键即可完成修改。

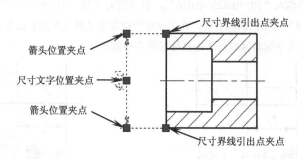

图 9-75　尺寸夹点

4. 调整尺寸间距

对于多个尺寸, 有时需要整理已经标注的尺寸将其对齐或者使其尺寸线间距满足要求, 达到清晰的目的。这时需要用到【标注间距】工具。调用【标注间距】工具的方法有以下几种:

- 工具面板: 在【注释】面板组的【标注】面板中选择【标注间距】工具📊。
- 命令行: 在命令行"命令:"提示后输入 dimspace, 空格或回车确认。

调用【标注间距】工具后, 根据提示操作即可完成尺寸对齐。

【例 9-7】调整尺寸间距实例。

将如图 9-76 所示的尺寸修改为如图 9-77 所示的形式。

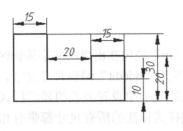

图 9-76　原图

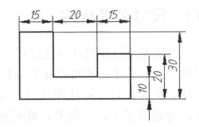

图 9-77　结果

♞ 设计过程

[1] 在【注释】面板组的【标注】面板中选择【标注间距】工具，根据提示操作如下。

> 命令:_dimspace　　// 调用【调整间距】工具
>
> 选择基准标注:　　// 选择左侧的尺寸 15 作为调整间距的基准，调整后该标注位置不动
>
> 选择要产生间距的标注:找到 1 个　　// 选择尺寸 20，提示选中的数量
>
> 选择要产生间距的标注:找到 1 个，总计 2 个　　// 选择右侧尺寸 15，提示选中的数量
>
> 选择要产生间距的标注:　　// 空格或回车，完成尺寸选取
>
> 输入值或 [自动(A)] <自动>: 0　　// 输入 0，空格或回车设置尺寸线的间距为 0，即将尺寸
> 　　线对齐，如图 9-77 所示

[2] 在【注释】面板组的【标注】面板中选择【标注间距】工具，根据提示操作如下。

> 命令:_dimspace　　// 调用【调整间距】工具
>
> 选择基准标注:　　// 选择竖直尺寸 10 作为调整间距的基准，调整后该标注位置不动
>
> 选择要产生间距的标注:找到 1 个　　// 选择竖直尺寸 20，提示选中的数量
>
> 选择要产生间距的标注:找到 1 个，总计 2 个　　// 选择竖直尺寸 30，提示选中的数量
>
> 选择要产生间距的标注:　　// 空格或回车，完成尺寸选取
>
> 输入值或 [自动(A)] <自动>: 9　　// 输入 9，空格或回车设置尺寸线的间距为 9，即将尺寸
> 　　线对齐，如图 9-77 所示

📖 提醒: 在提示"输入值或 [自动(A)] <自动>:"时可以输入选中各尺寸的间距，使用"自动"选项时，间距按照【标注样式管理器】中设置的【基线间距】值调整，当间距为 0 时，各尺寸对齐。

9.4　其他标注技巧

在实际标注过程中，尺寸公差的标注、形位公差的标注及倒角的标注都有很高的技巧，掌握这些技巧对于用户来说尤为重要。

9.4.1 尺寸公差标注

标注尺寸公差可以在尺寸标注过程中使用"m"选项在出现的文字编辑区修改文字，然后使用堆叠工具完成，也可以在完成标注后使用"ddedit"编辑尺寸文字，然后使用堆叠工具完成。如果在设置标注样式时，在公差选项卡中设置公差的显示样式为"极限偏差"形式，并设置了上、下偏差，此时使用该样式标注的所有尺寸都带有相同的尺寸公差，当然不符合设计要求，故这种方法不适用。

工程上，标注尺寸公差使用三个命令和尺寸标注工具完成。这三个命令分别是：dimtol，dimtp，dimtm。它们分别控制尺寸公差的开/关，上偏差的数值和下偏差的数值。

使用命令标注尺寸公差的步骤如下：

[1] 在命令行"命令:"提示状态下输入 dimtol，空格或回车确认，系统提示"输入 DIMTOL 的新值 <关>:"，可以输入两个选项，一个是 on，表示打开尺寸公差的标注，一个是 off，表示关闭尺寸公差的标注，此处输入 on，空格或回车确认。

[2] 在命令行"命令:"提示状态下输入 dimtp，空格或回车确认，系统提示"输入 DIMTP 的新值 <0.0000>:"，此时输入上偏差的值，只输入数值，上偏差为正，如果上偏差为负，需要输入负值。

[3] 在命令行"命令:"提示状态下输入 dimtm，空格或回车确认，系统提示"输入 DIMTM 的新值 <0.0000>:"，此时输入下偏差的值，只输入数值，下偏差为负，如果下偏差为正，需要输入负值。

[4] 选择任意尺寸标注工具标注尺寸，所标的尺寸按照 dimtp 和 dimtm 命令设置的上、下偏差标注尺寸。

[5] 使用 dimtp 和 dimtm 命令设置新的上、下偏差，并标注其他带尺寸公差的尺寸。

[6] 使用 dimtol 命令关闭尺寸公差的标注，回到标注基本尺寸的状态。

9.4.2 形位公差标注

使用【公差】工具标注形位公差时缺少引线，使用快速引线命令"qleader"可以方便地解决此问题。

【例 9-8】使用快速引线标注形位公差。

利用图 9-78 所示图形完成如图 9-79 所示的尺寸公差和形位公差。

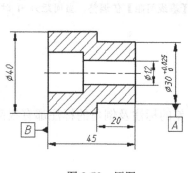

图 9-78　原图

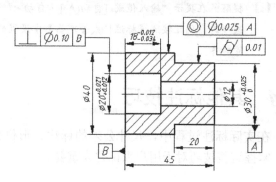

图 9-79　结果

设计过程

1. 标注尺寸公差

[1] 设置当前的尺寸标注样式为"线性直径"。

[2] 在"命令:"提示状态下输入 dimtol，空格或回车确认，系统提示"输入 DIMTOL 的新值 <关>:"，输入 on，空格或回车确认，打开尺寸公差标注状态。

[3] 在命令行"命令:"提示状态下输入 dimtp，空格或回车确认，系统提示"输入 DIMTP 的新值 <0.0000>:"，输入 0.021，空格或回车确认，完成上偏差设置。

[4] 在命令行"命令:"提示状态下输入 dimtm，空格或回车确认，系统提示"输入 DIMTM 的新值 <0.0000>:"，输入-0.012，空格或回车确认，完成下偏差设置。

[5] 单击【注释】面板中的【线性】工具 ⊢⊣，标注右侧尺寸，标出的尺寸如图 9-79 左侧第二个竖直尺寸所示。

[6] 在"命令:"提示状态下输入 dimtol，空格或回车确认，系统提示"输入 DIMTOL 的新值 <关>:"，输入 off，空格或回车确认，关闭尺寸公差标注状态。

📖 **提醒**：因为大多数尺寸不需要标注尺寸公差，故标完带尺寸公差的尺寸后需及时关闭尺寸公差选项，且不同的尺寸标注样式要单独设置。

[7] 设置当前的尺寸标注样式为"ISO-35"。

[8] 在"命令:"提示状态下输入 dimtol，空格或回车确认，系统提示"输入 DIMTOL 的新值 <关>:"，输入 on，空格或回车确认，打开尺寸公差标注状态。

[9] 在命令行"命令:"提示状态下输入 dimtp，空格或回车确认，系统提示"输入 DIMTP 的新值 <0.0000>:"，输入-0.012，空格或回车确认，完成上偏差设置。

[10] 在命令行"命令:"提示状态下输入 dimtm，空格或回车确认，系统提示"输入 DIMTM 的新值 <0.0000>:"，输入 0.034，空格或回车确认，完成下偏差设置。

[11] 单击【注释】面板中的【线性】工具 ⊢⊣，标注水平带尺寸公差的尺寸，标出的尺寸如图 9-79 上方水平尺寸所示。

[12] 在"命令:"提示状态下输入 dimtol，空格或回车确认，系统提示"输入 DIMTOL 的新值 <关>:"，输入 off，空格或回车确认，关闭尺寸公差标注状态。

2. 标注形位公差

[1] 在"命令:"提示状态下输入 qleader，空格或回车确认，根据命令行提示操作如下：

命令: qleader   // 输入 qleader，空格或回车确认
指定第一个引线点或 [设置(S)] <设置>:   // 空格或回车，出现【引线设置】对话框，设置
          对话框的【引线】选项卡如图 9-80 所示，【引线和箭头】选项卡如图 9-81 所示

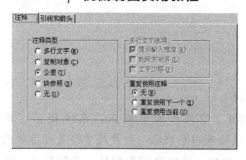

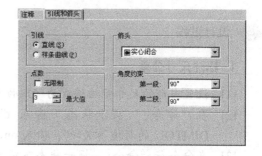

图 9-80　设置注释类型　　　　　　　　　　图 9-81　设置引线和箭头

[2]　单击【确定】按钮完成设置，根据命令行提示继续操作如下：

　　指定第一个引线点或 [设置(S)] <设置>：

　　　　// 使用自动对象捕捉工具拾取 1 点（"×"标记），如图 9-82 所示

　　指定下一点：

　　　　// 拾取 2 点，拾取点时使用自动追踪工具使其和 1 点竖直对齐，如图 9-82 所示

　　指定下一点：

　　　　// 拾取 3 点，拾取点时使用自动追踪工具使其和 2 点水平对齐，如图 9-82 所示

[3]　弹出【形位公差】对话框，设置对话框中变化的部分如图 9-83 所示，其余部分
　　　不变，单击【确定】按钮完成标注如图 9-84 所示。

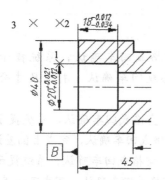

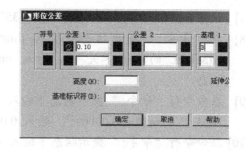

图 9-82　指定点　　　　　　　　　　　　　图 9-83　设置形位公差

[4]　在"命令："提示状态下输入 qleader，空格或回车确认，根据系统操作如下。

　　指定第一个引线点或 [设置(S)] <设置>：

　　　　// 使用自动对象捕捉工具拾取 4 点（"×"标记），如图 9-84 所示

　　指定下一点：

　　　　// 拾取 5 点，拾取点时使用自动追踪工具使其和 4 点水平对齐，如图 9-84 所示

　　指定下一点：

　　　　// 拾取 6 点，拾取点时使用自动追踪工具使其和 5 点水平对齐，如图 9-84 所示

[5]　弹出【形位公差】对话框，设置对话框中变化的部分如图 9-85 所示，其余部分
　　　不变，单击【确定】按钮完成标注如图 9-86 所示。

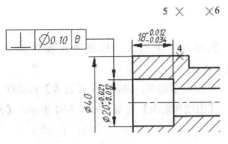

图 9-84　指定点

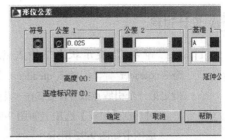

图 9-85　设置形位公差

[6]　在"命令:"提示状态下输入 qleader，空格或回车确认，根据系统操作如下。

> 指定第一个引线点或 [设置(S)] <设置>:
>
> // 使用自动对象捕捉工具拾取 7 点（"×"标记），如图 9-86 所示
>
> 指定下一点:
>
> // 拾取 8 点，拾取点时使用自动追踪工具使其和 7 点竖直对齐，如图 9-86 所示
>
> 指定下一点:
>
> // 拾取 9 点，拾取点时使用自动追踪工具使其和 8 点水平对齐，如图 9-86 所示

[7]　弹出【形位公差】对话框，设置对话框中变化的部分如图 9-87 所示，其余部分不变，单击【确定】按钮完成标注如图 9-79 所示。

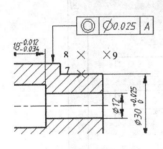

图 9-86　指定点

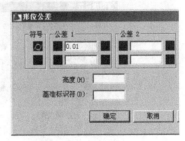

图 9-87　设置形位公差

9.4.3　倒角标注

AutoCAD 2009 中没有专门标注倒角的工具，手动绘制引出线然后使用文字标注太麻烦，使用快速引线命令"qleader"能很好地解决这一问题。

【例 9-9】 使用快速引线进行倒角标注。

利用图 9-88 所示图形完成如图 9-89 所示的倒角标注。

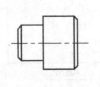

图 9-88　原图　　　　图 9-89　结果

设计过程

[1] 在"命令:"提示状态下输入 qleader，空格或回车确认，根据系统操作如下。

命令: qleader   // 输入 qleader，空格或回车确认

指定第一个引线点或 [设置(S)] <设置>:   // 空格或回车，出现【引线设置】对话框，设置
　　对话框【引线】选项卡如图 9-90 所示，【引线和箭头】选项卡如图 9-91 所示，【附着】
　　选项卡如图 9-92 所示

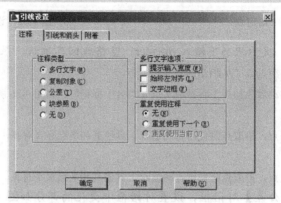

图 9-90　设置注释

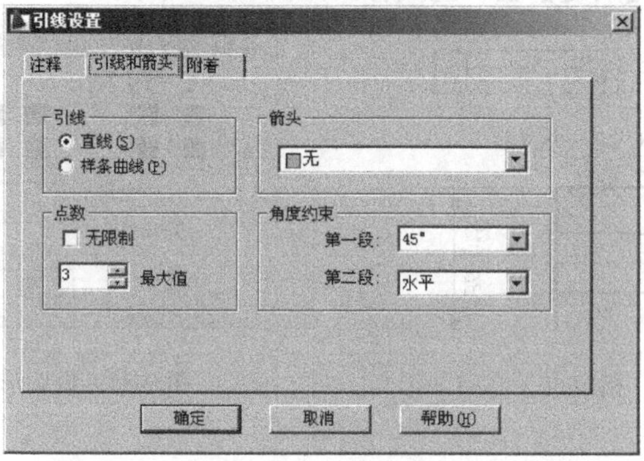

图 9-91　设置引线和箭头

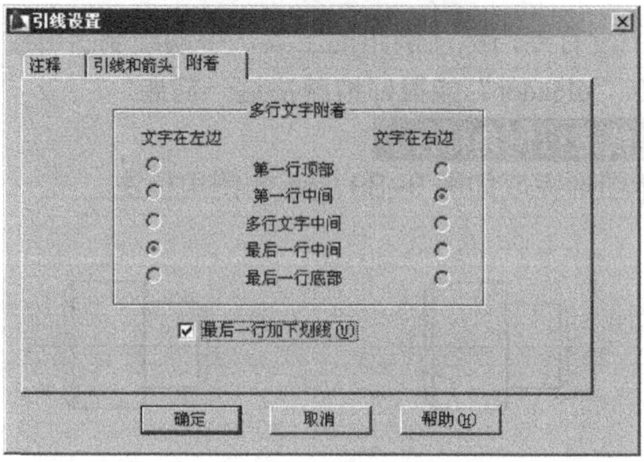

图 9-92　设置附着

[2]　单击【确定】按钮完成设置，根据系统提示继续操作。

指定第一个引线点或 [设置(S)] <设置>:

// 使用自动对象捕捉工具拾取 1 点（"×"标记），如图 9-93 所示

指定下一点:　// 拾取 2 点，注意捕捉到 135° 方向，如图 9-93 所示

指定下一点:　// 拾取 3 点，注意捕捉到水平方向，如图 9-93 所示，完成后的标注如图 9-94
所示

[3]　在"命令:"提示状态下输入 qleader，空格或回车确认，根据系统操作如下。

指定第一个引线点或 [设置(S)] <设置>:

// 使用自动对象捕捉工具拾取 4 点（"×"标记），如图 9-94 所示

指定下一点:　// 拾取 5 点，注意捕捉到-45° 方向，如图 9-94 所示

指定下一点:　// 拾取 6 点，注意捕捉到水平方向，如图 9-94 所示，完成后的标注如图 9-89
所示

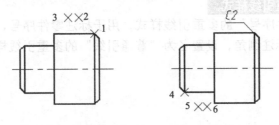

图 9-93　指定点　　　　　图 9-94　指定点

📖 提醒：水平对齐两点的距离尽量接近，以避免水平引线过长。

9.5　引线标注

引线标注主要用于标注装配工程图中的零件序号，也可用于标注倒角。可在【常用】
面板组的【标注】面板中的引线标注工具列表中选择合适的引线工具，也可以在【注释】
面板组的【多重引线】面板中选择合适的引线工具进行引线标注。【标注】面板中的引线
标注工具列表如图 9-95 所示，【注释】面板组的【多重引线】面板如图 9-96 所示。

图 9-95　引线标注工具列表

图 9-96　引线面板

在进行引线标注之前，需要首先设置符合国标的标注样式，然后将其设置为当前引线标注样式，再使用各种引线标注工具完成引线标注。

9.5.1 设置引线样式

使用多重引线样式管理器可以设置引线样式。调用引线样式设置工具的方法有以下几种：

- 工具面板：在【常用】面板组中，单击选取展开的【注释】面板中的【多重引线样式】工具 ⚙多重引线样式，或者在【注释】面板组的【多重引线】面板中选择【多重引线样式】工具 ⚙。
- 命令行：在命令行"命令:"提示后输入 mleaderstyle，空格或回车确认。

此时将打开【多重引线样式管理器】对话框，在其中设置多重引线样式。下面通过实例讲解如何设置。

【例 9-10】设置多重引线样式。

设置名为"零件序号"的多重引线样式，用于标注零件序号，设置名为"倒角"的多重引线样式用于标注倒角，设置名为"普通引线"的多重引线样式，用于标注零件表面结构。

🏇 设计过程

1. 设置"零件序号"引线样式

[1] 在【常用】面板组中，单击选取展开的【注释】面板中的【多重引线样式】工具 ⚙多重引线样式，出现【多重引线样式管理器】对话框，如图 9-97 所示。

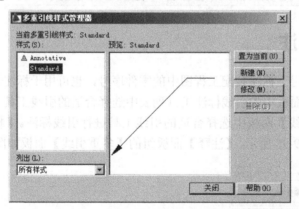

图 9-97 多重引线样式管理器

📖 提醒：【多重引线样式管理器】对话框中各按钮功能和【标注样式】对话框中类似。

[2] 在【样式】列表中选择 "standard"，单击【新建】按钮，弹出【创建新多重引线样式】对话框。

[3] 设置对话框各选项如图 9-98 所示，单击【继续】按钮，弹出【修改多重引线样式】对话框。

图 9-98　创建新多重引线样式

[4]　选择【引线格式】选项卡，设置对话框各选项如图 9-99 所示。

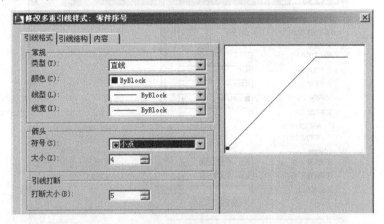

图 9-99　设置引线格式

[5]　选择【引线结构】选项卡，设置对话框各选项如图 9-100 所示。

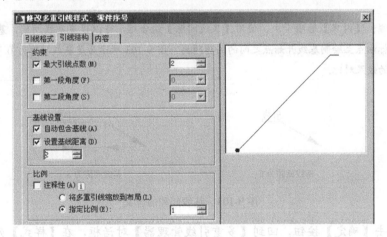

图 9-100　设置引线结构

📖　提醒：【引线结构】选项卡中，勾选【自动包含基线】选项后，可以设置基线距离，基线距离是指文字标注点至绘制基线开始点之间的距离，图 9-101 所示为是否包含基线及基线距离的含义。

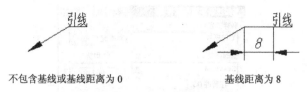

图 9-101　基线距离含义

[6]　选择【内容】选项卡，设置对话框各选项如图 9-102 所示。

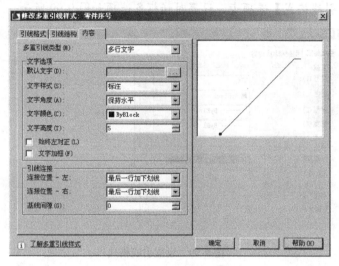

图 9-102　设置内容

📖　提醒：【内容】选项卡中，使用【基线间隙】组合框，可以设置基线间隙，基线间隙是指文字标注点至绘制基线开始点之间的间隙距离，图 9-103 所示为是基线间隙为 0 及基线间隙为 8 时的效果对比。

图 9-103　基线间隙的含义

[7]　单击【确定】按钮，回到【多重引线管理器】对话框，在【样式】列表中出现新引线样式"零件序号"，用于装配图中零件序号的标注。

2. 设置"倒角标注"引线样式

[1]　在【多重引线管理器】对话框的【样式】列表中选择"零件序号"，单击【新建】按钮，弹出【创建新多重引线样式】对话框。

[2]　设置对话框各选项如图 9-104 所示，单击【继续】按钮，弹出【修改多重引线样式】对话框。

图 9-104　创建新多重引线样式

[3]　选择【引线格式】选项卡，设置对话框各选项如图 9-105 所示。

[4]　选择【引线结构】选项卡，设置对话框各选项如图 9-106 所示。

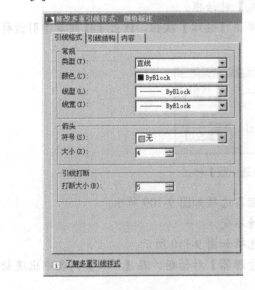

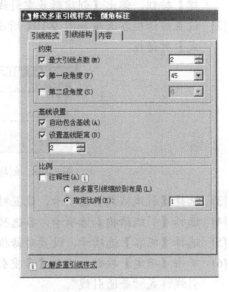

图 9-105　设置引线格式　　　　　　　　　　　图 9-106　设置引线结构

[5]　选择【内容】选项卡，设置对话框各选项如图 9-107 所示。

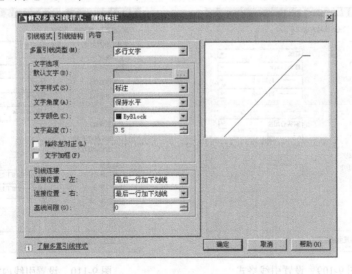

图 9-107　设置内容

[6] 单击【确定】按钮，回到【多重引线管理器】对话框，在【样式】列表中出现新引线样式"倒角标注"，用于零件倒角的标注。

📖 提醒：倒角标注也可使用快速引线标注完成，命令为"qleader"，建议用户使用命令操作的方式。

---

3. 设置"普通引线"引线样式

[1] 在【多重引线管理器】对话框的【样式】列表中选择"零件序号"，单击【新建】按钮，弹出【创建新多重引线样式】对话框。

[2] 设置对话框各选项如图 9-108 所示，单击【继续】按钮，弹出【修改多重引线样式】对话框。

图 9-108　创建【普通引线】样式

[3] 选择【引线格式】选项卡，设置对话框各选项如图 9-109 所示。

[4] 选择【引线结构】选项卡，各选项保持不变。

[5] 选择【内容】选项卡，设置对话框各选项如图 9-110 所示。

[6] 单击【确定】按钮，回到【多重引线管理器】对话框，在【样式】列表中出现新引线样式"普通引线"。

[7] 单击【关闭】按钮，关闭【多重引线管理器】对话框，完成多重引线样式的设置。

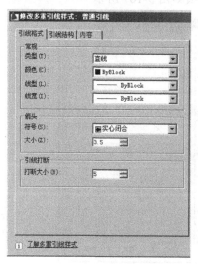

图 9-109　设置引线格式

图 9-110　设置引线内容

9.5.2 引线标注及其编辑

在进行引线标注之前，需要首先将设置好的多重引线样式设置为当前引线样式，完成当前引线样式设置后就可以进行引线标注及编辑了。

设置当前引线样式的方法有两种：

- 在【常用】面板组展开的【注释】面板中的【多重引线样式】列表 普通引线 中选取已经设置好的多重引线样式将其置顶，作为当前多重引线样式。
- 在【注释】面板组的【多重引线】面板中的【多重引线样式】列表 普通引线 中选择合适的引线样式将其置顶，作为当前多重引线样式。

1．多重引线标注

调用【多重引线】标注工具的方法有以下几种：

- 工具面板：在【常用】面板组的【注释】面板中选择【多重引线】工具，或者在【注释】面板组的【多重引线】面板中选择【多重引线】工具。
- 命令行：在命令行"命令:"提示后输入 mleader，空格或回车确认。

将"普通引线"样式设置为当前引线标注样式，在【常用】面板组的【注释】面板中选择【多重引线】工具，根据提示操作如下：

命令:_mleader   // 调用【多重引线】命令

指定引线箭头的位置或 [引线基线优先(L)/内容优先(C)/选项(O)] <选项>:
　　// 指定引出点的位置，如 9-111 中 1 点（"×"标记处）所示

指定引线基线的位置:　　　// 指定基线位置，如图 9-111 中 2 点（"×"标记处）所示，出现
　　　文字编辑框，在其中输入引线文字内容，在文字编辑框以外任意位置单击即可完成多重
　　　引线标注，如图 9-112 所示

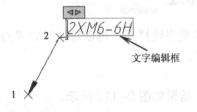
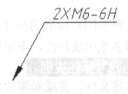

图 9-111　指定点　　　　　　　　　　　　　　图 9-112　完成引线标注

2．对齐引线标注

对于已经完成的引线标注，需要将其沿水平方向或竖直方向对齐，此时需要用到引线标注的【对齐】工具。

调用多重引线【对齐】工具的方法有以下几种：

- 工具面板：在【常用】面板组的【注释】面板中选择【多重引线】工具列表中的【对齐】工具，或者在【注释】面板组的【多重引线】面板中选择【对齐】工具。
- 命令行：在命令行"命令:"提示后输入 mleaderalign，空格或回车确认。

下面通过实例讲解用法。

【例9-11】对齐多重引线。

将图 9-113 所示的引线标注对齐为如图 9-114 所示。

图 9-113　原引线标注　　　　　　　　图 9-114　完成对齐

设计过程

在【注释】面板组的【引线】面板中选择【对齐】工具，根据提示操作如下：

命令: _mleaderalign　　// 调用对齐命令

选择多重引线:　　// 选择要进行对齐的多重引线，可以单选也可以窗选，选中如图 9-115 所示的对象

选择多重引线:　　// 空格或回车退出选择状态

选择要对齐到的多重引线或 [选项(O)]:　　// 选择要对齐的基准引线，此处选择多重引线 1（"□"标记位置），如图 9-116 所示

指定方向:　　// 使用自动追踪指定点，确定相对于基准引线的方向，此处追踪到水平方向，如图 9-116 所示，完成的结果如图 9-114 所示

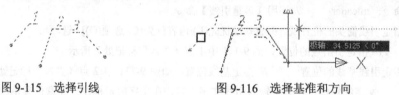

图 9-115　选择引线　　　　　　　　图 9-116　选择基准和方向

9.6　综合实例——轴类零件标注

设置了符合国家标准的尺寸标注样式和多重引线样式，可以对已经完成的工程图进行尺寸标注和多重引线标注，下面通过实例讲解。

【例9-12】尺寸标注实例。

利用给定文件，完成轴零件的尺寸标注，结果如图 9-117 所示。

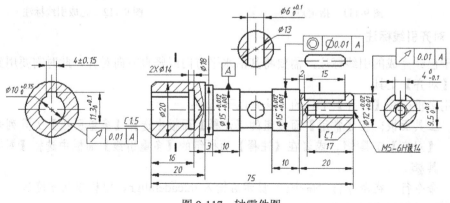

图 9-117　轴零件图

🛡️ **设计分析**

- 首先利用尺寸标注样式标注不带尺寸公差的尺寸，其中直径尺寸利用"线性直径"尺寸样式，其余尺寸利用"ISO-35"样式。
- 打开尺寸公差开关（将 dimtol 设置为 on），设置上下偏差大小，利用不同的尺寸样式，标注带公差的尺寸；或者先标注尺寸，使用 ddedit 命令为尺寸添加文本，使用堆叠工具标注尺寸公差，本例使用这种方式。
- 使用多重引线工具或 qleader 命令标注倒角和引出标注。
- 使用 qleader 命令标注形位公差。

🎯 **设计过程**

[1] 选择快速访问工具栏【打开】工具 📂，打开文件"……第 9 章\例题\例 9-12.dwg"，如图 9-118 所示。

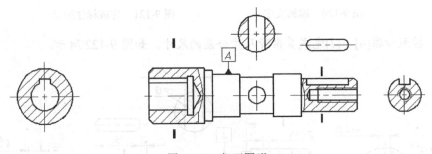

图 9-118　打开图形

[2] 将当前标注样式设置为"ISO-35"，使用各种尺寸标注工具，标注所有不带 Φ 的线性尺寸。

[3] 将当前标注样式设置为"线性直径"，使用各种尺寸标注工具，标注所有带 Φ 的线性尺寸，结果如图 9-119 所示。

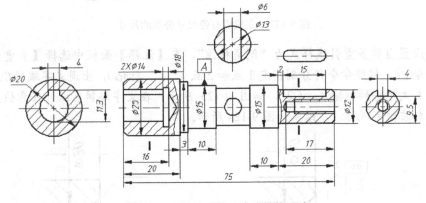

图 9-119　标注不带尺寸公差的尺寸

📖 **提醒**：如果尺寸不符合要求，可以在标注尺寸时，选择 M 选项，打开文字窗口进行编辑。如果尺寸位置不合适，可使用夹点编辑修改尺寸各要素的位置。

[4] 在命令行"命令："提示状态下，输入 ddedit，空格或回车确认。

[5] 命令行提示："选择注释对象或 [放弃(U)]:"，选择最左图形中的尺寸 11.3，图形区出现文字编辑区。

[6] 在文字编辑区按键盘"→"，跳过原文字，在其后输入"+0.1^0"，文字变为"11.3+0.1^0"，如图 9-120 所示。

[7] 选中其中的"+0.1^0"，单击鼠标右键，在出现的快捷菜单选择【堆叠】命令，然后在文字编辑区以外任意位置单击鼠标左键完成修改，结果如图 9-121 所示。

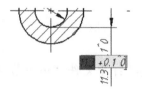

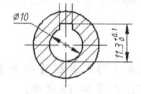

图 9-120　编辑文字　　　　　图 9-121　完成标注编辑

[8] 按照步骤[4]~[7]完成其余带尺寸公差的尺寸，如图 9-122 所示。

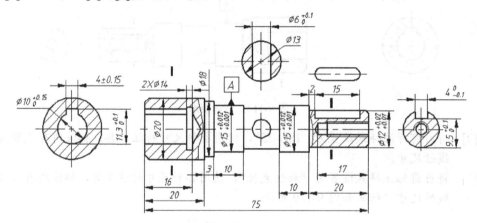

图 9-122　完成所有带尺寸公差的尺寸

[9] 设置当前多重引线样式为"倒角标注"，在【注释】面板中选择【多重引线】命令 ，按照命令行分别指定 1 点和 2 点（"×"标记），出现文字编辑框。

[10] 在文字编辑框输入"C2"，如图 9-123 所示，在文字编辑区以外任意位置单击鼠标左键完成标注，结果如图 9-124 所示。

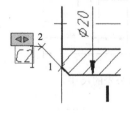

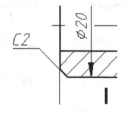

图 9-123　设置引出点　　　　　图 9-124　完成倒角标注

[11] 按照步骤[9]～[10]完成右侧倒角的标注。

[12] 设置当前多重引线样式为"普通引线"，在【注释】面板中选择【多重引线】命令 ，按照命令行分别指定3点和4点（"×"标记），出现文字编辑框。

[13] 在文字编辑框输入"M5-6H 深 14"，如图 9-125 所示，在文字编辑区以外任意位置单击鼠标左键完成标注，结果如图 9-126 所示。

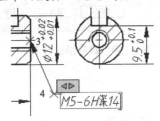

图 9-125　设置引出点

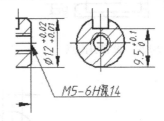

图 9-126　完成引线标注

[14] 在命令行"命令:"状态下，输入 qleader，空格或回车确认，根据命令行提示操作如下：

命令: qleader　　// 输入 qleader，空格或回车确认

指定第一个引线点或 [设置(S)] <设置>:　　// 空格或回车，出现【引线设置】对话框，设置对话框的【引线】选项卡如图 9-127 所示，【引线和箭头】选项卡如图 9-128 所示

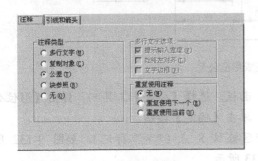

图 9-127　设置注释类型

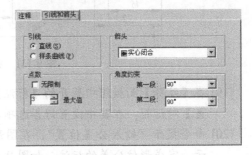

图 9-128　设置引线和箭头

[15] 单击【确定】按钮完成设置，根据命令行提示继续操作如下：

指定第一个引线点或 [设置(S)] <设置>:

　　// 使用自动对象捕捉工具拾取 5 点（"×"标记），如图 9-129 所示

指定下一点:

　　// 拾取 6 点，拾取点时使用自动追踪工具使其和 5 点竖直对齐，如图 9-129 所示

指定下一点:

　　// 拾取 7 点，拾取点时使用自动追踪工具使其和 6 点水平对齐，如图 9-129 所示

[16] 弹出【形位公差】对话框，设置对话框中变化的部分如图 9-130 所示，其余部分不变，单击【确定】按钮完成形位公差标注。

[17] 重新使用 qleader 命令，不用设置引线样式，标注另外一个形位公差，结果如图 9-131 所示。

[18] 利用极轴追踪工具和对象捕捉追踪，使用【直线】工具，绘制如图 9-132 所示的斜线。

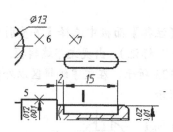

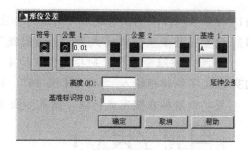

图 9-129 设置引出点　　　　　　　图 9-130 设置形位公差

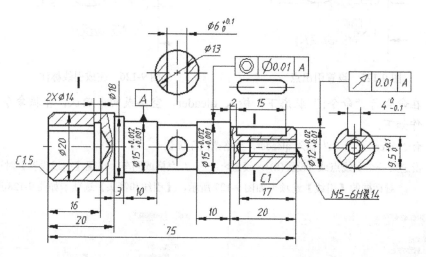

图 9-131 完成形位公差

[19] 在【注释】面板组中展开的【标注】面板，选择【公差】工具 ，弹出【形位公差】对话框，在其中设置好各选项，单击【确定】按钮。

[20] 命令提示"输入公差位置"，在图形区拾取 8 点（"×"标记），如图 9-132 所示，完成形位公差的标注，如图 9-133 所示。

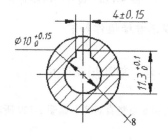

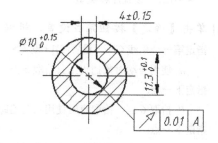

图 9-132 输入公差位置　　　　　　图 9-133 完成形位公差

9.7 思考与练习

1. 思考题

（1）如何打开【注释】面板组，其中有哪几个面板？分别能完成何种功能？

（2）如何设置尺寸标注样式？如何将设置好的尺寸样式设置为当前标注样式？

（3）标注样式管理器中各选项卡的功能是什么？其中各选项的具体含义是什么？

（4）有哪几种尺寸标注工具？各如何使用？

（5）如何编辑已经完成标注的尺寸？

（6）如何标注尺寸公差？

（7）如何标注倒角？

（8）如何调整尺寸间距？

（9）如何标注形位公差？

（10）如何设置多重引线样式？

（11）多重引线样式管理器中各选项有什么含义？

（12）怎么使用多重引线标注零件序号，如何编辑已经标注好的零件序号使其对齐？

2．上机题

（1）绘制如图 9-134 所示的阀杆零件图并标注其尺寸。

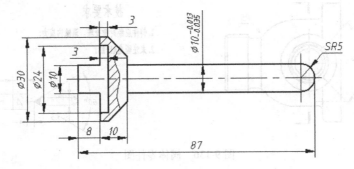

图 9-134　阀杆零件图

（2）绘制如图 9-135 所示的图形并标注其尺寸。

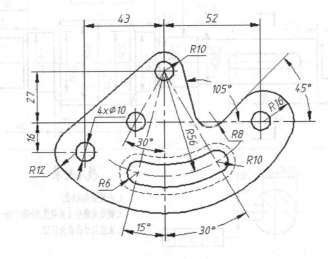

图 9-135　平面图形

（3）绘制如图 9-136 所示的阀体零件图并标注其尺寸，其基准符号的尺寸见右下角。

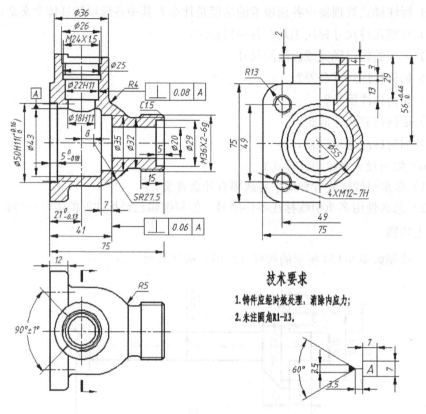

图 9-136　阀体零件图

（4）绘制如图 9-137 所示的齿轮轴零件图并标注尺寸。

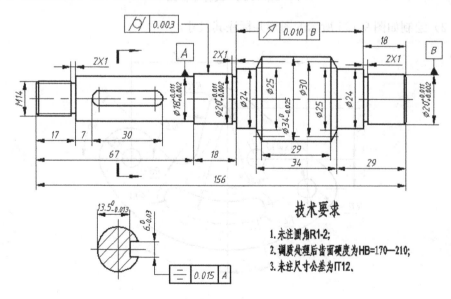

图 9-137　齿轮零件图

（5）给"习题 9-2-5.dwg"的装配图标注零件序号，并标注尺寸和技术要求，结果如图 9-138 所示。

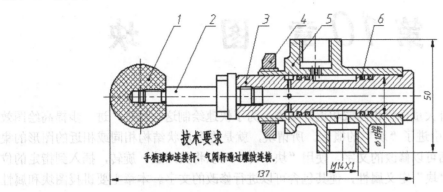

图 9-138　标注零件序号

第 *10* 章 图 块

工程图中有大量形状相同或相近的结构，为了快速绘制这些结构，进一步提高绘图效率，AutoCAD 引进了"块"的概念。所谓块，就是许多形状结构相同或相近的图形的集合，块可以包括可以修改的文字。使用"块"时，可以将其缩放、旋转，插入到指定的位置。还可以给"块"定义属性，使其包含可以进行修改的文字。本章主要讲授图块和属性的创建、插入和修改，使读者掌握这些命令的基本操作，以便快速绘图。

10.1 图块的概念

使用【复制】或【阵列】工具可以完成对相同对象的多重复制。但如果需要将复制出的图象沿 *X*、*Y* 轴进行不同比例的缩放，或者把复制对象旋转一定的角度，除了使用【复制】或【阵列】工具外，还需要使用【比例缩放】和【旋转】命令进行二次处理。这不仅操作繁琐，而且图形所占空间也会大大增加。

为了解决上述问题，AutoCAD 引入了"块"的概念，块是作为一个图形对象的一组图形或文本的总和。在块中，每个图形要素有其独立的图层、线型和颜色特征，但系统把块中所有要素实体作为一个整体进行处理。将创建好的"块"以不同的比例因子和旋转角度插入到图形中，AutoCAD 系统只记录定义"块"时的初始图形数据，对于插入图形中的"块"，系统只记录插入点、比例因子和旋转角度等数据。因此"块"的内容越复杂、插入的次数越多，与普通绘制方法相比越节省储存空间。"块"在工程图样绘制中使用非常普遍。如基准符号、表面结构要求、标题栏、明细表等都可以制作成图块，方便用户调用。实际上，块类似于图库的概念。

掌握块的存储和使用等操作可以帮助用户更好地理解 AutoCAD 引入"块"这一概念的重大意义。在使用块之前，必须定义用户需要的块，块的相关数据储存在块定义表中。然后通过执行块的插入命令，将块插入到图形需要的位置。块的每次插入都称为块参照，它不仅仅是从块定义复制到绘图区域，更重要的是，它建立了块参照与块定义间的链接。因此，如果修改了块定义，所有的块参照也将自动更新。同时，AutoCAD 系统默认将插入的块参照作为一个整体对象进行处理。

10.2 图块面板

块和属性的操作都可使用工具面板完成，可以在如图 10-1 所示的【常用】面板组的【块】面板中选择合适工具，也可以在功能区单击【块和参照】选项卡显示【块和参照】面板组，在其中的【块】面板和【属性】面板选择相应工具完成操作，如图 10-2 所示。

- 🔳创建 或 🔳创建：【创建】工具，单击选取该工具，出现【块定义】对话框，用以定义图块。

图 10-1　【块】面板　　　　　　　　图 10-2　【块】和【属性】面板

- 编辑 或 ：【编辑】工具，单击选取该工具，出现【编辑块定义】对话框，可选中需要编辑的块进行编辑，重新定义块的图形及基点。

- 或 ：【插入】工具，单击选取该工具，出现【插入】对话框，可在其中选取块，定义插入的块参照的属性。

- 或 ：【定义属性】工具，单击选取该工具，出现【属性定义】对话框，在其中定义属性。

- 中的 或 编辑单个属性 ：【编辑属性】列表工具，单击该列表工具，可在其中选择【编辑单个属性】工具或者【编辑属性】工具。

- 或 ：【编辑属性】工具，单击该工具，根据提示操作，可以编辑属性的定义，该工具较少使用

- 或 ：【编辑单个属性】工具，单击选取该工具，根据提示选取属性块，出现【增强属性编辑编辑器】对话框，可以编辑块中单个属性的值、文字选项和特性。

- 或 管理 ：【管理】工具，单击选择该工具，出现【块属性编辑器】对话框，可以在其中管理块定义的属性，使用此命令，可以控制选定块定义的所有属性特性和设置，对块定义中的属性所做的任何更改反映在块参照中。

- 或 同步 ：【同步】工具，单击该工具，根据提示选取块参照或者输入块名，将使用指定块定义中的新属性和更改后的属性更新块参照。可以使用该命令更新包括属性的块的所有实例，该块曾经使用 block 或 bedit 命令重定义，但不改变现有块中指定给属性的任何值。

10.3　基本块操作

所谓块操作是指创建块，插入块和编辑块的操作。使用块之前，首先要创建块。AutoCAD 提供的块有两种类型：

- 内部块：使用 block 命令或块【创建】工具，打开【块定义】对话框创建，这种方式将块储存在当前图形文件中，只能在本图形文件调用或使用设计中心共享。

- 外部块：使用 wblock 命令打开【写块】对话框创建，这种操作将块保存为一个图形文件，在所有的 AutoCAD 图形文件中均可调用。

10.3.1 创建块

创建内部块需要打开【块定义】对话框，在其中完成设置。打开【块定义】对话框进行块定义的方法有以下几种：

- 工具面板：选择【常用】面板组的【块】面板中的【创建】工具 ，或者选择【块和参照】面板组的【块】面板中的【创建】工具 。
- 命令行：在命令行"命令:"提示状态下输入 block 或 b，按空格键或回车键确认。

进行上述操作后，弹出如图 10-3 所示的【块定义】对话框。通过该对话框可以定义块的名称、块的基点、块包含的对象及所有的相关属性数据。

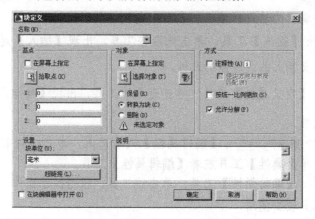

图 10-3 【块定义】对话框

对话框中各选项的含义如下：

1.【名称】组合框

在【名称】编辑框中输入欲创建的块名称，或者在列表中选择已创建的块名称对其进行重定义。

2.【基点】选区

【基点】选区用以指定基点的位置。基点是指插入块时，在图块中光标附着的位置。AutoCAD 提供了以下三种指定基点的方法：

- 单击【拾取点】按钮 ，对话框临时消失，用光标在图形区拾取要定义为块基点的点，此方法为最常用的指定块基点的方式。
- 在【X】、【Y】和【Z】编辑框中分别输入坐标值确定插入基点，其中 Z 坐标通常设为 0。
- 如果勾选【基点】选区的【在屏幕上指定】选项，则其下指定基点的两种方式变为不可用，可在单击【确定】按钮后根据命令行提示在图形区指定块基点。

📖 提醒：原则上，块基点可以定义在任何位置，但该点是插入图块时的定位点，所以在拾取基点时，应选择一个在插入图块时能把图块的位置准确确定的特殊点。

3.【对象】选区

用来选择组成块的图形对象并定义对象的属性。AutoCAD 提供了以下三种选择对象的方法：

- 单击【选择对象】按钮，对话框临时消失，在图形区选择要定义为块的图形对象即可，选择完后，按空格或回车键返回【块定义】对话框，此方法是最常使用的选择对象的方法。
- 单击【快速选择】按钮，出现【快速选择】对话框，可根据条件选择对象。
- 如果勾选【对象】选区的【在屏幕上指定】选项，则其下【选择对象】按钮变为不可用，可在单击【确定】按钮后根据命令行提示在图形区选择对象。

选区下方的三个单选框的含义为：

- 【保留】：创建块以后，所选对象依然保留在图形中。
- 【转换为块】：创建块以后，所选对象转换成图块格式，同时保留在图形中。一般选择此项。
- 【删除】：创建块以后，所选对象从图形中删除。

4.【方式】选区

用于设置块的属性。勾选【注释性】选项，将块设为注释性对象，可自动根据注释比例调整插入的块参照的大小；勾选【按统一比例缩放】选项，可以设置块对象按统一的比例进行缩放；勾选【允许分解】选项，将块对象设置为允许被分解的模式。一般需要勾选【按统一比例缩放】选项和【允许分解】选项。

5.【设置】选区

指定从 AutoCAD 设计中心拖动块时，用于缩放块的单位。例如，这里设置拖放单位为"毫米"，若被拖放到该图形中的图形单位为"米"（在【图形单位】对话框中设置），则图块将缩小 1000 倍被拖放到该图形中。通常选择"毫米"选项。

6.【说明】编辑框

可以在该编辑框填写与块相关联的说明文字。

7.【在块编辑器中打开】选项

勾选该选项，单击【确定】按钮后，将在块编辑器中打开当前的块并进行定义，一般不勾选此选项。

【例 10-1】创建内部块。

按照如图 10-4 所示的三个图形和尺寸创建三个表面结构要求符号图块，名称分别为"基本符号"、"去材料符号"和"不去材料符号"。

设计过程

[1]　将当前图层设置为 0 层，按图 10-4 所示的尺寸绘制其余三个图形。

[2]　选择【常用】面板组【块】面板中的【创建】工具，弹出【块定义】对话框，在【名称】组合框输入"基本符号"，设置对话框如图 10-5 所示。

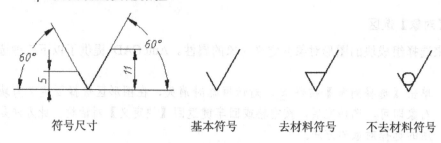

符号尺寸   基本符号   去材料符号   不去材料符号

图 10-4   表面结构符号

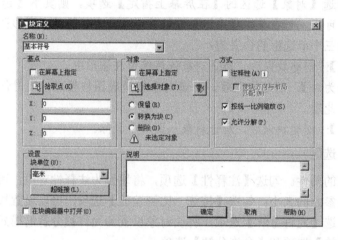

图 10-5   设置【块定义】对话框

[3] 单击【拾取点】按钮，对话框临时消失，用光标在图形区拾取 1 点（"×"标记）作为块的基点，如图 10-6 所示，此时回到【块定义】对话框。

[4] 单击【选择对象】按钮，对话框临时消失，用光标在图形区拾取第一个图形作为图块对象，如图 10-7 中蚂蚁线所示。

[5] 单击【确定】按钮，完成第一个图块的定义并关闭【块定义】对话框。

[6] 按照步骤[1]～[4]的方法，创建其他两个图块，基点分别选择 2 点和 3 点（"×"标记），如图 10-8 所示。

📖 提醒：块包含的图形如果在 0 层，当在其余图层插入块时，其对象特性由当前图层决定，如果块包含的图形在其他图层，当在其余图层插入块时，其对象特性由块中所包含对象的原始图层决定。

图 10-6   指定基点   图 10-7   选择对象   图 10-8   另外图块的基点

10.3.2 创建外部块

用"block"创建的图块只能存在块的图形内部使用，称为内部块，其应用有很大局限性。使用"wblock"命令可以创建外部块，其实质是建立了一个单独的图形文件，保存在磁盘中，任何 AutoCAD 图形文件都可以调用。

在命令行"命令："状态下输入 wblock 或者 w，按空格键或回车键可以打开如图 10-9 所示的【写块】对话框，在其中定义块的各个参数。

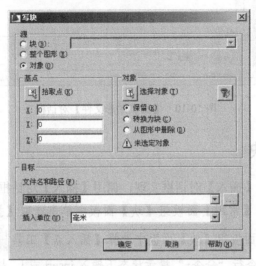

图 10-9　【写块】对话框

对话框中常用功能选项的用法如下：

1.【源】选区

用来指定需要保存到磁盘中的块或块的组成对象。选区有三个单选项，其含义分别为：

- 【块】：如果将已定义过的块保存为外部块，选中该单选框。选中以后，【块】下拉列表可用，从中可选择已定义的块。
- 【整个图形】：绘图区域的所有图形都将作为外部块保存。
- 【对象】：在图形区拾取基点及图形对象写入外部块，可以定义其属性。

2.【目标】选区

使用【文件名和路径】组合框可以指定外部块的保存路径和名称。可以使用系统自动给出保存路径和文件名，也可以单击显示框后面的 按钮，在弹出的【浏览图形文件】对话框中指定文件名和保存路径。【浏览图形文件】对话框如图 10-10 所示，在【文件名】编辑框中输入块的名称，单击【保存】按钮返回【写块】对话框，在【文件名和路径】组合框中显示图形文件的保存路径。

【基点】选区和【对象】选区各选项的含义和【块定义】对话框中的完全相同。

在【插入单位】列表中可以设置插入块时所使用的单位。

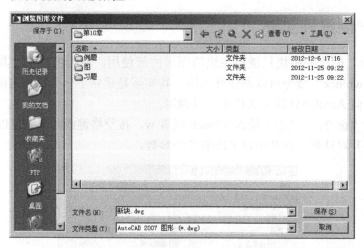

图 10-10　【浏览图形文件】对话框

10.3.3　插入块

插入块的操作利用【插入】对话框实现，调用【插入】对话框的方法有以下几种：

- 工具面板：在【常用】面板组【块】面板中单击选取【插入】工具 ，或者在
  【块和参照】面板组【块】面板中选择【插入点】工具 。
- 命令行：在命令行"命令:"提示状态下输入 insert 或 i，按空格键或回车键确认。
  进行上述操作后，弹出如 10-11 所示的【插入】对话框。对话框中各选项的含义如下：

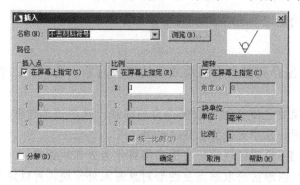

图 10-11　【插入】对话框

1.【名称】组合框

该组合框用来指定需要插入的块名称。可在【名称】组合框中输入或在下拉列表中选择内部块的块名以选取块；也可以单击其后的【浏览】按钮通过指定路径选择外部的块或外部的图形文件。如果选择外部块，在【路径】标签后显示外部块的路径。

2.【插入点】选区

用于指定块参照在图形中的插入位置。有两种方式可供使用。

- 勾选【在屏幕上指定】选项，单击【确定】按钮后根据提示在图形区使用鼠标拾取插入点，这是最常用的指定插入点的方法。
- 不勾选【在屏幕上指定】选项，此时【X】、【Y】、【Z】编辑框可用，在编辑框中直接输入插入点的坐标即可。

3.【比例】选区

用于指定块参照在图形中的缩放比例。有两种方式可供使用。

- 勾选【在屏幕上指定】选项，单击【确定】按钮后根据提示用鼠标在屏幕上指定比例因子，或者在命令行输入比例因子。
- 不勾选【在屏幕上指定】选项，此时【X】、【Y】、【Z】编辑框可用。在相应编辑框中输入三个方向的比例因子用于定义缩放比例。当三个方向的缩放比例相同时，勾选【统一比例】选项，此时仅【X】编辑框可用，可在其中定义缩放比例。这是常用的定义方式，一般情况下，缩放比例为1。

4.【旋转】选区

指定插入块时生成的块参照的旋转角度，有两种方法：

- 勾选【在屏幕上指定】选项，单击【确定】按钮后用鼠标在屏幕上指定旋转角度，或者通过命令行输入旋转角度。这是最常用的方法。
- 不勾选【在屏幕上指定】选项，在【角度】编辑框直接输入旋转角度值。

如果勾选【分解】选项，插入的图块分解为若干图元，不再作为整体出现。

【例 10-2】插入内部块。

利用【例 10-1】创建的内部块，给图 10-12 所示的图形标注表面结构符号，结果如图 10-13 所示。

图 10-12　原图形

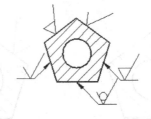

图 10-13　结果

🎨 设计过程

[1] 选择快速访问工具栏【打开】工具 📁，打开"……\例题\第 10 章\例 10-2.dwg"，如图 10-12 所示。

[2] 选择【块】面板【插入】工具 📥，弹出【插入】对话框，设置其中各选项如图 10-14 所示。

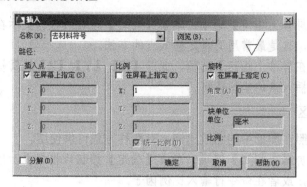

图 10-14　【插入】对话框

[3]　单击【确定】按钮，按提示操作如下：

指定插入点或 [基点(B)/比例(S)/旋转(R)]：

// 在图形区指定 1 点（"×"标记）作为插入点，如图 10-15 所示

指定旋转角度 <0>：　　　// 在图形区指定 2 点（"×"标记）确定旋转角度，如图 10-15 所示，完成图形如图 10-16 所示

[4]　选择【块】面板【插入】工具 [插入]，弹出【插入】对话框，在【名称】组合框中选择"基本符号"，其余选项不变。

[5]　单击【确定】按钮，按提示操作如下：

指定插入点或 [基点(B)/比例(S)/旋转(R)]：

// 指定 3 点（"×"标记）作为插入点，如图 10-16 所示

指定旋转角度 <0>：

// 指定 4 点（"×"标记）确定旋转角度，如图 10-16，完成图形如图 10-17 所示

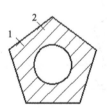

图 10-15　拾取点

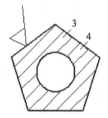

图 10-16　插入第一个块

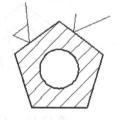

图 10-17　插入第二个块

[6]　在扩展的【注释】面板【多重引线样式】列表 [普通引线] 中选择"普通引线"，将其设置为当前引线样式。

[7]　选择【注释】面板中【多重引线】工具 [图标]，按提示操作：

指定引线箭头的位置或 [引线基线优先(L)/内容优先(C)/选项(O)] <选项>：

// 指定 5 点（"×"标记）作为箭头位置，如图 10-18 所示

指定引线基线的位置：

// 指定 6 点（"×"标记）作为引线基线位置，如图 10-18 所示。此时图形区在 6 点位置出现文字编辑区，在其中输入四个空格，然后在文字编辑区以外任意位置单击鼠标左

键，完成无文字的引线标注，如图 10-19 所示

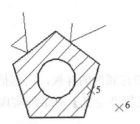 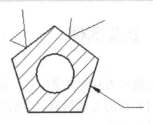

　图 10-18　引出点　　　　　　　　图 10-19　完成无文字引线

[8] 选择【块】面板【插入】工具 ，弹出【插入】对话框，设置其中各选项如
图 10-20 所示。

图 10-20　设置【插入】对话框

[9] 单击【确定】按钮，系统提示"指定插入点或 [基点(B)/比例(S)/X/Y/Z/旋转
(R)]:"，在图形区选择 7 点（"×"标记），如图 10-21 所示，完成的标注如图 10-22
所示。

📖 提示：对于不需要旋转的块，可直接指定其旋转角度为 0。

[10] 按照步骤[7]~[9]的方法绘制其他引线并插入表面结构要求符号，如图 10-22 所示。

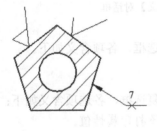 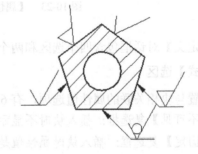

　图 10-21　插入点　　　　　　　　图 10-22　完成图块插入

10.4　带属性的块

工程图中有许多包含不同文字的相同图形，文字相对于图形的位置固定。这些在图块
中可以变化的文字称为属性。创建图块前，首先创建属性，然后包含属性创建块。插入有
属性的图块时，用户可以根据具体情况，通过属性来为图块设置不同的文本信息。对那些

经常用到的带可变文字的图形而言，利用属性尤为重要。如表面结构要求、基准等。

10.4.1 定义属性

属性是与块相关联的文字信息。属性定义用来创建属性的样板，它包括属性文字的特性及插入块时系统的提示信息。 属性的定义通过【属性定义】对话框实现，打开该对话框的方法有以下几种：

- 工具面板：在【常用】面板组中展开的【块】面板选择【定义属性】工具 ，或者在【块和参照】面板组的【属性】面板中的选择【定义属性】工具 。

- 命令行：在命令行"命令:"提示状态下输入 attdef 或 att，按空格键或回车键确认。

进行上述操作后，打开如图 10-23 所示的【属性定义】对话框。

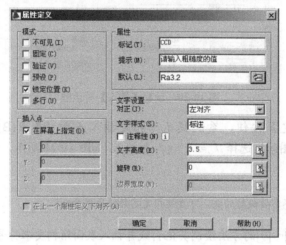

图 10-23   【属性定义】对话框

【属性定义】对话框包含四个选区和两个复选框，各项含义如下。

1.【模式】选区

用来设置与块相关联的属性值选项，有 6 个复选框，各选项含义如下：

- 【不可见】复选框：插入块时不显示、不打印属性值。
- 【固定】复选框：插入块时属性值是一个固定值，将无法修改其值。
- 【验证】复选框：插入块时提示验证属性值的正确与否。
- 【预置】复选框：插入块时不提示输入属性值，系统会把【属性】选区的【值】编辑框中的值作为默认值。
- 【锁定位置】复选框：用于固定插入块的坐标位置。
- 【多行】复选框：使用多段文字作为块的属性值。

通常不勾选这些选项。

2.【属性】选区

用来设置属性的标记、提示及默认值，有三个编辑框和一个按钮。

- 【标记】编辑框：输入汉字、字母或数字，用于标识属性，在未创建块之前显示该标记。此项必填，不能空缺，否则会出现错误提示。
- 【提示】编辑框：输入汉字、字母或数字，用来作为插入块时命令行的提示信息。
- 【默认】编辑框：输入汉字、字母或数字，用来作为插入块时属性的默认值。
- 按钮：单击按钮，显示【字段】对话框，使用该对话框插入一个字段作为属性的全部或部分值。

3.【插入点】选区

用来指定插入的位置。使用下面两种方法可以指定插入点：

- 勾选【在屏幕上指定】复选框，单击【确定】按钮时根据提示在图形区指定插入点，确定插入的位置，通常勾选该复选框。
- 不勾选【在屏幕上指定】复选框，此时【X】、【Y】、【Z】编辑框可用，在对应编辑框中输入插入点的坐标确定插入点。

4.【文字设置】选区

用来设置文字的对正方式、文字样式、高度和旋转角度等，各项含义如下：

- 【对正】下拉列表：在下拉列表中选择对正方式。是指属性文字相对插入点的对正。
- 【文字样式】下拉列表：在下拉列表中选择已经设置的文字样式。
- 【文字高度】编辑框：输入文字高度。
- 【旋转】编辑框：输入旋转角度。
- 【注释性】单选框：通过勾选/不勾选此选项，控制是否将属性作为注释性对象，以控制其是否根据注释比例自动调整大小。

定义属性块时，首先创建图形及属性文字，然后包含图形和文字创建图块，通过实例讲解。

【例 10-3】创建属性块实例。

按照如图 10-24 所示的尺寸创建各块，定义名为“基准”、“去除材料”和“不去除材料”的属性块。

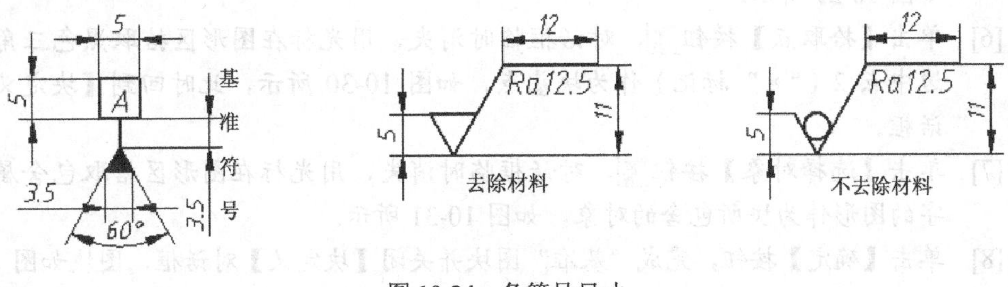

图 10-24 各符号尺寸

设计过程

1. 创建"基准"块

[1] 将当前图层设置为细实线层，使用绘图工具，按照图 10-24 中最左图形的尺寸，绘制图形如图 10-25 所示，绘制下部黑色三角形时，先绘制三角形，后使用 "solid" 图案完成填充。其中正方形的对角线为辅助线。

[2] 在【常用】面板组中展开的【块】面板选择【定义属性】工具 ，弹出【属性定义】对话框，修改各选项如图 10-26 所示。

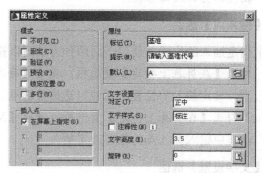

图 10-25　绘制基准图形　　　　　　　图 10-26　定义属性

[3] 单击【属性定义】对话框中的【确定】按钮，命令行提示："指定起点:"，在图形区选择正方形对角线的中点 1（"＋"标记）作为插入点，如图 10-25 所示，完成属性定义如图 10-27 所示。

[4] 选择【修改】面板中的【删除】工具 ，删除作为辅助线的正方形对角线，如图 10-28 所示。

图 10-27　完成属性定义　　　图 10-28　删除辅助线

[5] 选择【块】面板中的【创建】工具 ，弹出【块定义】对话框，设置对话框如图 10-29 所示。

[6] 单击【拾取点】按钮 ，对话框临时消失，用光标在图形区拾取黑色三角形底边中点 2（"×"标记）作为块基点，如图 10-30 所示，此时回到【块定义】对话框。

[7] 单击【选择对象】按钮 ，对话框临时消失，用光标在图形区拾取包含属性文字的图形作为块所包含的对象，如图 10-31 所示。

[8] 单击【确定】按钮，完成"基准"图块并关闭【块定义】对话框，图块如图 10-32 所示。

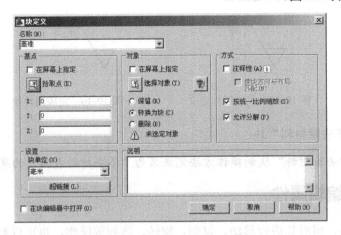

图 10-29　设置【块定义】对话框

图 10-30　指定基点　　　　图 10-31　选择对象　　　　图 10-32　完成块定义

2. 创建"去除材料"块

[1]　用绘图工具，按照图 10-24 尺寸，绘制图形如图 10-33 所示。

[2]　在【常用】面板组中展开的【块】面板选择【定义属性】工具，弹出【属性定义】对话框，修改各选项如图 10-34 所示。

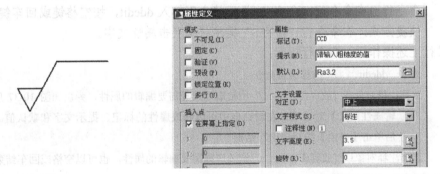

图 10-33　绘制块图形　　　　　　　　　图 10-34　定义属性

[3]　单击【属性定义】对话框中的【确定】按钮，命令行提示："指定起点:"，在图形区选择水平长尾巴中点 3（"×"标记）作为插入点，完成属性定义，图形如图 10-35 所示。

[4]　按照第 1 步创建"基准"块中步骤[5]～[8]的操作，创建名为"去材料表面"的属性块，其中基点选择如图 10-35 所示的 4 点（"×"标记），完成后的块如图 10-36 所示。

图 10-35 完成属性定义   图 10-36 完成属性块

3. 创建"不去除材料"块

按照创建"去除材料"块的操作方法完成名为"不去材料表面"的属性块创建。

10.4.2 编辑属性

创建属性后，可对其进行移动、复制、旋转、阵列等操作，也可以对使用这些操作创建的新属性的标记、提示及默认值进行修改，还可对不满意的属性进行编辑使其满足设计要求。

在将属性定义成块之前，可以使用如图 10-37 所示的【编辑属性定义】对话框对属性进行重新编辑。

图 10-37 【编辑属性定义】对话框

使用下列方法可以打开【编辑属性定义】对话框。

- 命令行：在命令行"命令:"提示状态下输入 ddedit，按空格键或回车键确认。
- 快捷方式：在命令行"命令:"提示状态双击属性文字。

进行上述操作后，命令行提示：

> 命令: _ddedit   // 执行编辑命令
>
> 选择注释对象或 [放弃(U)]:   // 用拾取框选择需要编辑的属性，弹出如图 10-37 所示的【编辑属性定义】对话框，在对话框中可以修改属性的标记、提示文字和默认值。完成编辑后单击【确定】按钮退出对话框
>
> 选择注释对象或 [放弃(U)]:   // 继续选择需要编辑的属性，也可以空格或回车结束命令

📖 提醒：可以使用【复制】工具和【编辑属性定义】工具创建含有多个属性的块，在插入块时，首先提示输入后创建的属性，用户需要注意根据需要按照合适的顺序创建和编辑属性。

10.5 修改块参照

用户可以将带属性的块插入图形文件中，如果需要，还可以对块参照中属性的值或属性的特性进行修改。要修改块参照中的属性，不需要重新定义块。AutoCAD 向用户提供

了多种修改块属性的工具，如【编辑属性】对话框、【增强属性编辑器】对话框和【块属性管理器】对话框都可以实现对块属性的修改或编辑，只是它们在功能上有所区别。例如，【编辑属性】对话框只能修改属性值，【增强属性编辑器】对话框既可以修改属性值，又可以修改属性的特性。下面分别介绍它们的使用方法及具有的功能。

10.5.1　块参照的修改

修改插入到图形文件中的块参照可能会遇到两种情况：只修改单个块参照；修改全部由某块生成的块参照。

1．修改单个块参照

因为块参照被视为一个单独的对象，要对其进行修改，必须先使用分解（explode）命令将其分解，然后再进行编辑。修改后的图形不再作为块的形式存在。

2．修改成批的块参照

修改成批的块参照需要对原有的块重新定义。重新定义内部块的操作步骤为：

[1]　使用 insert 命令插入一个与原有块相同的块参照。

[2]　使用 explode 命令将块参照分解，然后再修改成想要的图形直至满足要求。

[3]　使用 block 命令，以原块的名称为块名，重新创建块。

[4]　完成块创建后，系统弹出对话框，提示是否更新原有块的定义，单击【是】按钮更新原有块的定义。这时，绘图区域中所有同名的块参照全部自动更新。

重新定义外部块的操作步骤与重新定义内部块的操作大致相同。

> 📖 提示：对于图形外部块参照，重新定义外部块不会立刻更新块参照。再次执行插入外部块命令时，系统会给出是否更新定义的提示对话框，确认后，系统将更新绘图区域中所有同名的外部块参照。

在这里需要向用户简单介绍一下块与图层之间的关系。在定义块时，组成它的子对象可以来自不同的图层。向图形中插入块时，块参照本身驻留在当前层，块中非 0 图层上的子对象依然留在原图层上，0 图层上的子对象上浮到当前层。如果使用 explode 命令将块分解，非 0 图层的对象依然不改变，从 0 图层上浮的对象又返回到 0 图层。

10.5.2　修改属性值

如果只修改块参照中属性的值，可以使用下面的工具打开【编辑属性】对话框，在其中修改各属性的值。在命令行"命令："提示状态下输入 attedit，空格或回车确认，根据提示操作如下：

命令: attedit　　// 输入 attedit，空格或回车确认命令

选择块参照：　　// 在图形区选择要修改的带属性的块参照，弹出如图 10-38 所示的【编辑属性】对话框

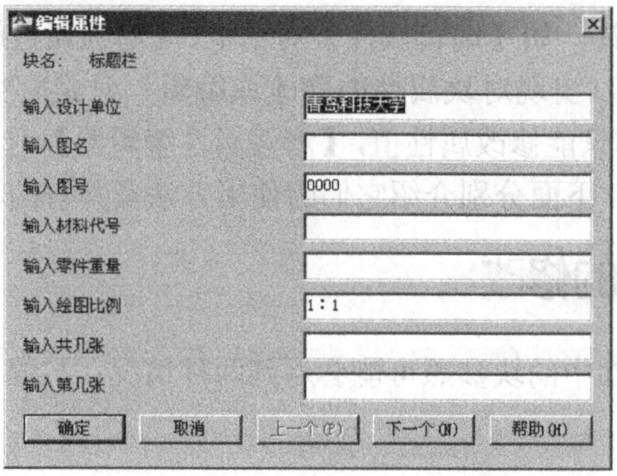

图 10-38 【编辑属性】对话框

在对话框中的第一行【块名】标签后，显示带属性块的名称。如果块包含多个属性，将会出现多个对应属性提示的编辑框，可在其中修改其属性值，修改完成所有的属性值以后，单击【确定】按钮即可完成单个块中所有属性值的编辑。对话框中一页显示八个块属性的属性值，如果块中包含八个以上的属性，单击【上一个】或【下一个】按钮可翻页，显示更多的属性。

10.5.3 增强属性编辑器

使用【增强属性编辑器】对话框可以更改属性文字的特性和数值。打开【增强属性编辑器】对话框的方法有以下几种：

- 工具面板：在【常用】面板组中【块】面板选择【编辑单个属性】工具，或者在【块和参照】面板组的【属性】面板中的选择【编辑单个属性】工具。
- 命令行：在命令行"命令:"提示状态下输入 eattedit 或 ddedit，按空格键或回车键确认。
- 快捷方式：在命令行"命令:"提示状态双击带属性的块参照。

进行上述操作后，命令行提示：

命令: _eattedit   // 执行 eattedit 命令

选择块: // 用拾取框选择要修改的块参照，屏幕上弹出如图 10-39 所示的【增强属性编辑器】对话框

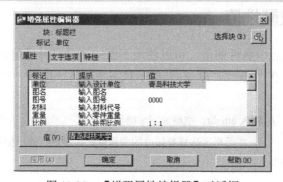

图 10-39 【增强属性编辑器】对话框

在【增强属性编辑器】对话框的顶部显示所选块参照的名称和当前选中的属性的标记。该对话框共包含三个选项卡和五个按钮，它们分别为：

1.【属性】选项卡

选择【属性】选项卡，在图形列表中显示块参照中包含的所有属性，有标记、提示和值三列。可以使用该选项卡修改某属性的值。在列表中选择某属性，在【值】编辑框中将其值修改为新值即可。

2.【文字选项】选项卡

选择【文字选项】选项卡，可以在其中修改所选块参照中包含的属性文字的特性，如图 10-40 所示。

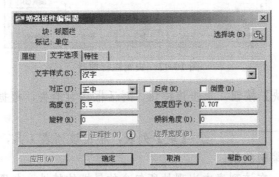

图 10-40 【文字选项】选项卡

3.【特性】选项卡

选择【特性】选项卡，用来修改所选块参照所带属性的基本特性，包括图层、线型、颜色和线宽等，如图 10-41 所示。

完成属性编辑后，单击【确定】按钮或【应用】按钮即可更新块参照中的属性文字。

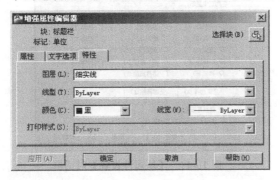

图 10-41 【特性】选项卡

10.5.4 管理块属性

插入块后，如果发现某些属性的设置不符合要求，可以使用【块属性管理器】修改块参照中某些属性的特征和设置，修改完成后可以使用【同步】工具将所有块参照中的设置值进行更新。

调用【块属性管理器】对话框的方法有以下几种：

- 工具面板：在【常用】面板组中【块】面板选择【管理】工具，或者在【块和参照】面板组的【属性】面板中的选择【管理】工具。
- 命令行：在命令行"命令："提示状态下输入 battman，按空格键或回车键确认。

调用【管理】工具后，出现【块属性管理器】对话框，如图 10-42 所示。

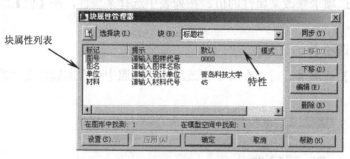

图 10-42　块属性管理器

- ：【选择块】按钮，单击该按钮，对话框临时消失，根据命令行在图形区选择块进行编辑。
- ：【块】列表，单击该列表工具，可以在出现的下拉列表中选择要编辑的块。
- 块属性列表：在该列表中出现块所包含的属性的特性，如图 10-42 所示，有"标记"、"提示"、"默认"等特性选项。
- 【设置】按钮：在"块属性列表"中选中某属性，单击【设置】按钮，出现【块属性设置】对话框，如图 10-43 所示，可在其中设置"块属性列表"中能显示的特性列。

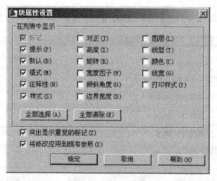

图 10-43　【块属性设置】对话框

- 【同步】按钮：完成属性的特性修改后，单击【同步】按钮，将更新所有块参照中的属性。
- 【上移】、【下移】按钮：在"块属性列表"选中某属性，单击【上移】按钮，该属性上移一行，单击【下移】按钮，该属性下移一行，用以调整插入块时根据提示输入属性值的顺序。

- 【编辑】按钮：在"块属性列表"选中某属性，单击【编辑】按钮，出现【编辑属性】对话框，如图 10-44 所示，具体使用方法类似【增强属性编辑器】对话框。

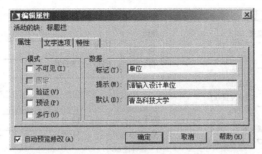

图 10-44 【编辑属性】对话框

- 【删除】按钮：在"块属性列表"选中某属性，单击【删除】按钮，该属性从块中删除。

【例 10-4】创建标题栏块和明细表块。

按照要求创建以下图块。

- "标题栏"：用于绘制标题栏，其中包含属性，可以根据提示输入各内容，输入顺序为：单位、图名、图号、材料、重量、比例、共几张、第几张、设计、设计日期、审核、审核日期、工艺、工艺日期、标准化、标准化日期、批准、批准日期。
- "明细栏表头"：用于绘制明细栏的表头。
- "明细栏"：用于绘制明细表，其中包含属性，可以根据提示输入各内容，输入顺序为：序号、代号、名称、数量、材料、单重、总重、备注。

设计过程

1. 打开文件

选择快速访问工具栏【打开】工具 📂，打开文件"……\例题\第 10 章\A3 样板 old.dwt"。

2. 创建"标题栏"块

[1] 将当前图层设置为"细实线"层，绘制如图 10-45 所示的辅助线，将来这些辅助线的中点作为属性文字的对齐点。

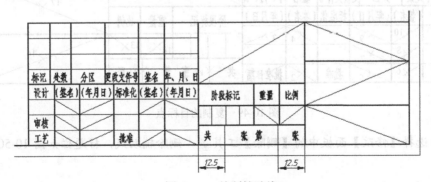

图 10-45 绘制辅助线

[2] 在【常用】面板组中，选择展开的【块】面板的【定义属性】工具，弹出【属性定义】对话框，设置对话框各选项如图 10-46 所示。

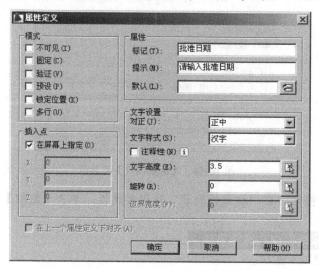

图 10-46 设置【属性定义】对话框

[3] 单击【确定】按钮，命令行提示："指定起点:"，指定如图 10-47 所示的 1 点（"×"标记）作为文字对齐点，完成的属性如图 10-48 所示。

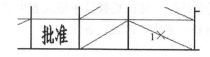

图 10-47 指定点   图 10-48 完成属性定义

[4] 在图形区选取刚创建的属性，选择【修改】面板中的【复制】工具，选择 1 点为基点，分别选择 2、3、4、…、15、16、17、18 为目标点，如图 10-49 所示。

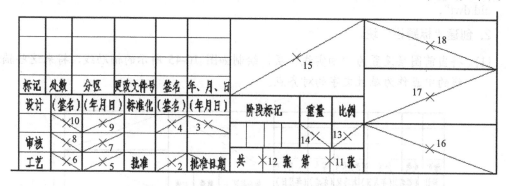

图 10-49 复制的目标点

[5] 选择【修改】面板中的【删除】工具，删除辅助线，标题栏如图 10-50 所示。

标记	处数	分区	更改文件号	签名	年,月,日	批准日期			批准日期
设计	《签名》	(年月日)	标准化	《签名》	(年月日)	阶段标记	重量	比例	批准日期
审核	批准日期	批准日期		批准日期	批准日期		批准日期	批准日期	批准日期
工艺	批准日期	批准日期	批准	批准日期	批准日期	共批准日期张	第批准日期张		批准日期

图 10-50　完成属性复制

📖 **提示**：在创建多个属性的时候，一定要注意创建顺序。创建成块后，插入块时，提示输入属性值的顺序正好和创建属性的顺序相反，故应先定义后输入属性值的属性。

[6] 双击批准后第一个格子内的属性标记"批准日期"，出现【编辑属性定义】对话框，设置其中选项如图 10-51 所示，单击【确定】按钮完成属性修改。

[7] 按照步骤[6]的方法修改其余属性，各项目的标记、提示及默认值见表 10-1。修改完成的标题栏如图 10-52 所示。

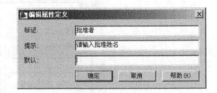

图 10-51　编辑属性定义

表 10-1　标题栏中各属性的标记、提示及默认值

属 性 格	标 记	提 示	默 认 值
单位	设计单位	请输入设计单位名称	青岛科技大学
图名	图名	请输入图名	
图号	图号	请输入图号	0000
材料	材料	请输入材料代号	HT150
重量	重量	请输入零件重量	
比例	比例	请输入绘图比例	1:1
共几张	几	请输入共几张	
第几张	几	请输入第几张	
设计	设计者	请输入设计者姓名	
设计日期	设计日期	请输入设计日期	
审核	审核者	请输入审核者姓名	
审核日期	审核日期	请输入审核日期	
工艺	工艺者	请输入制作工艺者姓名	
工艺日期	工艺日期	请输入制作工艺的日期	
标准化	标准化	请输入标准化者姓名	
标准化日期	标准化日期	请输入标准化日期	
批准	批准者	请输入批准者姓名	

						材料			设计单位
标记	处数	分区	更改文件号	签名	年、月、日				图名
设计	(签名)	(年月日)	标准化	(签名)	(年月日)	阶段标记	重量	比例	
	设计者	设计日期		标准化者	标准化日期		重量	比例	图号
审核	审核者	审核日期							
工艺	工艺者	工艺日期	批准	批准者	批准日期	共 几 张 第 几 张			△

图 10-52 完成属性修改

[8] 在【常用】面板组，选择【块】面板中的【创建】工具 🔲 创建，设置【块定义】对话框如图 10-53 所示。

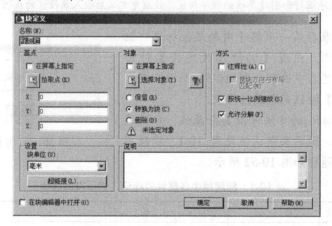

图 10-53 设置【块定义】对话框

[9] 在对话框中选择【拾取点】工具 🔲，指定如图 10-52 中标题栏右下角顶点 A 作为基点。单击【选择对象】工具 🔲，选择所有标题栏部分（不包含图框）。

[10] 单击【确定】按钮，出现【编辑属性】对话框，单击其中的【确定】按钮，完成"标题栏"块的创建，此时标题栏显示如图 10-54 所示。

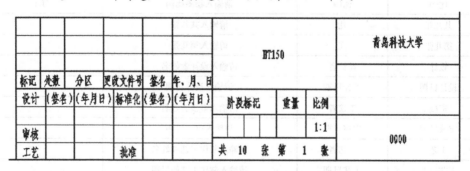

						HT150			青岛科技大学
标记	处数	分区	更改文件号	签名	年、月、日				
设计	(签名)	(年月日)	标准化	(签名)	(年月日)	阶段标记	重量	比例	
								1:1	0000
审核									
工艺			批准			共 10 张 第 1 张			

图 10-54 完成的"标题栏"块

[11] 在【常用】面板组中【块】面板选择【管理】工具 🔲，出现【块属性管理器】对话框，在块属性列表中选择"图号"行，如图 10-55 所示。

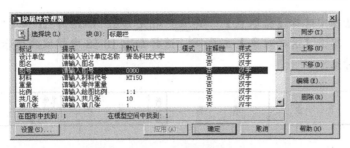

图 10-55 【块属性管理器】对话框

[12] 单击【编辑】按钮，出现【编辑属性】对话框，选择【文字选项】选项卡，在【文字样式】列表中选择"标注"，单击【确定】按钮回到【块属性管理器】对话框。

[13] 按照步骤[12]分别将"材料"、"比例"、"重量"、"共几张"、"第几张"、"设计日期"、"审核日期"、"工艺日期"、"标准化日期"、"批准日期"属性的【文字样式】设置为"标注"。

[14] 在【块属性管理器】对话框中单击【确定】按钮，完成标题栏块的修改。

3. 创建"明细栏表头"块

[1] 按照尺寸绘制明细栏表头，并使用多行文字工具填写其中文字，文字样式使用"汉字"，文字高度为"3.5"，对齐方式相对各单元格正中对齐，尺寸和线型如图 10-56 所示。

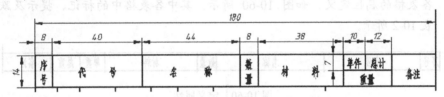

图 10-56 明细栏表头尺寸和文字

[2] 在【常用】面板组，选择【块】面板中的【创建】工具 创建，在【名称】编辑框输入"明细栏表头"，如图 10-57 所示。

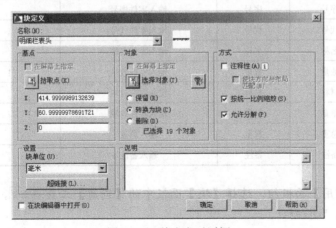

图 10-57 块定义对话框

[3] 在对话框中选择【拾取点】工具 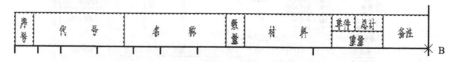，指定如图 10-58 中 B 点（"×"标记）作为基点。单击【选择对象】工具 ，选择如图 10-58 中蚂蚁线所示的图形和文字作为块对象。

图 10-58　定义块的基点和对象

[4] 单击【确定】按钮，完成"明细栏表头"块的创建。

4. 创建"明细栏"块

[1] 按照尺寸绘制明细栏表格，尺寸和线型如图 10-59 所示。

图 10-59　明细栏表格

[2] 使用【定义属性】工具、【复制】工具及【编辑属性定义】工具，完成明细表中各表格的属性定义，如图 10-60 所示，其中各表格中的标记、提示及默认值见表 10-2 所示。

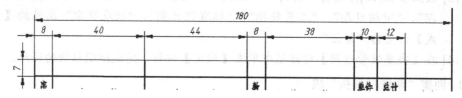

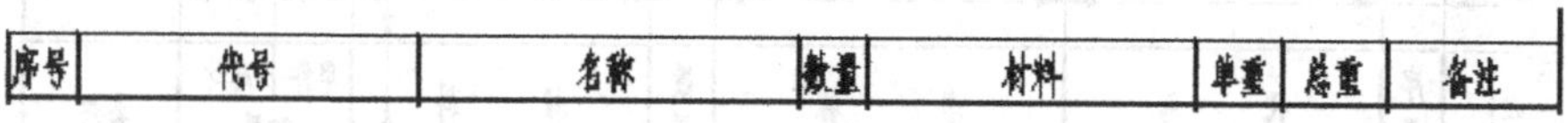

图 10-60　定义属性

表 10-2　标题栏中各属性的标记、提示及默认值

属 性 格	标 记	提 示	默 认 值
序号	序号	输入零件序号	
代号	代号	输入零件代号	
名称	名称	输入零件名称	
数量	数量	输入零件数量	1
材料	材料	输入零件材料	
单重	单重	输入零件单重	
总重	总重	输入总重	
备注	备注	输入备注	

[3] 在【常用】面板组，选择【块】面板中的【创建】工具 ，在【名称】编辑框输入"明细栏"。

[4] 在对话框中选择【拾取点】工具 ，指定如图 10-61 中 C 点（"×"标记）作为

基点。单击【选择对象】工具 ，选择如图 10-61 中蚂蚁线所示的图形和属性作为块对象。

序号	代号	名称	数量	材料	单重	总重	备注

图 10-61　定义块的基点和对象

[5]　此时【块定义】对话框如图 10-62 所示，单击【确定】按钮，完成"明细栏"块的创建。

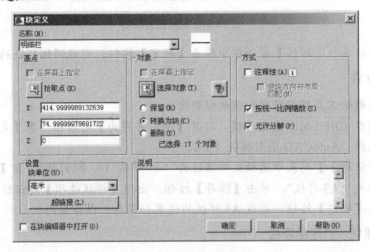

图 10-62　块定义对话框

[6]　在【常用】面板组中【块】面板选择【管理】工具 ，出现【块属性管理器】对话框，在【块】列表中选择"明细栏"，在块属性列表中选择"序号"行。

[7]　单击【编辑】按钮，出现【编辑属性】对话框，选择【文字选项】选项卡，在【文字样式】列表中选择"标注"，如图 10-63 所示，单击【确定】按钮回到【块属性管理器】对话框。

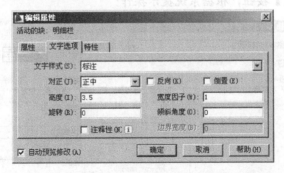

图 10-63　【编辑属性】对话框

[8]　按照步骤[7]分别将"代号"、"数量"、"材料"、"单重"、"总重"属性的【文字样式】设置为"标注"，【块属性管理器】对话框如图 10-64 所示。

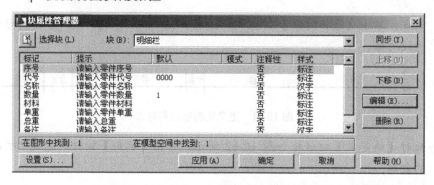

图 10-64　块属性管理器

[9]　在【块属性管理器】对话框中单击【确定】按钮，完成明细栏块的修改。

5. 保存文件

[1]　使用删除工具将标题栏和明细栏删除。

[2]　按键盘 Ctrl+Shift+S 组合键，打开【图形另存为】对话框，在【文件类型】列表中选择 "AutoCAD 图形样板（.dwt）"。

[3]　在【保存于】列表中选择文件路径为 "……\第 10 章\例题"，在【文件名】编辑框输入 "A3 样板"，单击【保存】按钮，出现【样板选项】对话框。

[4]　单击【确定】按钮，完成 A3 样板的设置和保存，以备使用。

6. 插入图块，创建标题栏

[1]　选择快速访问工具栏【新建】工具📄，使用 "……\例题\第 10 章\例题\A3 样板.dwt" 创建新文件。

[2]　选择快速访问工具栏【保存】工具💾将文件保存为 "……\第 10 章\例题\例 10-4.dwg"。

[3]　在功能区选择【常用】选项卡，在【块】面板中选择【插入】工具🔲，出现【插入】对话框，设置对话框如图 10-65 所示。

[4]　单击【确定】按钮，根据系统提示操作：

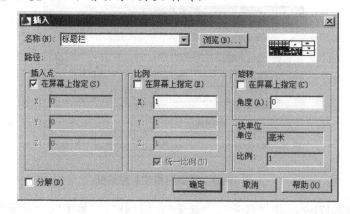

图 10-65　设置【插入】对话框

命令: _insert

指定插入点或 [基点(B)/比例(S)/旋转(R)]:   // 指定 D 点（"×"标记）作为插入点，如
    图 10-66 所示

输入属性值

请输入设计单位名称 <青岛科技大学>:   // 回车确认

请输入图名: 机盖   // 输入机盖，回车确认

请输入图号 <0000>: 000005   // 输入 000005，回车确认

请输入材料代号 <HT150>:   // 回车确认

请输入零件重量: // 回车确认

请输入绘图比例 <1:1>:   // 回车确认

请输入共几张 <10>: 12   // 输入 12，回车确认

请输入第几张 <1>: 5   // 输入 5，回车确认

请输入设计者姓名: 张三   // 输入张三，回车确认

请输入设计日期: 120910   // 输入 120910，回车确认

请输入审核者姓名: // 回车确认

请输入审核日期: // 回车确认

请输入制作工艺者姓名: // 回车确认

请输入制作工艺的日期: // 回车确认

请输入标准化者姓名: // 回车确认

请输入标准化日期: // 回车确认

请输入批准姓名: // 回车确认

请输入批准日期: // 回车确认

退出命令，完成的图形如图 10-66 所示

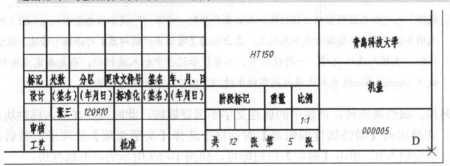

图 10-66   插入属性块

📖 提醒：如果对应的属性值是默认值，只需空格或回车确认，不必输入。

[5] 在命令行"命令:"提示状态下，输入 attedit，回车确认，系统提示："选择块参
    照:"选择刚才插入的块参照，出现【编辑属性】对话框，单击【下一个】按
    钮，在其中修改各选项数值，如图 10-67 所示。

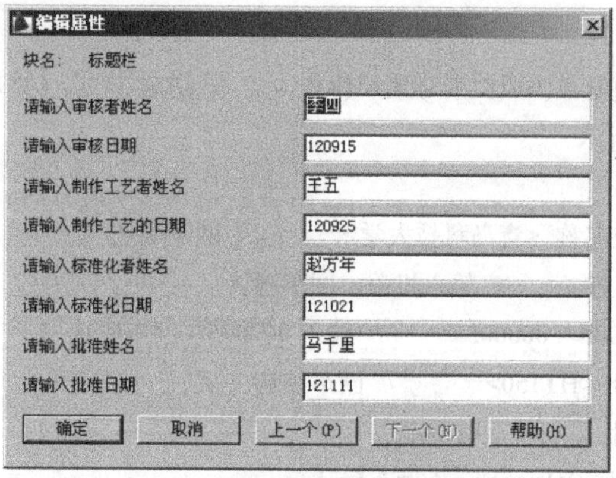

图 10-67　编辑块参照中的属性

[6]　单击【确定】按钮，完成块修改，图形如图 10-68 所示。

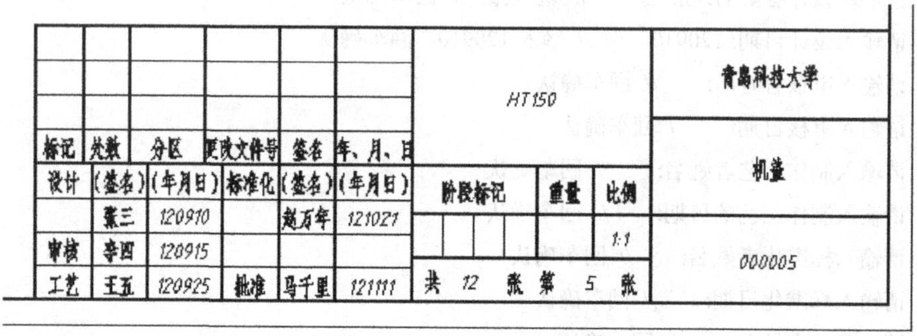

图 10-68　修改完的图形

📖　提醒：也可以在图形区双击属性块，或者在命令行"命令："提示状态下输入 ddedit，按空格键或回车键确认，根据提示选中属性块，在出现的【增强属性编辑器】对话框中修改属性值。

📖　提醒：在插入属性块时，一般情况下，不在提示过程中输入属性值，而是在完成块插入后，使用 attedit、ddedit 或双击属性块在弹出的相应对话框中修改属性值。

有时候，属性块旋转，而块中的属性文字不需要旋转，此时需要在插入属性块后，双击该块，在弹出的【增强属性编辑器】对话框中选择【文字选项】选项卡，然后在【旋转】编辑框中输入 0，单击【确定】按钮即可，如图 10-69 所示的基准属性块。

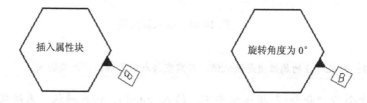

图 10-69　旋转属性文字角度

10.5.5　清理块

要减少图形文件大小，可以删除掉未使用的块定义。通过删除命令可从图形中删除块参照；但是，块定义仍保留在图形的块定义表中。要删除未使用的块定义并减小图形文件，可以在绘图过程中的任何时候使用 purge 命令。

在命令行中"命令："提示状态下输入 purge，按空格键或回车键确认，出现【清理】对话框，如图 10-70 所示。利用这个对话框可以清理没有使用的标注样式、打印样式、多线样式、块、图层、文字样式、线型等定义。

在【图形中未使用的项目】列表中选择要清理的块，单击【清理】按钮，根据提示选择清理或者跳过要清理的项目，即可完成对选中图块的清理。

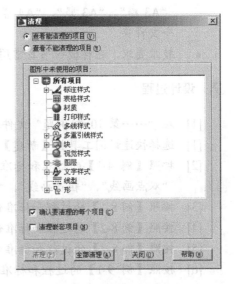

图 10-70　【清理】对话框

> 📖 提醒：使用 purge 命令只能删除未使用的块定义。

10.6　综合实例——自定义样板图

前面的章节讲授了所有绘图工具、编辑工具及文字注释工具，要使用这些工具方便快捷地绘制出符合国标的工程图，必须创建符合国标的样板图，下面讲解符合国标的样板图的创建过程。

【例 10-5】符合国家标准的样板图。

创建符合国家标准的样板图，图名为"图形样板"。

🛡 **设计分析**

根据第 2 章制图国家标准基本规定，国家标准的样板图主要包括以下内容。

- 图层，设置"粗实线"、"细实线"、"细点划线"、"虚线"、"双点画线"、"粗点画线"、"尺寸"七个图层，0 层不用设置。
- 文字样式，设置"汉字"和"标注"两种文字样式。
- 表格样式，设置一种名为"标准表格"的表格样式。
- 标注样式，设置"ISO-35"、"线性直径"和"半标注"三种尺寸标注样式。
- 多重引线样式，设置"倒角标注"、"零件序号"和"普通引线"三种多重引线样式。
- 图块，创建"基准"、"基本符号"、"去材料表面"、"不去材料表面"、"去除材料"、"不去除材料"、"标题栏"、"明细栏表头"和"明细栏"等块备用。
- 外部块，创建"A0 横"、"A0 竖"、"A1 横"、"A1 竖"、"A2 横"、"A2 竖"、

"A3 横"、"A3 竖"、"A4 竖" 9 种图框，存为外部块，并和图形样板置于同一个文件夹。

- 技术要求，在样板中书写常用的技术要求文字，以备修改。

设计过程

[1] 在 "……第 10 章\例题" 文件夹创建名为 "图形样板" 的文件夹。

[1] 选择快速访问工具栏【新建】工具 ⬚，创建新文件。

[2] 按照【例 4-1】的过程和标准创建 "粗实线"、"细实线"、"细点划线"、"虚线"、"双点画线"、"粗点画线"、"尺寸" 七个图层。

[3] 按照【例 8-1】的过程和标准创建 "汉字" 和 "标注" 两种文字样式。

[4] 按照【例 8-2】的过程和标准创建技术要求样本。

[5] 按照【例 8-2】的过程和标准创建名为 "标准表格" 的表格样式。

[6] 按照【例 9-1】的过程和标准创建 "ISO-35"、"线性直径" 和 "半标注" 三种尺寸标注样式。

[7] 按照【例 9-10】的过程和标准创建 "倒角标注"、"零件序号" 和 "普通引线" 三种多重引线样式。

[8] 按照【例 10-1】的过程和标准创建 "基准"、"基本符号"、"去材料表面" 三个图块。

[9] 按照【例 10-3】的过程和标准创建 "去除材料"、"不去除材料" 两个图块。

[10] 按照第 2 章图 2-4 的尺寸和线型绘制标题栏。

[11] 按照【例 10-4】的过程和标准创建 "标题栏"、"明细栏表头" 和 "明细栏" 三个图块。

[12] 按照国家标准绘制 "A0 横"、"A0 竖"、"A1 横"、"A1 竖"、"A2 横"、"A2 竖"、"A3 横"、"A3 竖"、"A4 竖" 9 种图纸的纸边（细实线）和图框（粗实线），使用 wblock 命令，分别将其写如图形文件 "A0 横"、"A0 竖"、"A1 横"、"A1 竖"、"A2 横"、"A2 竖"、"A3 横"、"A3 竖"、"A4 竖"，存放于 "图形样板" 文件夹。

[13] 按键盘 Ctrl+Shift+S 组合键，打开【图形另存为】对话框，在【文件类型】列表中选择 "AutoCAD 图形样板（.dwt）"。

[14] 在【保存于】列表中选择文件路径为 "……\第 10 章\例题\图形样板"，在【文件名】编辑框输入 "图形样板"，单击【保存】按钮，出现【样板选项】对话框。

[15] 单击【确定】按钮，完成样板图的设置和保存，以备使用。

10.7 思考与练习

1. 思考题

（1）什么是块？如何创建块？简述创建块的步骤。

（2）什么是属性？如何定义属性？怎样定义属性块？

（3）怎样修改块参照？如何修改块参照中的属性值？

（4）如何使用【增强属性编辑器】编辑属性块？

（5）如何管理属性块？

（6）如何清理块？

2．上机题

（1）创建名为"剖切符号"的图块，其中包含属性文字，属性的标记是 A，属性的提示是"请输入剖面名称"，默认值为 A，属性文字的字高为 5，具体尺寸如图 10-71 所示。利用创建的块，创建如图 10-72 所示的块参照。

图 10-71　剖切符号块　　　　　　　　　图 10-72　块参照

（2）创建名为"局部放大标注"的图块，其中包含两个属性文字，第一个属性的标记是 I，属性的提示是"请输入局部放大图名称"，默认值为 I，第二个属性的标记是比例，属性的提示是"输入局部放大比例"，默认值为 2:1，各属性文字的字高为 5，具体尺寸如图 10-73 所示，提示的顺序是先提示输入名称，后提示输入比例。利用创建的块，创建如图 10-74 所示的块参照。

图 10-73　局部放大标注块　　　　　　　图 10-74　块参照

（3）利用【例 10-5】创建的样板图，绘制如图 10-75 所示图形，完成标注。

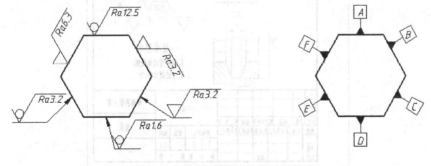

图 10-75　标注表面结构符号和基准

（4）利用【例 10-5】创建的样板图，绘制如图 10-76 所示零件图，完成标注。

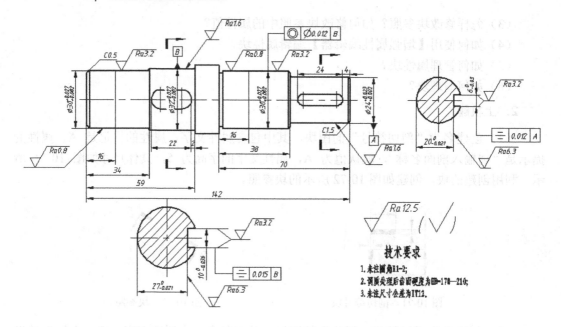

图 10-76　轴零件图

（5）利用【例 10-5】创建的样板图，调用 A3 横图纸，绘制如图 10-77 所示零件图，完成标注。

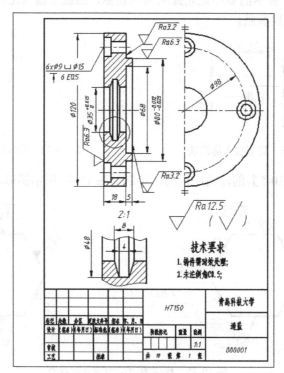

图 10-77　透盖零件图

第11章 工程图绘图方法

工程图样是表达工程技师人员设计思想的技术资料，包括草图、零件图和装配图。前面的章节按照绘图的需要，讲授了各种不同类型图线的绘制方法和技巧、各种标注方法、各种符合国标的图层、文字样式、尺寸样式、引线样式的设置方法以及图块的制作方法。本章主要通过综合实例讲解在工程上绘制图纸的过程和方法。

11.1 基本视图的画法

机械制图中，采用六个基本视图表达立体的结构形状，下面通过讲解三视图的绘制方法，使大家掌握三视图的绘图技巧，其余基本视图的绘图方法仿照三视图即可。

三视图的投影规律是：

主视图和俯视图长对正，绘制水平直线表达它们之间的关系。

主视图和左视图高平齐，绘制竖直直线表达它们之间的关系。

俯视图和左视图宽相等，前后对应。绘图方法有两种：画45°斜线法和旋转复制法。

11.1.1 画45°斜线法

画45°斜线法的步骤通过下面的例题进行讲解。

【例11-1】用45°斜线法绘制三视图。

利用如图11-1的切割体的主、俯视图，完成其左视图，如图11-2所示。

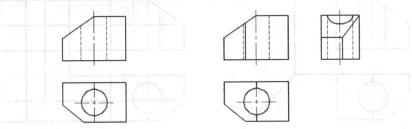

图11-1　原图　　　　　　　　图11-2　结果

设计过程

[1] 选择快速访问工具栏【打开】工具 📂，打开"……第11章\例题\例11-1.dwg"，如图11-1所示。

[2] 设置当前图层为"粗实线"层，使用直线工具，利用极轴追踪和对象捕捉工具，绘制长对正线，如图11-3所示。

[3] 使用修剪工具，修剪掉多余图线，补全了主、俯视图中的漏线，如图 11-4 所示。

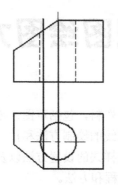
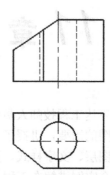

图 11-3 绘制长对正线　　　　　　　图 11-4 完成主俯视图

[4] 使用直线工具，利用对象捕捉和极轴追踪工具，绘制左视图宽度方向的基准线（立体后端面的积聚性投影，位置自定），并过俯视图宽度方向的基准（后端面的积聚性投影）作水平线，两线相交于一点。

[5] 使用直线工具，设置极轴追踪角为 45°，过两线交点绘制 45° 斜线，如图 11-5 所示。

[6] 使用直线工具，利用极轴追踪和对象捕捉工具，绘制过俯视图外轮廓各关键点的水平线，与 45° 斜线相交，如图 11-6 所示。

[7] 使用直线工具，利用极轴追踪和对象捕捉工具，过 45° 斜线上求得的关键点绘制竖直线，完成宽相等线的绘制，如图 11-6 所示。

[8] 使用直线工具，利用极轴追踪和对象捕捉工具，绘制过主视图外轮廓各关键点的高平齐线，如图 11-6 所示。

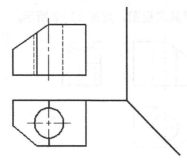

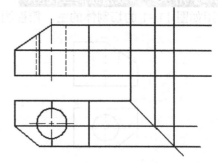

图 11-5 绘制 45° 斜线　　　　　　　图 11-6 绘制水平线

[9] 使用直线工具，绘制截交线，使用修剪工具，修剪掉多余图线，完成左视图外形轮廓如图 11-7 所示。

[10] 使用删除工具，删除多余的辅助线，如图 11-8 所示。

[11] 使用直线工具，利用极轴追踪和对象捕捉工具，绘制过俯视图圆孔各关键点的水平线，与 45° 斜线相交，如图 11-9 所示。

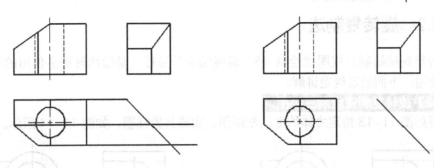

图 11-7　完成左视图外形　　　　　　　图 11-8　删除多余辅助线

[12] 使用直线工具，利用极轴追踪和对象捕捉工具，过 45° 斜线上求得的关键点绘制竖直线，完成宽相等线的绘制，如图 11-10 所示。

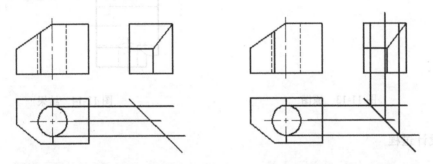

图 11-9　绘制水平辅助线　　　　　　　图 11-10　绘制竖直线

[13] 使用修剪工具、夹点编辑工具和删除工具，并修改图线的图层，完成图形如图 11-11 所示。

[14] 使用直线工具，利用极轴追踪和对象捕捉工具，过主视图圆孔最左素线和轮廓线的交点绘制高平齐线，如图 11-11 所示。

[15] 使用椭圆工具，绘制椭圆，如图 11-12 所示。

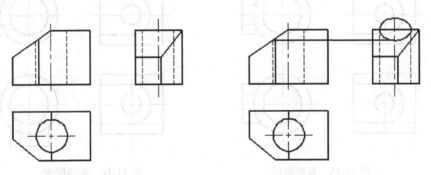

图 11-11　修改图线及线型　　　　　　图 11-12　绘制截交线

[16] 使用修剪工具，修剪掉多余的图线，结果如图 11-2 所示。

11.1.2 旋转复制法

旋转复制法绘制三视图比绘制 45° 斜线法简单易行，是绘图时更多使用的方法，建议用户使用，下面通过例题讲解。

【例 11-2】旋转复制法绘制三视图。

利用如图 11-13 给定立体的主、左视图，完成其俯视图，如图 11-14 所示。

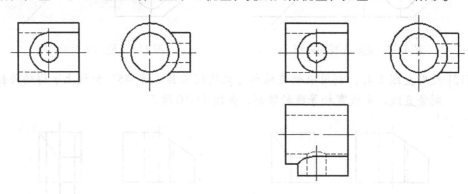

图 11-13　原图　　　　　　　　　　　图 11-14　结果

🐴 设计过程

[1] 选择快速访问工具栏【打开】工具📂，打开"……第 11 章\例题\例 11-2.dwg"，如图 11-13 所示。

[2] 使用复制工具，利用极轴追踪工具，将主视图和左视图向正下方复制出副本，如图 11-15 所示。

[3] 使用旋转工具，将左视图以圆心为旋转中心，旋转-90° 如图 11-16 所示。

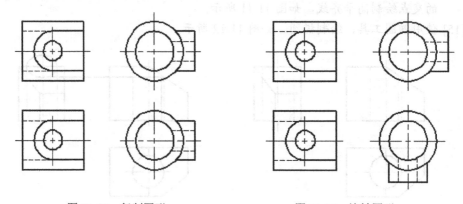

图 11-15　复制图形　　　　　　　　　图 11-16　旋转图形

[4] 使用直线工具，利用极轴追踪工具，绘制水平线，如图 11-17 所示。

[5] 使用夹点编辑工具，将俯视图竖直中心线适当编辑，如图 11-17 所示。

[6] 使用复制工具，选中图 11-17 中蚂蚁线所示图线，将其复制到图 11-18 所示的位置。

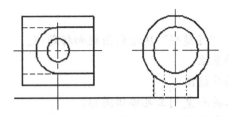

图 11-17　绘制辅助线

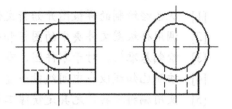

图 11-18　复制图形

[7]　综合使用修改工具，修改俯视图如图 11-19 所示。

[8]　利用前面章节所讲绘制相贯线和截交线的方法，完成相贯线和截交线，并修剪掉多余图线，结果如图 11-20 所示。

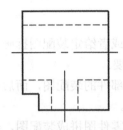

图 11-19　综合编辑图形

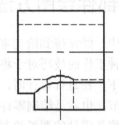

图 11-20　绘制相贯线和截交线

[9]　将内孔的相贯线修改为虚线，删除刚才旋转过的图形，结果如图 11-14 所示。

11.2　工程图的绘图步骤

工程图的绘图步骤分为两大步，首先进行图形分析，然后绘制图样。

1. 图形分析

前面章节讲过平面图形的图形分析和线段分析方法，对于复杂的零件图或者装配图，可以按照下面的步骤分析图形：

[1]　总体分析图形，确定图形的基准。

[2]　分析图形，看图形是否对称，如果对称，准备使用镜像工具。

[3]　分析图形，看图形是否有按规律分布的相同或相近结构，如果有，准备使用阵列工具。

[4]　分析图形，看图形是否有不按规律分布，但结构形状相同或相近结构，如果有，准备使用复制工具。

[5]　如果没有以上结构，使用普通绘图和编辑工具绘图，根据实际情况，确定所用的绘图工具及修改工具。

完成图形分析之后，即可进行线段分析，将图形分解为已知线段、中间线段和连接线段。

2. 绘制图样

完成图形分析和线段分析后可以绘制图样，步骤如下：

[1] 从已经绘制的样板图开始新文件。

[2] 调用样板图文件夹中的图框和样板图中的"标题栏"块绘制图框和标题栏。

[3] 绘制基准线，对于零件图，有三个方向的基准。

[4] 按照已知线段→中间线段→连接线段的顺序绘图。

[5] 使用编辑工具，尤其是镜像工具、阵列工具和复制工具编辑图形。

[6] 选择样板图中合适的尺寸标注样式，使用各种尺寸标注工具进行尺寸标注。

[7] 使用图块标注零件表面质量要求。

[8] 选择样板图中合适的文字样式，注写零件的技术要求。

[9] 如果是装配图，选择合适的引线样式标注零件序号，并调用图块绘制明细栏。

11.3 零部件绘图方法

工程设计中，经常碰到给定零件图拼画装配图，或者给定装配图拆画零件图的工作。掌握完成这两种工作的技巧对于将来进行设计非常重要。

通常情况下，在进行设计时，首先绘制机器或者部件的装配图，而后根据实际要求设计各零件的细节，也就是绘制零件图，最后完成设计。

如果首先将各零件的图纸绘制好之后，再将各个零件图拼成装配图，会有许多缺点：一是在装配图中会出现重合的图线，二是零件图在装配图中不好定位，三是使用 CAD 进行多文件同时操作比较麻烦，容易出错。所以，一般不用这种设计和绘图方法。

11.4 综合实例——拼图和拆图

国家 CAD 等级考试是很权威的一种 CAD 技能水平认证考试，本例以其中零件图和装配图的内容讲解绘制零部件工程图的方法。

【例 11-3】拼图和拆图实例。

抄画底座零件图，然后根据各零件图拼画千斤顶的装配图，最后拆画螺杆零件图和螺套零件图。

各零件分别如图 11-21、11-22、11-23 所示，装配图如图 11-24 所示。

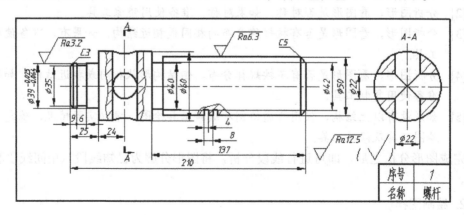

图 11-21　螺杆零件图

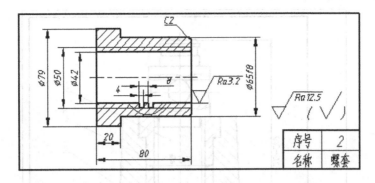

图 11-22　螺套零件图

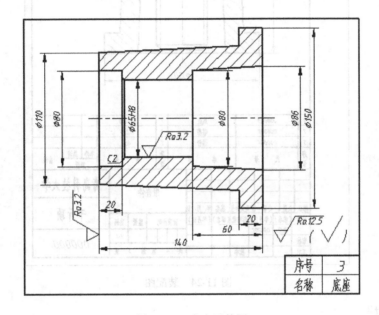

图 11-23　底座零件图

设计分析

- 首先绘制底座零件图，不变标注尺寸。
- 将底座零件图复制一份，在其中利用已知图线直接绘制螺套零件图，绘制出装配图的第 2 个零件。
- 在装配图中绘制螺杆零件图，完成装配图图形的绘制。
- 将装配图复制出两份，修改图形，在其中分别抠出螺套零件图和螺杆零件图。
- 标注装配尺寸和技术要求，调入图框、标题栏和明细表，完成装配图。
- 补画零件图中的其他视图，标注尺寸、注写技术要求，调入图框和标题栏，完成各零件图的视图。

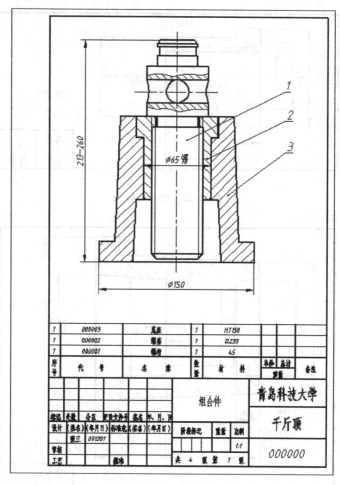

图 11-24　装配图

设计过程

1. 绘制千斤顶装配图

[1] 选择【新建】工具🗋，以"……\第 11 章\例题\图形样板\图形样板.dwt"为样板图，创建新文件"……\第 11 章\例题\例 11-3.dwg"。

[2] 使用绘图工具和编辑工具，绘制出底座零件图的视图，如图 11-25 所示。

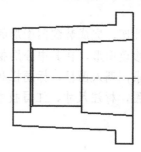

图 11-25　底座零件图

[3] 将底座零件的视图复制一份，旋转90°，如图11-26所示。

[4] 在视图中利用已有图线，综合使用绘图和修改工具，绘制螺套的视图，并处理被遮住的图线，如图11-27所示。

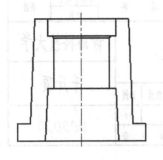 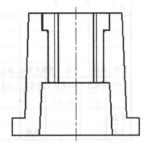

图 11-26　旋转底座视图　　　　　　　图 11-27　装入螺套

📖 提示：由于本例过于繁杂，只讲大体画图步骤，详细步骤请读者自己练习。

[5] 在已完成的装配图中利用已有图线，综合使用绘图和修改工具，绘制螺杆的视图，并处理被遮住的图线，完成千斤顶装配图如图11-28所示。

[6] 将装配图复制出两份备用。

[7] 使用"零件序号"引线样式，标注零件序号并将其对齐，如图11-29所示。

[8] 使用"ISO-35"尺寸样式，标注尺寸，如图11-30所示。

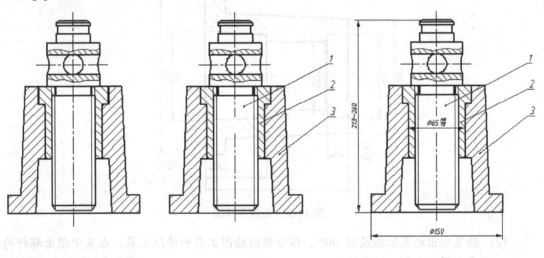

图 11-28　完成装配图图形　　　图 11-29　零件序号　　　图 11-30　标注尺寸和零件序号

[9] 使用【插入】工具，插入外部块"……\第 11 章\例题\图形样板\A4 竖.dwg"，定位于"0,0"点。

[10] 使用【插入】工具，分别插入块"标题栏"、"明细栏表头"和"明细栏"，并使用"ddedit"命令或双击图块打开【增强属性编辑器】对话框编辑块中的属性值，最后编辑标题栏和明细表如图11-31所示。

1	000003	底座	1	HT150		
1	000002	螺套	1	Q235		
1	000001	螺杆	1	45		
序号	代 号	名 称	数量	材 料	单件 总计 重量	备注

		组合件		青岛科技大学	
标记 处数 分区 更改文件号 签名 年、月、日				千斤顶	
设计 (签名) (年月日) 标准化 (签名) (年月日)		阶段标记 重量 比例			
张三 091201			1:1		
审核				000000	
工艺	批准	共 4 张 第 1 张			

图 11-31　插入标题栏和明细栏

> 📖 提醒：多数情况下，不是先画零件图后通过复制—粘贴方式绘制装配图，而是在装配图中根据零件图直接绘制装配图。插入图块时，一般不在提示的过程中输入属性值，而是完成图块插入后，使用【增强属性编辑器】对话框修改属性值更方便快捷。

2. 绘制千斤顶零件图

[1]　为最早绘制的底座零件图标注尺寸和技术要求，完成其零件图，如图 11-32 所示。

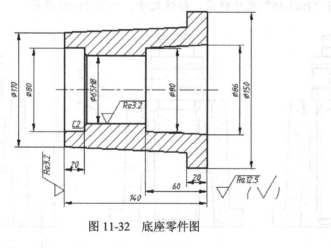

图 11-32　底座零件图

[2]　将复制出的装配图旋转 90°，综合使用绘图工具和修改工具，在其中抠出螺杆的主视图，如图 11-33 所示。

[3]　综合使用绘图工具和修改工具，补画螺杆的 A-A 断面图，绘制其螺纹局部剖部分，完成的视图如图 11-34 所示。

[4]　选择合适的尺寸标注样式，调用尺寸标注工具，标注所有的尺寸。

[5]　选择"倒角标注"多重引线样式，标准倒角。

[6]　使用【插入】工具，插入"去除材料"块，标注表面结构要求。

[7]　使用【插入】工具，插入"剖切符号"块，插入剖切符号，并修改其数字方向，

使用多行文字工具标注断面图的"A-A"，完成的螺杆工程图如图 11-35 所示。

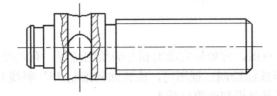

图 11-33　绘制阀体零件图

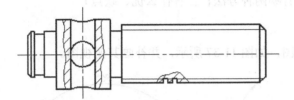

图 11-34　补画螺杆的其他视图和局部

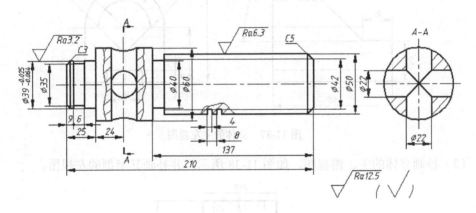

图 11-35　完成螺杆工程图

[8]　按照步骤[2]～[7]完成螺套工程图，如图 11-36 所示。

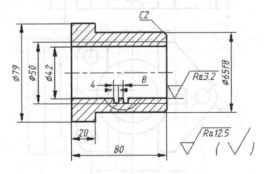

图 11-36　螺套工程图

> 📖 提醒：多数设计都是首先绘制装配图，再拆画零件图。

11.5 思考与练习

1. 思考题

（1）如何绘制三视图，应如何完成宽相等的绘制过程，有几种方法？

（2）使用 45°斜线法绘制三视图时，应该如何绘制 45°斜线？

（3）如何进行图形分析和线段分析？

（4）简述绘图的一般步骤。

（5）绘制零部件的工程图有哪两种方法？各有什么优、缺点？

2. 上机题

（1）抄画立体的主、左视图，如图 11-37 所示，并补画其俯视图。

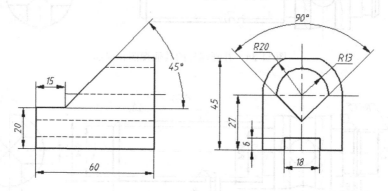

图 11-37　立体的主左视图

（2）抄画立体的主、俯视图，如图 11-38 所示，并补画其半剖的左视图。

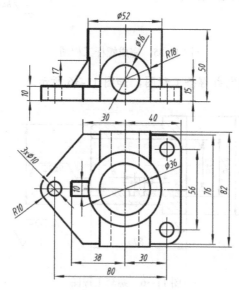

图 11-38　立体的主俯视图

（3）根据要求，完成国家 CAD 技能等级考试的一级试题。

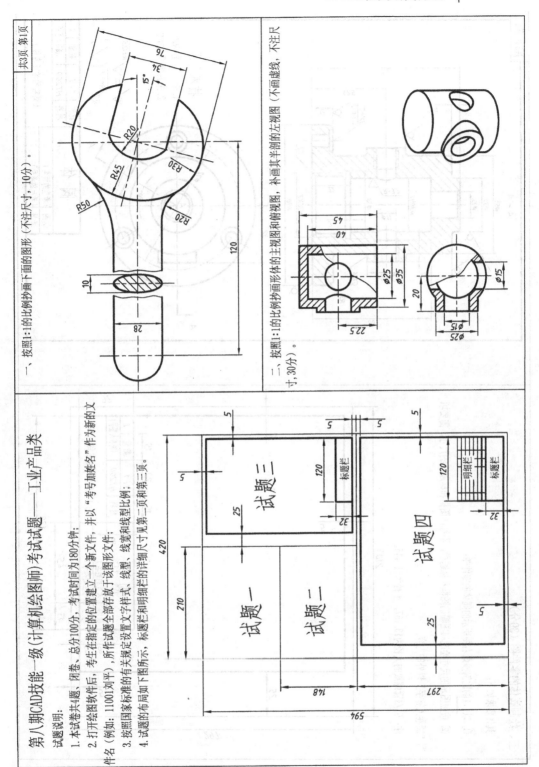

一、按照1:1的比例抄画下面的图形（不注尺寸，10分）。

二、按照1:1的比例抄画形体的主视图和俯视图，补画其半剖的左视图（不画虚线，不注尺寸，30分）。

第八期CAD技能一级（计算机绘图师）考试试题 —— 工业产品类

试题说明：

1. 本试卷共4题，闭卷、总分100分，考试时间为180分钟；
2. 打开绘图软件后，考生在指定的位置建立一个新文件，并以"考号加姓名"作为新的文件名（例如：11001刘平），所作试题全部存放于该图形文件；
3. 按照国家标准的有关规定设置文字样式、线型、线宽和线型比例；
4. 试题的布局如下图所示，标题栏和明细栏的详细尺寸见第二页和第三页。

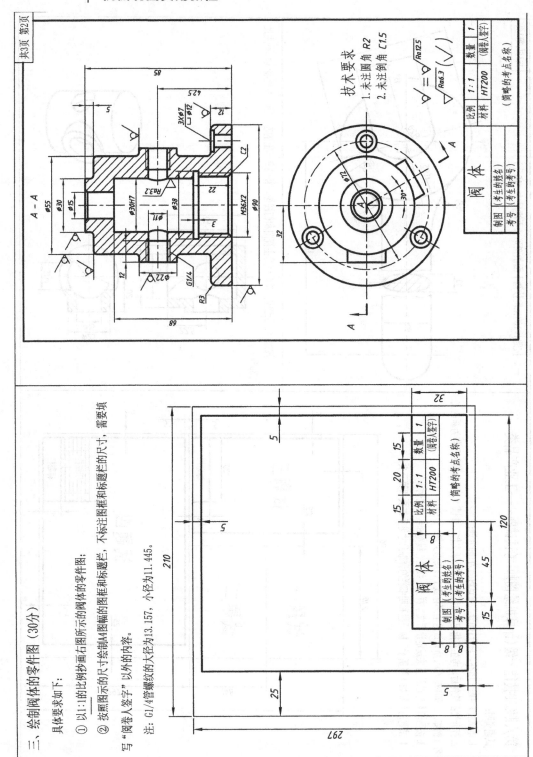

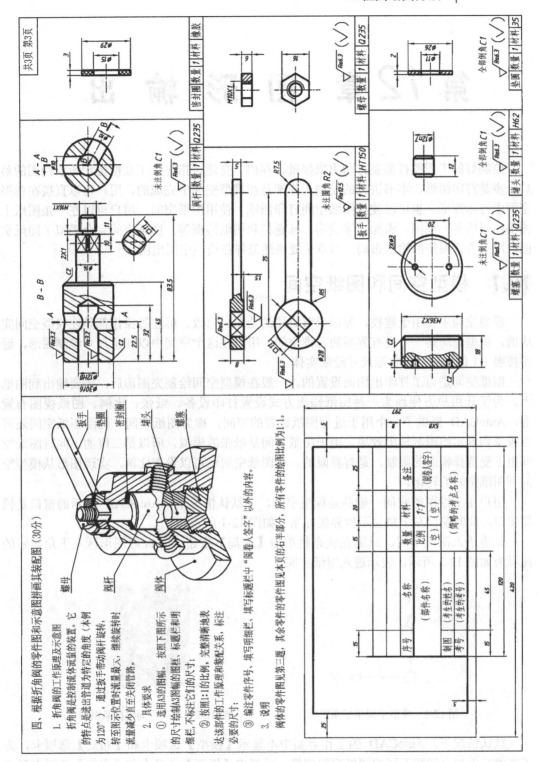

第12章 图形输出

绘制好的工程图样需要打印出来报批、存档、交流、指导加工及检验，所以绘图的最后一步是打印图纸。本书讲授的绘制工作都是在模型空间中完成的，用户可以直接在模型空间中打印图纸，也可以使用图纸空间打印图纸。使用图纸空间，用户可以在一张图纸上输出图形的多个视图，添加文字说明、标题栏和图纸边框等。图纸空间完全模拟了图纸页面，用于安排图形的输出布局。本章主要讲述怎样在模型空间出图。

12.1 模型空间和图纸空间

模型空间主要用于建模，前面章节讲述的绘图、修改、标注等操作都是在模型空间完成的。模型空间是一个没有界限的三维空间，用户在这个空间中以任意尺寸绘制图形，通常按照 1:1 的比例，以实际尺寸绘制实体。

图纸空间是为了打印出图而设置的。一般在模型空间绘制完图形后，需要输出到图纸上。为了让用户方便地为一种图纸输出方式设置打印设备、纸张、比例、图纸视图布置等，AutoCAD 提供了一个用于进行图纸设置的空间，称为图纸空间。利用图纸空间还可以预览到真实的图纸输出效果。由于图纸空间是纸张的模拟，所以是二维的。同时图纸空间由于受选择幅面的限制，是有界限的。在图纸空间还可以设置比例，实现图形从模型空间到图纸空间的转化。

用户用于绘图的空间一般都是模型空间，在默认情况下，AutoCAD 显示的窗口是模型窗口，此时窗口左下角显示世界坐标系，如图 12-1 所示。

如需进入图纸空间，只需在状态栏单击【布局】按钮▣，此时图形区左下角显示的图标为如图 12-2 所示，表示进入图纸空间。

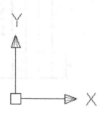

图 12-1　模型空间坐标系图标　　　　图 12-2　布局空间坐标系图标

默认情况下，AutoCAD 的工作界面中不显示【模型】选项卡和【布局】选项卡，为了方便在模型空间和不同的图纸空间切换，需要将【模型】选项卡和【布局】选项卡显示在图形区的左下角，方法是：将光标指向状态栏【模型】按钮▣或【布局】按钮▣，单击鼠标右键，在弹出的快捷菜单中选择【显示布局和模型选项卡】选项，此时在图形区左下方出现在【模型】选项卡和【布局】选项卡，如图 12-3 所示。单击相应选项卡即可切换模型空间和不同的图纸空间。

如果不需显示【模型】选项卡和【布局】选项卡，只需将光标指向【模型】选项卡和【布局】选项卡，单击鼠标右键，在弹出的快捷菜单中选择【隐藏布局和模型选项卡】选项，此时不再显示【模型】选项卡和【布局】选项卡，回到初始状态。

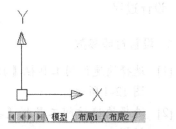

图 12-3　【模型】选项卡和【布局】选项卡

12.2　在模型空间出图

如果需要打印的图形只使用一个比例，则该比例既可以预先设置，也可以在出图时修改。多数情况下，建议用户在绘图时按照尺寸 1:1 绘图，在出图时根据实际需要设置比例，这种方式适用于大多数机械图样。如果整张图形使用同一个比例，在模型空间直接打印图形简单直观，为初级用户青睐。

下面通过实例讲解出图的方法和步骤。

【例 12-1】模型空间出图实例。

将图 12-4 所示的底座零件图，按照 1:1 比例打印到 A4 图纸。

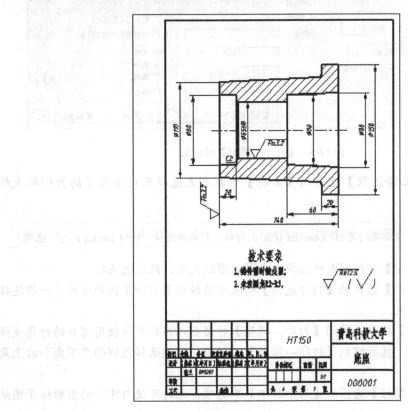

图 12-4　底座零件图

🐦 设计过程

1. 设置打印参数

[1] 选择快速访问工具栏【打开】工具,打开"……\第 12 章\例题\例 12-1.dwg",如图 12-4 所示。

[2] 选择快速访问工具栏【打印】工具,打开如图 12-5 所示的【打印—模型】对话框。

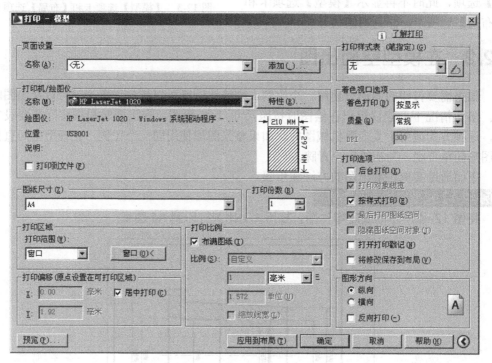

图 12-5 【打印—模型】对话框

[3] 在【打印机/绘图仪】选区的【名称】下拉列表选择已经安装了的打印机或绘图仪。

📖 提醒:因为笔者安装的是 HP LaserJet 1020 打印机,故此处选择"HP LaserJet 1020"选项。

[4] 在【图纸尺寸】下拉列表中选择要出图的图纸大小,此处选 A4。

[5] 在【打印区域】选区的【打印范围】列表中选择设置打印范围的方式,一般选择"窗口"方式。

[6] 单击【窗口】按钮,关闭【打印—模型】对话框,在图形区使用窗口的对角点设置打印区域,然后回到【打印—模型】对话框。本例选择图框的左下角和右上角确定窗口。

[7] 勾选【打印偏移】选区的【居中打印】单选项,此时可使打印出的图形位于图纸的正中。

[8] 在【图形方向】选区根据实际情况选择图形方向，本例选择【纵向】打印。

[9] 在【打印比例】选区根据实际情况设置打印比例，本例选择【布满图纸】选项。

[10] 单击【预览】按钮，预览打印效果，如果效果满意，可单击屏幕左上角【打印】
工具🖨打印图形；如果效果不满意，可单击屏幕左上角【关闭预览窗口】工具
⊗，或者按键盘 Esc 键回到【打印—模型】对话框重新设置打印参数。

> 📖 提醒：在预览窗口可以使用与图形窗口一样的操作方式缩放和平移视图。有时会出现预览中
> 图框的边界不能全部被打印出来的情况，这是因为选择的图纸或者打印边距不对。我们可以
> 重新选用图纸，或者用下面的方法调整可打印区域。

2. 调整打印区域

[1] 单击【打印】对话框的【打印机/绘图仪】选区打印机【名称】列表右侧的【特
性】按钮，弹出【绘图仪配置编辑器】对话框。

[2] 在对话框中选择【修改标准图纸尺寸（可打印区域）】选项，然后在【修改标准
图纸尺寸】栏的下拉列表中选择"A4"，在列表的下方的文字描述中可见："可
打印 200.4×287.3"，并不等于 A4 图纸尺寸"210×297"，如图 12-6 所示。

[3] 单击【修改】按钮，系统弹出【自定义图纸尺寸—可打印区域】对话框，将页面
的上、下、左、右边界距离全部修改为 0，如图 12-7 所示。

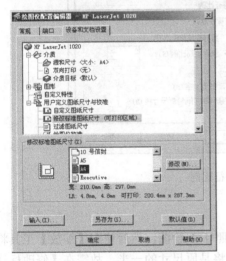

图 12-6 绘图仪配置编辑器

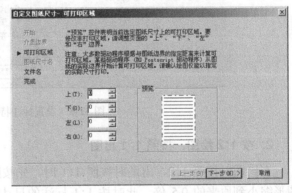

图 12-7 自定义图纸尺寸

[4] 单击【下一步】按钮，根据提示完成设置，在出现的【修改打印机配置文件】对
话框中选择其默认的"仅对当前打印应用修改"选项，单击【确定】按钮完成设
置。然后打印图形即可使图形打印完整。

> 📖 提醒：如果想将打印区域的设置应用到以后的打印配置中，也可以选择"将修改保存到下列
> 文件"选项。

使用模型空间输出图纸时，绘图时一般按照 1:1 绘图，1:1 出图，此时设置比较简

单。如果图纸的比例不是 1:1，而是 1:2，绘图和出图使有两种方法可以达到要求。

1. 按 1:1 绘图，按照 1:2 出图

在绘图时按照 1:1，出图时按照 1:2 时，因为打印的图纸是所绘图纸的 0.5 倍，所以所有标注的特征（文字高度、箭头大小、尺寸界线出头长度等）都是原来的 0.5 倍，故需在【修改标注样式】对话框中的【调整】选线卡中的【标注特征】设置为 2，如图 12-8 所示。此时使用该标注样式标注的尺寸，其特征（文字高度、箭头大小、尺寸界线出头长度等）都是原设置的 2 倍，打印缩小为 0.5 倍后恰好满足要求。

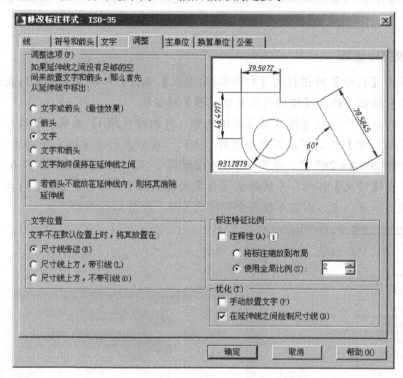

图 12-8　设置标注特征比例

2. 按 1:2 绘图，按照 1:1 出图

在绘图时按照 1:2，出图时按照 1:1 时，先按照 1:1 绘图，然后使用【缩放】工具将图形缩小到原来的 0.5 倍，此时按 1:1 标注的尺寸将是原尺寸的一半，故需在【修改标注样式】对话框中的【主单位】选线卡中的【测量单位比例】设置为 2，如图 12-9 所示。此时使用该标注样式标注的尺寸，其尺寸数字是测量长度的 2 倍，按 1:1 打印后恰好满足要求。

如果同一图纸中，使用的绘图比例不同，首先按照 1:1 绘图，对于不同比例的图形分别缩放。然后根据缩放的比例设置不同的标注样式，修改【修改标注样式】对话框中的【主单位】选项卡中的【测量单位比例】为图形缩放比例的倒数，使用此标注样式标注相应比例的图形，然后打印输出。

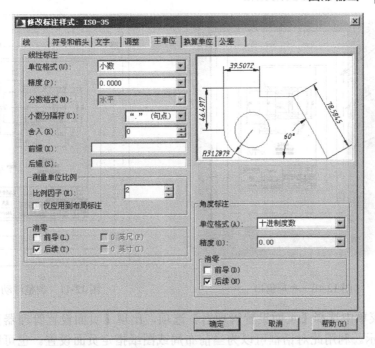

图 12-9　设置测量单位比例

12.3　使用布局出图

在模型窗口中显示的是用户绘制的图形，要进入布局窗口，可以单击图形区左下方的【布局】选项卡。用户可以根据需要通过单击【模型】选项卡和【布局】选项卡按钮在【模型】窗口和【布局】窗口之间进行切换。单击【布局 1】选项卡，进入布局窗口，如图 12-10 所示。

在布局窗口中有三个矩形框，最外面的矩形框代表的是在页面设置中指定的图纸尺寸，虚线矩形框代表的是图纸的可打印区域，最里面的矩形框是一个浮动视口。

一般虚线框要和图纸尺寸一致，不留纸边距，这需要用户根据【例 12-1】中步骤 2 的方法调整打印区域，使其四个方向的页边距都是 0，这样虚线框和纸边重合。

浮动视口的大小和位置也可调整，方法是：单击浮动视口边框选中视口，此时视口的四个角上出现蓝色夹点，视口边框变为虚线显示，如图 12-11 所示。选中夹点，移动鼠标到合适的位置，再单击鼠标左键，可动态修改浮动视口的大小，按 Esc 键即可取消夹点状态。拖动选中的视口边框虚线，到合适的位置放开鼠标左键，即可移动浮动视口的位置。

12.3.1　管理布局

如果布局中页面设置不合理，用户可以将光标指向【布局】选项卡，单击鼠标右键，出现如图 12-12 所示的快捷菜单，利用这个菜单可以进行布局新建、删除、移动和复制等操作。也可打开【页面设置管理器】对布局页面进行修改和编辑。还可以激活前一个布局或激活模型选项卡。

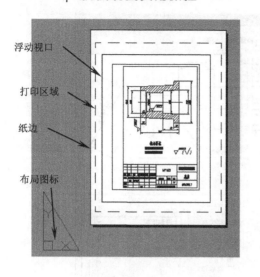

浮动视口

打印区域

纸边

布局图标

图 12-10　布局窗口

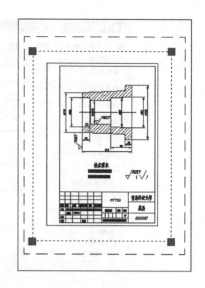

图 12-11　调整浮动视口

在快捷菜单中选择【页面设置管理器】选项，出现【页面设置管理器】对话框，如图 12-13 所示。利用此对话框可以为当前布局或图纸指定页面设置。也可以创建命名页面、修改现有页面设置，或从其他图纸中输入页面设置。

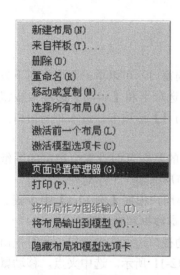

图 12-12　布局快捷菜单

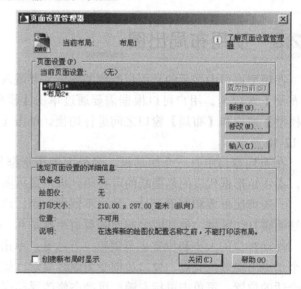

图 12-13　【页面设置管理器】对话框

在【页面设置管理器】对话框，单击【新建】按钮可以建立自己的图形布局。如果需要修改某页面设置，可以在【页面设置】列表中选择该页面设置名称，然后单击【修改】按钮，出现图 12-14 所示的【页面设置】对话框，修改其中各选项即可完成对布局的页面设置的修改。

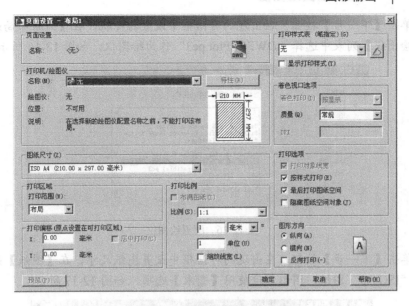

图 12-14　【页面设置】对话框

12.3.2　使用布局向导创建布局

除上述创建布局的方法外，AutoCAD 还提供了创建布局的向导，利用它可以创建出需要的布局。

单击【菜单浏览器】按钮，在出现的菜单浏览器中选择【插入】/【布局】/【创建布局向导】选项，出现【创建布局】对话框，根据提示进行操作即可创建布局。

下面通过实例讲解使用布局向导创建布局的方法和步骤。

【例 12-2】创建布局。

利用布局向导创建 A3 横放图纸的布局，名字为"A3 横"。

设计过程

[1]　单击【菜单浏览器】按钮，在出现的菜单浏览器中选择【插入】/【布局】/【创建布局向导】选项，弹出【创建布局】对话框，在【输入新布局的名称】编辑框输入"A3 横"，如图 12-15 所示。

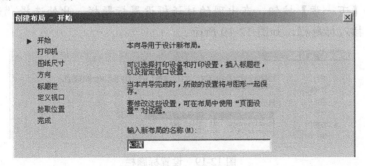

图 12-15　设置新布局的名称

[2] 单击【下一步】按钮，在出现的对话框中设置打印机，在【为新布局选择配置的绘图仪】列表中选择 "DWF6 ePlot.pc3" 作为绘图仪，如图 12-16 所示。

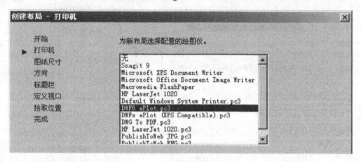

图 12-16　配置绘图仪

[3] 单击【下一步】按钮，在出现的对话框中设置图纸尺寸，在【图纸】列表中选择 "ISO A3" 图纸，图形单位使用【毫米】选项，如图 12-17 所示。

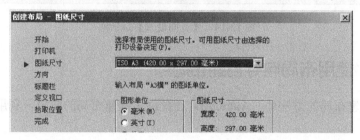

图 12-17　配置图纸尺寸

[4] 单击【下一步】按钮，在出现的对话框设置图纸的方向，选择【横向】选项，如图 12-18 所示。

图 12-18　设置图纸方式

[5] 单击【下一步】按钮，在出现的对话框设置标题栏，此处选择 "无"，将来在布局中插入标题栏，如图 12-19 所示。

图 12-19　设置标题栏

[6] 单击【下一步】按钮，在出现的对话框配置视口，设置对话框如图 12-20 所示。

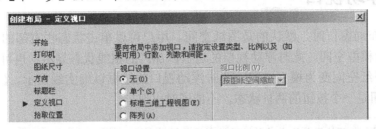

图 12-20　定义视口

[7] 单击【下一步】按钮，在出现的对话框定义视口的大小，如图 12-21 所示。单击【选择位置】按钮，暂时关闭对话框，根据提示操作定义视口的对角点：

指定第一个角点: 0,0

　　// 输入 0,0，空格或回车结束，确定视口的左下角和图纸的左下角重合

指定对角点: 420,297

　　// 输入 420,297，空格或回车结束，确定视口的右上角和图纸的右上角重合

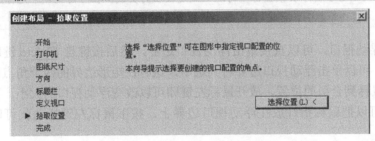

图 12-21　定义视口的位置和大小

[8] 指定视口的对角点后，出现如图 12-22 所示的对话框，单击【完成】按钮，完成布局的设置，在图形区左下边出现【A3 横】选项卡。

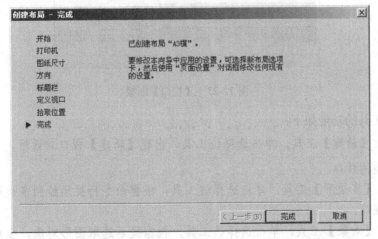

图 12-22　完成布局

12.4 浮动视口

刚进入布局窗口时，默认的是图纸空间。用户可以单击状态栏右部的【图纸】按钮 图纸 将其变为模型空间，此时浮动视口的边框以加黑的粗线状态显示。也可单击【模型】按钮 模型 把图纸空间变为模型空间，此时浮动视口的边框以细实线显示。【图纸】按钮和【模型】按钮是一个按钮的两种状态，不能同时出现。

> 提醒：也可使用其他方式激活图纸空间或模型空间。在图纸空间的浮动视口内部双击鼠标左键可进入模型空间，在模型空间中的浮动视口外部双击鼠标左键可进入图纸空间。

当用户在模型空间进行工作时，浮动模型窗口中所有视图都是被激活的，可以进行编辑。当用户在当前的浮动模型窗口进行编辑时，所有的浮动视口和模型空间均会反映这种变化。大多数的显示命令（如 ZOOM、PAN 等）仅影响当前视口（模型空间），故用户可利用这个特点在不同的视口中显示图形的不同部分。

> 提醒：注意当前浮动模型窗口的边框线是较粗的实线，在当前视口中光标的形状是十字准线，在窗口外是一个箭头。通过这个特点，用户可以分辨当前视口。

要删除浮动视口，可以直接单击浮动视口边界，然后按键盘 Delete 键即可。要改变视口的大小，可以单击浮动视口边界将其选中，这时在矩形边界的四个角点出现夹点，选中夹点移动鼠标到合适的位置，放开鼠标左键即可以改变浮动视口的大小。要改变浮动视口的位置，可以把鼠标指针放在浮动视口边界上，按下鼠标左键拖动就可以改变视口的位置。

由于默认的是一个视口，如果用户需要多个视口，可以自己创建，方法是：

在功能区单击【视图】选项卡，出现的【视图】面板组，在【视口】面板中选择合适的工具创建不同的视口，如图 12-23 所示。

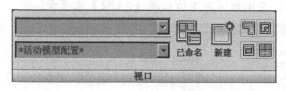

图 12-23　【视口】面板

各视口工具的功能如下：

- ：【新建】工具，单击选择该工具，出现【新建】视口对话框，可以新建各种类型的视口。
- ：【多边形】工具，单击选择该工具，根据命令行提示绘制多边形，创建多边形视口。
- ：【对象】工具，单击选择该工具，根据提示选取图形对象，生成选中图形形状的视口。

【例 12-3】视口操作。

利用给定的文件，创建 3 个视口，如图 12-24 所示。

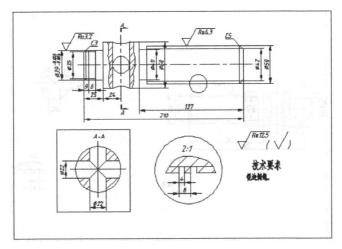

图 12-24　视口操作

设计过程

1. 创建视口

[1]　选择快速访问工具栏【打开】工具📁，打开 "……\第 12 章\例题\例 12-3.dwg"。

[2]　在图形区左下方单击【A3 横】布局选项卡，进入 A3 横布局页面，注意到此时窗口中没有任何浮动视口。

[3]　在功能区单击【视图】选项卡，出现【视图】面板组，在其中的【视口】面板中选择【新建】工具📷，出现【视口】对话框，如图 12-25 所示。

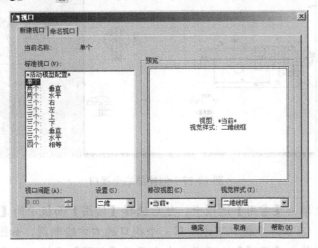

图 12-25　【视口】对话框

[4]　在对话框的【标准视口】列表中选择 "单个"，单击【确定】按钮，命令行提示

"指定第一个角点或[布满（F）]<布满>："，直接回车确定窗口和打印区域一样大，此时布局页面如图 12-26 所示。

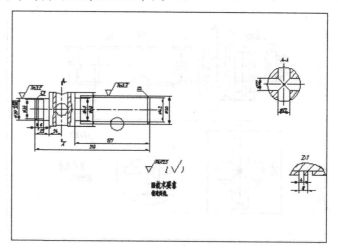

图 12-26　创建第一个视口

[5]　在【视口】面板中选择【新建】工具 📋，出现【视口】对话框，在【标准视口】列表中，选择"单个"选项，根据命令行提示操作如下：

命令: _+vports
选项卡索引 <0>: 0
指定第一个角点或 [布满(F)] <布满>:　// 在图形区指定 1 点作为第一个角点
指定对角点:　　// 在图形区指定 2 点作为布局窗口的对角点，生成新的布局窗口如图 12-27
　　所示

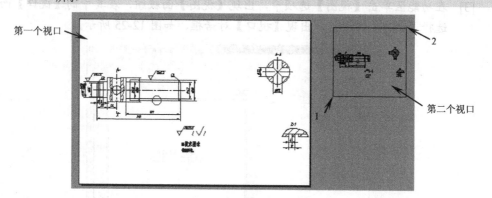

图 12-27　创建第二个视口

[6]　在功能区单击【常用】选项卡，然后选择【绘图】面板中的【圆心，半径】画圆工具 ⊙，在第二个视口下方、第一个视口的右方绘制圆，如图 12-28 所示。

[7]　在功能区单击【视图】选项卡，在出现的【视图】面板组的【视口】面板中单击【对象】工具 ▣，根据提示选择刚绘制的圆，创建了第三个视口，其边界为圆形，如图 12-29 所示。

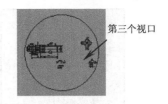

第三个视口

图 12-28　绘制圆　　　　　　　　图 12-29　创建第三个视口

2. 调整视口的位置和大小

[1]　在第一个视口内部双击鼠标左键，其边框黑色加粗显示，表示该视口处于模型窗口状态，此时状态栏右方【模型或图纸空间】按钮显示为【模型】按钮状态 模型 🔲 🔲。

[2]　在状态栏最右位置处的【视口比例】列表 🔲1:1▼ 中设置比例为"1:1"，第一个视口如图 12-30 所示。

[3]　在第一个视口中按住鼠标中键拖动鼠标将图形移动到视口合适位置，如图 12-31 所示。

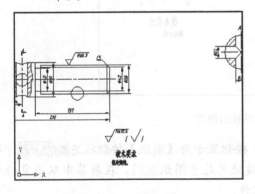

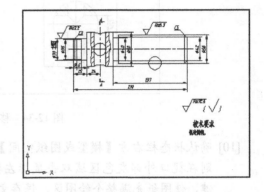

图 12-30　调整图形比例　　　　　　　　图 12-31　调整图形位置

[4]　确认状态栏右方【模型或图纸空间】按钮显示为【模型】按钮状态 模型 🔲 🔲 的情况下，在第二个视口内部单击鼠标左键将其激活，此时窗口边框加粗显示。

[5]　调整视口比例为 1:1，按住鼠标中键拖动鼠标将图形移动到视口合适位置，如图 12-32 所示。

[6]　在所有视口外部双击鼠标左键，此时状态栏右方【模型或图纸空间】按钮显示为【图纸】按钮状态 图纸 🔲 🔲，表示浮动视口处于图纸空间。

[7]　鼠标左键单击第二个视口的边框，视口处于夹点状态。使用鼠标左键调整夹点位置，调整视口的大小如图 12-33 所示。

[8]　将光标指向第二个视口的虚线边框，按住鼠标左键将其拖动到第一个视口中合适的位置，如图 12-34 所示。

[9]　按照步骤[4]~[7]调整第三个视口中的局部放大图位置，使其处于圆形视口的中间位置，设置视口比例为 1:1，然后调整视口大小和位置，最后结果如图 12-24 所示。

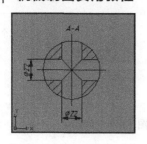

图 12-32　设置第二个视口比例

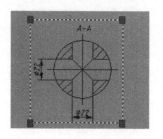

图 12-33　调整第二个视口大小

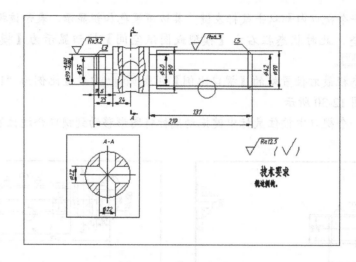

图 12-34　移动视口位置

[10] 确认状态栏右方【模型或图纸空间】按钮显示为【图纸】按钮状态 图纸 ，否则在视口外部灰色区域双击鼠标左键使其处于图纸空间，在屏幕中双击鼠标中键，使图纸充满整个绘图区，保存文件。

12.5 在布局中打印

在模型空间打印图纸的步骤比较简单，可以打印一般图形。如果需要在一个图纸上输出多个不同比例的图形，模型空间用起来就不是很方便。我们可以在图纸空间进行布局打印，图纸空间的布局功能十分强大，这是模型空间所不具备的。

采用多视口布图和在图纸空间打印的基本步骤如下：

[1] 在模型空间中的不同位置绘制好各图形。

[2] 利用不同的尺寸样式进行尺寸标注。

[3] 进入布局，进行页面设置。

[4] 插入图框、标题栏、明细栏等。

[5] 使用【定义视口】命令将模型的各个图形，使用视口插入到图纸空间中。

[6] 使用各种编辑命令对图形和视口进行编辑修改。

[7] 打印图形。

12.6 综合实例——打印图形

学习了视口和布局功能，接下来通过实例讲解如何使用布局打印图形。

【例 12-4】打印图形。

使用布局打印如图 12-35 所示的图形。

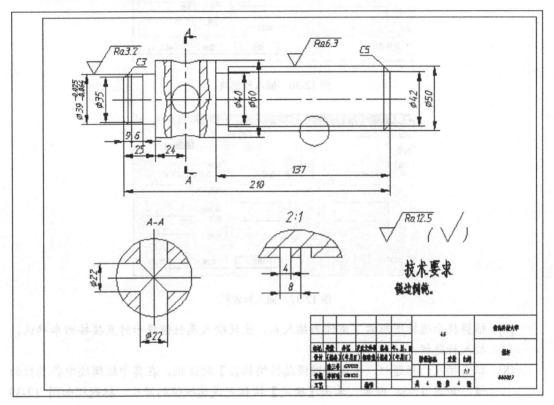

图 12-35　图形

设计过程

[1] 选择快速访问工具栏【打开】工具📂，打开 "……\第 12 章\例题\例 12-4.dwg"。

[1] 在图形区左下角单击【A3 横】按钮，进入 A3 横布局页面，已经为图纸完成布局，并创建了三个浮动视口。

[2] 确认状态栏右方【模型或图纸空间】按钮显示为【图纸】按钮状态，选择功能区【常用】选项卡。

[3] 选择【块】面板【插入】工具，出现【插入】对话框，在对话框中单击【浏览】按钮，选择 "……\第 12 章\图形样板\A3 横.dwg" 作为外部块的源文件。

[4] 设置对话框中其余各选项，对话框如图 12-36 所示。

[5] 单击【确定】按钮，完成图框的插入。

[6] 选择【块】面板【插入】工具，出现【插入】对话框，在【名称】列表中选择 "标题栏"，设置对话框中各选项如图 12-37 所示。

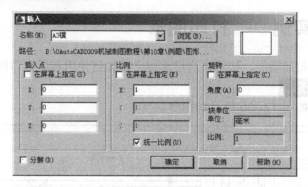

图 12-36　插入外部块

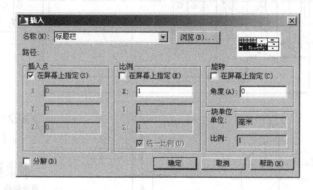

图 12-37　插入标题栏

[7]　根据提示选择图框右下角作为插入点，出现输入属性值提示时直接按回车确认，插入标题栏。

[8]　双击插入的标题栏，出现【增强属性编辑器】对话框，在其中编辑块中各属性的值，如图 12-38 所示。单击【确定】按钮完成属性值的修改，标题栏如图 12-39 所示。

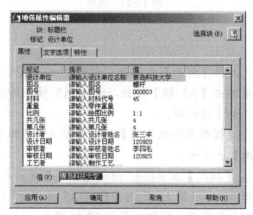

图 12-38　修改属性值

📖　提醒：在插入含有较多属性的块时，一般先使用缺省值插入，然后使用【增强属性编辑器】

对话框修改属性值，以满足设计要求。

						45			青岛科技大学	
标记	处数	分区	更改文件号	签名	年、月、日				螺杆	
设计	(签名)	(年月日)	标准化	(签名)	(年月日)	阶段标记	重量	比例		
	张三丰	120920						1:1		
审核	李四毛	120925							000003	
工艺			批准			共 4 张 第 4 张				

图 12-39　完成的标题栏

[9]　确认状态栏右方【模型或图纸空间】按钮显示为【图纸】按钮状态 。

[10] 按住键盘 Ctrl 键选择小矩形视口和圆形视口，如图 12-40 所示，将其图层修改为 "Defpoints"，按键盘 Esc 键退出视口选中状态。

[11] 单击【图层】面板中的【图层】列表，单击 "Defpoints" 层前面的 工具，将其变为 ，"Defpoints" 层中的内容不再显示，圆形视口和方形小视口的边框不再显示，如图 12-41 所示。

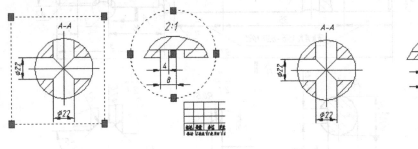

图 12-40　选择视口　　　　　　　图 12-41　隐藏视口边框

[12] 确认状态栏右方【模型或图纸空间】按钮显示为【图纸】按钮状态 ，在屏幕中双击鼠标中键，使图纸充满整个绘图区。

[13] 按键盘组合键 Ctrl+Shift+S ，将文件另存为 "……\第 12 章\例题\例 12-6 结果.dwg"。

[14] 选择快速访问工具栏【打印】工具 ，出现【打印】对话框，直接单击【确定】按钮即可打印。

12.7　思考与练习

1. 思考题

（1）什么是模型空间？什么是布局空间？两者有何区别和联系？

（2）如何在模型空间出图，简述其步骤？

（3）如何管理布局？如何使用布局向导创建新布局？

（4）什么是浮动视口？如何创建浮动视口？

（5）如何调整浮动视口的大小和位置？

（6）如何确定浮动视口是模型空间状态还是图纸空间状态？

（7）在布局中如何切换浮动视口是模型空间还是图纸空间？

（8）简述在布局中打印的步骤。

（9）如何使用布局在同一图纸中打印不同比例的图形？

（10）如何激活嵌套的视口并编辑其中图形？

（11）如何创建多边形视口和椭圆形视口？

2．上机题

（1）创建新的 A3 竖放图纸的布局，名字为"A3 竖"。

（2）使用 A4 横放图纸绘制如图 12-42 所示的轴零件图，分别使用模型空间和布局打印该图纸，图形比例为 2:1。

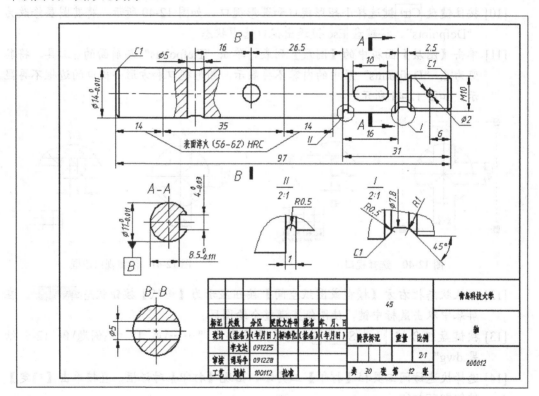

图 12-42　轴零件图

参 考 文 献

[1] 刘瑞新，朱维克，谭学龙主编．AutoCAD 2004 中文版应用教程．清华大学出版社．2005

[2] 杨波主编．机械绘图实用教程——AutoCAD 2008 中文版．哈尔滨工业大学出版社．2008

[3] 赵国增主编．计算机绘图——AutoCAD 2008．高等教育出版社．2009

[4] 刘力主编．AutoCAD 2002 工程绘图训练．高等教育出版社．2004

[5] 黄才广，赵国民主编．AutoCAD 2008 中文版机械制图应用教程．电子工业出版社．2008

[6] 管殿柱主编．机械机绘图（AutoCAD 版）．机械工业出版社．2008

[7] 苑国强等编著．制图员考试鉴定辅导．航空工业出版社．2004

[8] 中国工程图学学会编．三维数字建模试题集．中国标准出版社．2008

[9] 毛昕，黄英，肖平阳主编．画法几何及机械制图．高等教育出版社．2010

[10] 黄英等主编．画法几何及机械制图习题集 高等教育出版社．2010

[11] 钱可强，何铭新主编．机械制图．高等教育出版社．2010

[12] 钱可强，何铭新主编．机械制图习题集．高等教育出版社．2010

[13] 张选民主编．AutoCAD 2008 机械设计典型案例．清华大学出版社．2007

[14] 中国工程图学学会编．CAD 技能等级考试大纲．中国标准出版社．2008

[15] 历次国家 CAD 等级考试全真题